"十三五"国家重点出版物出版规划项目

中国东北药用植物资源

图志 ⑦

周繇 编著 肖培根 主审

Atlas of
Medicinal Plant
Resource in the Northeast of
China

黑龙江科学技术出版社
HEILONGJIANG SCIENCE AND TECHNOLOGY PRESS

图书在版编目（CIP）数据

中国东北药用植物资源图志 / 周繇编著. -- 哈尔滨:
黑龙江科学技术出版社，2021.12
ISBN 978-7-5719-0825-6

Ⅰ. ①中… Ⅱ. ①周… Ⅲ. ①药用植物－植物资源－
东北地区－图集 Ⅳ. ①S567.019.23-64

中国版本图书馆CIP数据核字(2020)第262753号

中国东北药用植物资源图志

ZHONGGUO DONGBEI YAOYONG ZHIWU ZIYUAN TUZHI

周繇 编著　肖培根 主审

出 品 人	侯 擘　薛方闻
项目总监	朱佳新
策划编辑	薛方闻　项力福　梁祥崇　闫海波
责任编辑	侯 擘　朱佳新　回 博　宋秋颖　刘 杨　孔 璐　许俊鹏　王 研
	王 姝　罗 琳　王化丽　张云艳　马远洋　刘松岩　周静梅　张东君
	赵雪莹　沈福威　陈裕衡　徐 洋　孙 雯　赵 萍　刘 路　梁祥崇
	闫海波　焦 琰　项力福
封面设计	孔 璐
版式设计	关 虹
出 版	黑龙江科学技术出版社
	地址：哈尔滨市南岗区公安街70-2号　邮编：150007
	电话：（0451）53642106　传真：（0451）53642143
	网址：www.lkcbs.cn
发 行	全国新华书店
印 刷	哈尔滨市石桥印务有限公司
开 本	889 mm×1 194 mm　1/16
印 张	350
字 数	5 500千字
版 次	2021年12月第1版
印 次	2021年12月第1次印刷
书 号	ISBN 978-7-5719-0825-6
定 价	4 800.00元（全9册）

▲ 接骨木群落

▲ 接骨木种子

接骨木属 *Sambucus* L.

接骨木 *Sambucus williamsii* Hance

别　名	宽叶接骨木 续骨木 铁骨散 接骨丹

俗　名　马尿臊 马尿骚 马尿烧 马尿骚条子 棒槌舅舅 公道老 野杨树

药用部位　忍冬科接骨木的茎枝、叶、根及花序。

原植物　落叶灌木或小乔木，高 5 ～ 6 m。老枝淡红褐色，具明显的长椭圆形皮孔，髓部淡褐色。羽状复叶有小叶 2 ～ 3 对，侧生小叶片卵圆形、狭椭圆形至倒矩圆状披针形，长 5 ～ 15 cm。圆锥形聚伞花序顶生，长 5 ～ 11 cm，宽 4 ～ 14 cm，具总花梗，花序分枝多呈直角开展；花小而密；萼筒杯状，长约 1 mm，萼齿三角状披针形；花冠蕾时带粉红色，开后白色或淡黄色，筒短，裂片矩圆形或长卵圆形，长约 2 mm；雄蕊与花冠裂片等长开展，花丝基部稍肥大，花药黄色；子房 3 室，花柱短，柱头 3 裂。果实红色，卵圆

▼ 接骨木果实（深红色）

▼ 接骨木果实（紫黑色）

▲接骨木枝条（果期）

▼接骨木茎

▲接骨木果实（鲜红色）

形或近圆形，直径3～5 mm；分核2～3，卵圆形至椭圆形。花期5月，果熟期8—9月。

生　境　生于路边、河流附近、灌丛间、石砾地及阔叶疏林中。

分　布　黑龙江漠河、塔河、呼玛、黑河、伊春市区、铁力、勃利、尚志、五常、海林、延寿、林口、宁安、东宁、绥芬河、穆棱、密山、虎林、饶河、宝清、桦南、汤原等地。吉林长白山各地。辽宁本溪、丹东市区、凤城、抚顺、盖州、沈阳、鞍山、瓦房店、大连市区、凌源、彰武、义县等地。内蒙古根河、阿尔山、克什克腾旗等地。河北、河南、山东、山西、江苏、安徽、

▲接骨木植株（果期）

▲接骨木植株（花期）

浙江、福建、湖北、湖南、陕西、广东、广西、四川、贵州、甘肃、云南等。朝鲜、俄罗斯（西伯利亚中东部）。

▼朝鲜接骨木果实

采　制　四季砍伐树干和割取枝条，切段，鲜用或晒干。夏、秋季采摘叶，除去杂质，鲜用或晒干。春、秋季采挖根，除去泥土，洗净，鲜用或晒干。花期采摘花序，除去杂质，晒干。

性味功效　茎枝：味甘、苦，性平。有接骨续筋、祛风利湿、舒筋活血、止痛的功效。叶：味苦，性寒。有活血、行瘀、止痛的功效。根：味甘，性平。无毒。有接骨续筋、祛风利湿、舒筋活血、利湿的功效。花序：味甘，性平。无毒。有发汗、利湿的功效。

主治用法　茎枝：用于风湿筋骨疼痛、骨折、大骨节病、跌打损伤、腰痛、挫伤、水肿、瘾疹、荨麻疹、风痹、创伤出血及产后血晕等。水煎服或入丸、散。外用鲜品捣烂敷患处或熬水熏洗。孕妇忌服。叶：用于骨折、跌打损伤及风湿性关节炎等。水煎服。外用鲜品捣烂敷患处或熬水熏洗。根：用于风湿头痛、痰饮、水肿、热痢、黄疸、跌打损伤及烫伤等。水煎服，研末或入丸、散。外用鲜品捣烂敷患处。花序：用于感冒、小便不利。水煎服或泡茶饮。

用　　量　茎枝：15 ～ 25 g。外用适量。叶：25 ～ 50 g。外用适量。根：鲜品 50 ～ 100 g。外用适量。花序：7.5 ～ 15.0 g。

附　　方

（1）治四肢闭合性骨折与关节损伤、急性腰扭伤：接骨木 0.75 kg，透骨草、茜草、穿山龙各 0.5 kg，丁香 250 g。共熬成膏，涂敷患处（有骨折者应先整复），每日或隔日换药 1 次。

（2）治创伤出血：接骨木研粉，高压消毒后外敷伤处，用干纱布压迫 2 ～ 5 min。

▲ 接骨木幼株

▼ 市场上的接骨木茎

▼ 接骨木幼苗

▲接骨木枝条（花期）

▲接骨木花序

▼接骨木花

（3）治肾炎水肿：接骨木 15～25 g。水煎服。

（4）治漆疮、皮肤湿疹：接骨木茎叶 200 g。煎汤，待凉洗患处（凤城民间方）。

（5）治风湿性关节炎、痛风：接骨木茎叶、鲜豆腐各 200 g，加水及黄酒炖服。或用接骨木根 150～200 g、鲜豆腐 200～250 g，酌加开水或红酒炖服。

（6）治烫火伤：接骨木根皮及叶适量，研粉，以菜油或芝麻油调敷。

（7）治跌打损伤：取 7～8 段约 3 cm 长的接骨木带叶枝条，水煎后加上红糖，内服发汗（本溪民间方）。或用接骨木茎 50 g，加水一碗，煎成半碗服用。连服数次即可（凤城民间方）。

附　注

（1）花入药，可做发汗药。

（2）本品是民间主治跌打损伤的特效药。人们将其枝条捣碎敷在患处，用于脚部扭伤、闪腰岔气等。有些满族人喜欢将其枝叶熬水洗患处，用于治疗关节炎、风湿病及骨折等。

（3）在东北尚有 1 变种：

朝鲜接骨木 var. coreana（Nakai）Nakai，花序较小，圆锥形至卵形，最下一对花序分枝近平展，密花。其他与原种同。

◎参考文献◎

［1］江苏新医学院.中药大辞典（下册）[M].上海：上海科学技术出版社，1977:2093，2095.

［2］朱有昌.东北药用植物 [M].哈尔滨：黑龙江科学技术出版社，1989:1061-1064.

［3］《全国中草药汇编》编写组.全国中草药汇编（上册）[M].北京：人民卫生出版社，1975:738-739.

▲ 东北接骨木植株

东北接骨木 *Sambucus mandshurica* Kitag.

俗　名　马尿臊　马尿骚　马尿烧　棒槌舅舅

药用部位　忍冬科东北接骨木的茎、叶、根及花序。

原植物　落叶大灌木。树皮红灰色。奇数羽状复叶对生，小叶 3 ~ 7，长圆形，稀卵状长圆形，长 4.5 ~ 8.5 cm，宽 1.5 ~ 3.0 cm，顶端小叶基部楔形，侧生小叶 1 ~ 2 对，基部楔形至圆形，边缘有密细锯齿。顶生圆锥花序，椭圆形、长圆状卵形，稀卵状三角形，密花，长 2.5 ~ 6.5 cm，分枝较细，最下一对分枝常向下斜出，第二对分枝通常最长；花萼筒卵圆形，萼片 5，卵状椭圆形，花瓣 5，长圆形，长约 1.7 mm，黄绿色或先端微堇色，当花盛开时，花瓣向背面反折，而先端微向上曲；雄蕊 5，花药黄色，比花丝稍长，柱头短。浆果状核果，球形，直径约 5 mm，成熟时红色。花期 5—6 月，果期 7—8 月。

生　境　生于路边、河流附近、灌丛间、石砾地及阔叶疏林中。

分　布　黑龙江漠河、塔河、呼玛、黑河、伊春市区、铁力、勃利、尚志、五常、海林、延寿、林口、宁安、东宁、绥芬河、穆棱、密山、虎林、饶河、宝清、桦南、汤原等地。吉林长白山各地。辽宁丹东市区、本溪、岫岩、凤城、庄河、大连市区、沈阳、建昌、

▲ 东北接骨木种子

▼ 市场上的东北接骨木茎

▲东北接骨木花序

凌源等地。内蒙古额尔古纳、根河、牙克石、鄂伦春旗、阿尔山、科尔沁右翼前旗等地。河北、河南、山东、山西、江苏、安徽、浙江、福建、湖北、湖南、陕西、广东、广西、四川、贵州、甘肃、云南。朝鲜、俄罗斯（西伯利亚中东部）。

采　　制　四季砍伐树干和割取枝条，切段，鲜用或晒干。夏、秋季采摘叶，除去杂质，鲜用或晒干。春、秋季采挖根，除去泥土，洗净，鲜用或晒干。花期采摘花序，除去杂质，晒干。

性味功效　茎枝：味甘、苦，性平。有接骨续筋、祛风利湿、舒筋活血、止痛的功效。叶：味苦，性寒。有活血、行瘀、止痛的功效。根：味甘，性平。无毒。有接骨续筋、祛风利湿、舒筋活血、利湿的功效。花序：味甘，性平。无毒。有发汗、利湿的功效。

主治用法　茎枝：用于风湿筋骨疼痛、骨折、大骨节病、跌打损伤、腰痛、挫伤、水肿、瘾疹、荨麻疹、风痹、创伤出血及产后血晕等。水煎服或入丸、散。外用鲜品捣烂敷患处或熬水熏洗。孕妇忌服。叶：用于骨折、跌打损伤及风湿性关节炎等。水煎服。外用鲜品捣烂敷患处或熬水熏洗。根：用于风湿头痛、痰饮、水肿、热痢、黄疸、跌打损伤及烫伤等。水煎服，研末或入丸、散。外用鲜品捣烂敷患处。花序：用于感冒、小便不利。水煎服或泡茶饮。

用　　量　茎枝：15～25g。外用适量。叶：25～50g。外用适量。根：鲜品50～100g。外用适量。花序：7.5～15.0g。

▼东北接骨木果实

◎参考文献◎

［1］朱有昌．东北药用植物[M]．哈尔滨：黑龙江科学技术出版社，1989:1061-1064.
［2］《全国中草药汇编》编写组．全国中草药汇编(上册)[M]．北京：人民卫生出版社，1975:738-739.

▲腋花莛子藨植株

▼腋花莛子藨花

莛子藨属 *Triosteum* L.

腋花莛子藨 *Triosteum sinuatum* Maxim.

别　　名　波叶莛子藨

药用部位　忍冬科腋花莛子藨的叶。

原 植 物　多年生草本，高 60 ~ 100 cm。根状茎粗大，木质化。茎单一，直立，被开展的细刚毛和腺毛。单叶，卵形或卵状椭圆形，长 8 ~ 15 cm，宽 3 ~ 9 cm，基部下延，与相邻叶合生，茎贯穿其中，全缘，茎中、下部的叶常具 2 ~ 3 缺刻或呈波状，表面绿色，疏被伏毛，背面沿叶脉密被软毛和腺毛。花腋生，通常 2 花，稀 1 ~ 3，无梗，基部具 2 绿色小苞片；花萼 5 裂，裂片狭披针形，密被腺毛；花冠二唇形，上唇 4 裂，下唇 1 裂，淡黄绿色，

▲ 腋花莛子藨幼株

▲ 腋花莛子藨果实

▼ 腋花莛子藨果核

内面带紫色，长约 2.5 cm；雄蕊 5，与花冠近等长，花柱被长毛，柱头头状。核果，卵球形，被腺毛，长约 1.5 cm，花萼宿存。花期 5—6 月，果期 8—10 月。

生　境　生于山坡、林缘、灌丛及林下等处。

分　布　黑龙江宁安、东宁等地。吉林通化、磐石、吉林、柳河、集安等地。辽宁桓仁、凤城、抚顺、新宾、铁岭、西丰等地。朝鲜、俄罗斯、日本。

采　收　春、夏季采摘叶，除去杂质，洗净，晒干。

性味功效　有清热解毒的功效。

用　量　适量。

◎参考文献◎

[1] 江纪武. 药用植物辞典 [M]. 天津：天津科学技术出版社，2005:823.

▲ 蒙古荚蒾植株

▼ 蒙古荚蒾果实

荚蒾属 *Viburnum* L.

蒙古荚蒾 *Viburnum mongolicum* （Pall.）Rehd.

别 名	蒙古绣球花
俗 名	白暖条
药用部位	忍冬科蒙古荚蒾的根、叶及果实。
原植物	落叶灌木，高达2 m。叶宽卵形至椭圆形，长2.5～

6.0 cm，顶端尖或钝形，基部圆或楔圆形，边缘有波状浅齿，齿顶具小突尖，侧脉4～5对，近缘前分枝而互相网结，连同中脉上面略凹陷或不明显，下面凸起；叶柄长4～10 mm。聚伞花序直径1.5～3.5 cm，具少数花；总花梗长5～15 mm，第一级辐射枝5条或较少，花大部生于第一级辐射枝上；萼筒矩圆筒形，长3～5 mm，萼齿波状；花冠淡黄白色，筒状钟形，筒长5～7 mm，直径约3 mm，裂片长约1.5 mm；雄蕊约与花冠等长，花药矩圆形。果实红色而后变黑色，椭圆形，长约10 mm，核扁，有2条浅背沟和3条浅腹沟。花期5月，果期

▼ 蒙古荚蒾枝条

9 月。

生　境　生于山坡杂木林缘及林内等处。

分　布　辽宁凌源、朝阳等地。内蒙古科尔沁右翼中旗、科尔沁左翼后旗、克什克腾旗、翁牛特旗、巴林左旗、巴林右旗、阿鲁科尔沁旗、喀喇沁旗、敖汉旗、宁城、正蓝旗、正镶白旗、镶黄旗等地。河北、山西、陕西、宁夏、甘肃、青海。俄罗斯（西伯利亚）、蒙古。

采　制　春、秋季采挖根，除去泥土，切段，鲜用或晒干。夏、秋季采摘叶，除去杂质，鲜用或晒干。秋季采收果实，除去杂质洗净，鲜用或晒干。

性味功效　根、叶：有祛风活血的功效。果实：有清热解毒、破瘀通经、健脾的功效。

用　量　适量。

▲蒙古荚蒾花

▼蒙古荚蒾花（侧）

▲蒙古荚蒾花序

◎参考文献◎
［1］中国药材公司.中国中药资源志要[M].北京：科学出版社，1994:1212.
［2］江纪武.药用植物辞典[M].天津：天津科学技术出版社，2005:847.

▲ 鸡树条植株

▼ 鸡树条茎

鸡树条 *Viburnum opulus* subsp. *calvescens* （Rehder）Sugim.

别　　名	鸡树条荚蒾　天目琼花
俗　　名	鸡屎条子　鸡树条子　佛头花　山藤子
药用部位	忍冬科鸡树条的嫩枝、叶及果实。
原 植 物	落叶灌木，高2～3 m；树皮灰褐色，有纵条及软木层；小枝褐色至赤褐色。叶对生，阔卵形至卵圆形，先端3中裂，侧裂片微外展，长2～12 cm，宽5～10 cm，基部圆形或截形，先端渐尖或突尖，有掌状三出脉，边缘有不整齐的齿牙，通常枝上部叶不分裂或微裂，椭圆形或长圆状披针形；叶柄粗壮，长1～4 cm；托叶小钻形。复伞形花序生于枝梢的顶端，紧密多花，常由六至八出小伞序花所组成，直径8～10 cm，外围有不孕性的白色辐射花，直径1.5～2.0 cm，中央为孕性花，杯状，5裂，直径5 mm；雄蕊5，花药紫色。核果球形，鲜红色，直径约8 mm；核扁圆形。花期6—7月，果期8—9月。
生　　境	生于林缘、林内、灌丛中、山坡及路旁等处。

▲鸡树条果实

分　　布　黑龙江呼玛、黑河、伊春市区、铁力、勃利、尚志、五常、海林、延寿、林口、宁安、东宁、绥芬河、穆棱、延寿、密山、虎林、饶河、宝清、桦南、汤原、方正等地。吉林长白山各地。辽宁丹东市区、凤城、宽甸、本溪、桓仁、抚顺、新宾、清原、西丰、鞍山市区、岫岩、庄河、盖州、大连市区、沈阳、北镇、义县、朝阳、建昌、凌源、绥中等地。内蒙古牙克石、阿尔山、科尔沁右翼中旗、科尔沁左翼后旗、克什克腾旗、翁牛特旗、巴林左旗、巴林右旗、阿鲁科尔沁旗、喀喇沁旗、敖汉旗、宁城等地。河北、山西、山东、浙江、陕西、四川、湖北、宁夏、甘肃、青海。朝鲜、俄罗斯（西伯利亚）、日本。

采　　制　春、夏季割取嫩枝。切段，洗净，鲜用或晒干。春、夏、秋三季均可采摘叶，晒干。秋季采摘果实，除去杂质，晒干。

性味功效　嫩枝：味甘、苦，性平。有祛风通络、活血消肿、解毒止痒的功效。叶：味甘、苦，性平。有祛风通络、活血消肿、解毒止痒的功效。果实：味甘、苦，性平。有止咳的功效。

主治用法　嫩枝：用于腰肢关节酸痛，跌打闪挫伤、疮疖、疥癣。水煎服。外用煎水洗患处。叶：用于疮疖、疥癣、瘙痒。外用捣烂敷或煎水洗患处。果实：用于咳嗽、痰饮、支气管炎。水煎加白糖服。根：用于腰肢关

▼鸡树条花（背）

▼鸡树条花

▲ 鸡树条枝条（花期）

▼ 鸡树条幼株

节酸痛、跌打闪挫伤。

用 量　嫩枝：15 ~ 20 g（鲜品 25 ~ 50 g）。外用适量。
叶：外用适量。果实：10 ~ 15 g（鲜品 25 ~ 50 g）。

附 方

（1）治腰酸腿痛：鸡树条适量。煎水，常洗。

（2）治闪腰岔气、关节疼痛：鸡树条嫩枝叶 15 ~ 20 g
（鲜品 25 ~ 50 g）。水煎服。

（3）治跌打损伤：鸡树条、葛根、马铃薯各 25 g。共焙
成炭，研细末，每服 10 g，每日 2 次，黄酒为引。

（4）治疮疖、疥癣、瘙痒：鸡树条枝叶及果实适量。
煎水洗患处。

（5）治咳嗽：鸡树条果实适量。捣汁，内服。或用鸡树
条果干品 10 ~ 15 g（鲜品 25 ~ 50 g）。煎水加白糖送服。

（6）治慢性支气管炎、咳嗽痰喘：鸡树条成熟果实
1.2 ~ 6.0 kg。放入锅内加冷水淹过 3 ~ 6 cm，熬烂去核，
不添水再熬至能拉起黏丝为止，放在阴凉处存放。一次服
用一小饭碗加一匙白糖，每日 3 次，饭前服用，有较好疗
效（宽甸民间方）。

▼ 鸡树条花序

▲鸡树条枝条（果期）

▲市场上的鸡树条枝条

▼鸡树条果核

▲市场上的鸡树条果实

◎参考文献◎

[1] 江苏新医学院.中药大辞典（上册）[M].
上海：上海科学技术出版社，1977:1209-
1210，1220.

[2] 中国药材公司.中国中药资源志要[M].北
京：科学出版社，1994:1212.

[3] 江纪武.药用植物辞典[M].天津：天津科
学技术出版社，2005:848.

▲ 朝鲜荚蒾植株

朝鲜荚蒾果核 ▶

▼ 朝鲜荚蒾枝条（花期）

朝鲜荚蒾 *Viburnum koreanum* Nakai

药用部位　忍冬科朝鲜荚蒾的嫩枝、叶及果实。

原植物　落叶灌木，高 1 ~ 2 m。叶近圆形或宽卵形，长 6 ~ 13 cm，浅 2 ~ 4 裂，枝条顶端的叶有时不裂，具掌状三至五出脉，基部圆形、截形或浅心形；叶柄长 0.5 ~ 2.5 cm，初时疏被柔毛，后变无毛，基部有两片钻形托叶。复伞形式聚伞花序生于具一对叶的短枝之顶，直径 2 ~ 4 cm，有花 5 ~ 30；总花梗纤细，长 1.5 ~ 4.0 cm，第一级辐射枝 5 ~ 7，花直接生其上，花梗甚短；萼齿三角形，长约 0.6 mm，无毛；花冠乳白色，辐射状，直径

▲朝鲜荚蒾枝条（果期）

▲朝鲜荚蒾花序

▼朝鲜荚蒾果实

6 ~ 8 mm；雄蕊极短，花药黄白色。果实黄红或暗红色，近椭圆形，长 7 ~ 11 mm，直径 5 ~ 7 mm；核卵状矩圆形，长约 7 mm，直径约 5.5 mm。花期 6—7 月，果期 8—9 月。

生　境　生于针叶林、岳桦林中及林缘等处。

分　布　黑龙江牡丹江、林口、尚志等地。吉林长白、抚松、安图、临江等地。朝鲜、日本。

采　制　夏季割取嫩枝，切段，洗净，晒干。夏、秋季采摘叶，除去杂质，洗净，晒干。秋季采摘成熟果实，除去杂质，洗净，晒干。

性味功效　有通经活络、祛风止痒的功效。

用　量　适量。

◎参考文献◎

［1］中国药材公司 . 中国中药资源志要 [M]. 北京：科学出版社，1994:1211.

［2］江纪武 . 药用植物辞典 [M]. 天津：天津科学技术出版社，2005:847.

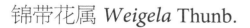

▲ 锦带花种子

▲ 锦带花花

▼ 锦带花果实

锦带花属 *Weigela* Thunb.

锦带花　*Weigela florida*（Buneg）DC.

别　　名	连萼锦带花
俗　　名	脂麻花　山芝麻　海仙
药用部位	忍冬科锦带花的花。
原 植 物	落叶灌木，高达 1～3 m。幼枝稍四方形。树皮灰色。

▲ 锦带花居群

芽顶端尖，具 3～4 对鳞片，常光滑。叶矩圆形、椭圆形至倒卵状椭圆形，长 5～10 cm，顶端渐尖，基部阔楔形至圆形，边缘有锯齿，上面疏生短柔毛，脉上毛较密，下面密生短柔毛或茸毛，具短柄至无柄。花单生或成聚伞花序生于侧生短枝的叶腋或枝顶；萼筒长圆柱形，萼齿长约 1 cm，不等，深达萼檐中部；花冠紫红色或玫瑰红色，长 3～4 cm，直径 2 cm，裂片不整齐，开展，内面浅红色；花丝短于花冠，花药黄色；子房上部的腺体黄绿色，花柱细长，柱头 2 裂。果实长 1.5～2.5 cm，顶有短柄状喙，种子无翅。花期 5—6 月，果期 7—8 月。

▼ 锦带花花（粉红色）

生　境　生于山地灌丛中或石砬子上。

分　布　吉林长白山各地。辽宁丹东市区、凤城、宽甸、本溪、桓仁、鞍山、大连、北镇、

▲锦带花植株

▲ 白锦带花花

▼ 锦带花枝条

▲ 锦带花花（淡黄色）

义县等地。内蒙古克什克腾旗。河北、河南、山东、江苏、山西、陕西。朝鲜、俄罗斯（西伯利亚中东部）、日本。

采　制　春末夏初采摘花，除去杂质，洗净，晒干。

性味功效　有活血止痛的功效。

主治用法　用于风湿性关节炎。水煎服。

用　量　适量。

附　注　在东北尚有1变型：

白锦带花 f. *alba*（Nakai）C. F. Fang，花冠片白色。其他与原种同。

◎参考文献◎

［1］中国药材公司.中国中药资源志要 [M].北京：科学出版社，1994:1214.

［2］江纪武.药用植物辞典 [M].天津：天津科学技术出版社，2005:858.

▲ 早锦带花植株

早锦带花 *Weigela praeccox*（Lemoine）Bailey

▼ 早锦带花果实

俗　名　脂麻花　山芝麻

药用部位　忍冬科早锦带花的花。

原 植 物　落叶灌木，高 1 ~ 2 m。树皮灰褐色。小枝赤褐色。单叶对生，通常为倒卵形、椭圆形或椭圆状卵形，小枝上部的叶常为狭倒卵形，长 5 ~ 8 cm；叶柄极短或近无柄。聚伞花序，3 ~ 5 花，生于短的侧小枝上，着生 1 ~ 3 叶；花梗短，末端具 2 个膜质钻形的苞片，长 2 ~ 5 mm；花大，下倾斜；花萼筒长 1.0 ~ 1.5 cm，近二唇形，上唇 3 浅裂，下唇 2 浅裂，外面有毛；花冠漏斗状钟形，长 3 ~ 4 cm，中部突然变窄，粉紫色、粉红色或带紫粉色，花喉部呈黄色，外面有柔毛；雄蕊 5，生于花冠筒的中上部；子房

▲ 旱锦带花花

▲ 白花旱锦带花花

下位，花柱细长。蒴果长 1.5 ～ 2.5 cm。种子细小。花期 6 月，果期 7—8 月。

生　　境　　生于杂木林下、山地灌丛中或石砬子上等处。

分　　布　　吉林安图、集安等地。辽宁丹东市区、凤城、宽甸、本溪、桓仁、抚顺、新宾、沈阳、鞍山市区、岫岩、庄河、瓦房店、大连市区、北镇、义县、建昌、凌源、喀左等地。河北。朝鲜、俄罗斯（西伯利亚中东部）、日本。

附　　注

（1）其他同锦带花。

（2）在东北尚有 1 变型：

白花早锦带花 f. *albiflora*（Y. C. Chu）C. F. Fang，花冠片白色，其他与原种同。

◎参考文献◎

［1］江纪武 . 药用植物辞典 [M]. 天津：天津科学技术出版社，2005:858.

▼早锦带花枝条

▲内蒙古自治区阿龙山林业局阿玛尼林场森林秋季景观

▲ 五福花植株

▼ 五福花幼株

五福花科 Adoxaceae

本科共收录 1 属、1 种。

五福花属 *Adoxa* L.

五福花 *Adoxa moschatellina* L.

药用部位　五福花科五福花的全草。

原 植 物　多年生矮小草本，高 8 ~ 15 cm。茎单一。基生叶 1 ~ 3，为一至二回三出复叶；小叶片宽卵形或圆形，长 1 ~ 2 cm；茎生叶 2，对生，3 深裂，裂片再 3 裂。花序有限生长，5 ~ 7 朵花成顶生聚伞性头状花序；花黄绿色，

▲五福花植株（侧）

▲五福花居群

直径 4 ~ 6 mm；花萼浅杯状，顶生花的花萼裂片 2，侧生花的花萼裂片 3；花冠幅状，管极短，顶生花的花冠裂片 4，侧生花的花冠裂片 5；内轮雄蕊退化为腺状乳突，外轮雄蕊在顶生花为 4，在侧生花为 5，花丝 2 裂几至基部，花药单室，盾形，外向，纵裂；子房半下位至下位，花柱在顶生花为 4，侧生花为 5，基部连合，柱头 4 ~ 5，点状。核果球形。花期 4—5 月，果期 7—8 月。

生　　境　　生于林下、林缘或灌丛及溪边湿草地等处，常聚集成片生长。

分　　布　　黑龙江伊春市区、铁力、勃利、尚志、五常、海林、林口、宁安、东宁、绥芬河、穆棱、延寿、密山、虎林、饶河、宝清、桦南、汤原、方正等地。吉林长白山各地。辽宁丹东市区、凤城、本溪、桓仁、西丰、鞍山、瓦房店、庄河、大连市区等地。内蒙古根河、科尔沁右翼前旗等地。河北、山西、四川、青海、云南、新疆。朝鲜、俄罗斯、日本。北美洲、欧洲。

采　　制　　春末夏初采收全草，除去杂质，洗净，晒干。

性味功效　　有镇静的功效。

▲ 五福花花

▼ 五福花花蕾

主治用法　用于风湿性关节炎。水煎服。

用　　量　适量。

◎参考文献◎

[1] 江纪武. 药用植物辞典 [M]. 天津：天津科学技术出版社，2005:22.

▲内蒙古自治区科尔沁右翼中旗西哲里木镇新建草原秋季景观

▲ 败酱幼株

败酱科 Valerianaceae

本科共收录 2 属、8 种、1 变种。

败酱属 *Patrinia* Juss.

▲ 败酱果实（后期）

败酱 *Patrinia scabiosaefolia* Fisch. ex Trev.

别　　名	黄花龙牙　黄花败酱　败酱草
俗　　名	长虫把　驴夹板　野黄花　山白菜　山麻杆　鸡肠子花　黄花草　野芹
药用部位	败酱科败酱的干燥根、根状茎及全草。

原植物　多年生草本，高 30 ~ 200 cm。根状茎横卧或斜生；茎直立。基生叶丛生，花时枯落，卵形、椭圆形或椭圆状披针形，长 1.8 ~ 10.5 cm；叶柄长 3 ~ 12 cm；茎生叶对生，宽卵形至披针形。花序为聚伞花序组成的大型伞房花序，顶生，具 5 ~ 7 级分枝；总苞线形，甚小；苞片小；花小；花冠钟形，黄色，冠筒长 1.5 mm，上部宽 1.5 mm，花冠裂片卵形，长 1.5 mm，宽 1.0 ~ 1.3 mm；雄蕊 4，花丝不等长，近蜜囊的 2 枚长 3.5 mm，花药长圆形，长约 1 mm；子房椭圆状长圆形，长约 1.5 mm，花柱长 2.5 mm。瘦果长圆形，长 3 ~ 4 mm，具 3 棱，内含一椭圆形、扁平种子。花期 7—8 月，果期 8—9 月。

败酱根及根状茎

▲败酱植株

▲ 败酱群落

▲ 败酱花

▼ 败酱花序（侧）

▼ 败酱花序

生　境　生于森林草原带及山地的草甸子、山坡林下、林缘和灌丛中及路边和田边的草丛中，常聚集成片生长。

分　布　黑龙江漠河、塔河、呼玛、黑河市区、孙吴、伊春市区、铁力、勃利、尚志、五常、海林、林口、宁安、东宁、绥芬河、穆棱、延寿、密山、虎林、饶河、宝清、桦南、汤原、方正等地。吉林省各地。辽宁丹东市区、宽甸、凤城、本溪、桓仁、抚顺、新宾、清原、西丰、开原、法库、沈阳市区、鞍山市区、岫岩、庄河、盖州、瓦房店、大连市区、北镇、建平、建昌、凌源、绥中等地。内蒙古额尔古纳、根河、牙克石、扎兰屯、鄂伦春旗、鄂温克旗、莫力达瓦旗、科尔沁右翼前旗、科尔沁右翼中旗、扎赉特旗、扎鲁特旗、阿鲁科尔沁旗、克什克腾旗等地。全国各地（除宁夏、青海、新疆、西藏、海南外）。朝鲜、日本、蒙古、俄罗斯（西伯利亚）。

采　制　春、秋季采挖根及根状茎，除去泥沙，洗净，晒干。夏、秋季采收全草，晒干。

性味功效　味苦、辛，性平。有清热解毒、利湿排脓、活血祛瘀的功效。

主治用法　用于肠痈、阑尾炎、肠炎、痢疾、瘰疬、泄泻、肝炎、眼结膜炎、扁桃体炎、目赤肿痛、乳腺炎、吐血、衄血、淋巴管炎、神经官能症、产后瘀血腹痛、赤白带下、痈肿疔疮及疥癣等。水煎服。外用鲜品捣烂敷患处。

用　量　15 ~ 20 g（鲜品 100 ~ 200 g）。
外用适量。

附　方

（1）治阑尾脓肿：败酱、金银花、紫花地丁、马齿苋、蒲公英、制大黄各 25 g。水煎服。

（2）治流行性腮腺炎：败酱鲜叶适量，加生石膏 25 ~ 50 g。共捣烂，再用一份鸭蛋清调匀，敷于肿痛处，24 h 后取下。重症需敷 2 次。有并发症者加服 20% ~ 50% 的黄花败酱草煎剂，每日 3 ~ 4 次，每次 20 ~ 30 ml，或当茶饮用。

（3）治赤眼、障痛并胬肉攀睛：败酱一把，荆芥、草决明、木贼草各 10 g，白蒺藜 1.5 g。水煎服。

（4）治痈疽肿毒（已溃或未溃）：鲜败酱草 200 g，地瓜酒 200 ml。开水适量冲炖服。将药渣捣烂，蜂蜜调敷患处。

（5）治神经衰弱、失眠：败酱根及根状茎 15 ~ 25 g。水煎服，每日 3 次。

（6）治赤白痢疾：鲜败酱草 100 g，冰糖 25 g。开水炖服。

◎参考文献◎

［1］江苏新医学院. 中药大辞典（上册）[M].
　　上海：上海科学技术出版社，1977:1340-
　　1341.

［2］朱有昌. 东北药用植物 [M]. 哈尔滨：黑
　　龙江科学技术出版社，1989:1069-1071.

［3］《全国中草药汇编》编写组. 全国中草药
　　汇编（上册）[M]. 北京：人民卫生出版社，
　　1975:525-526.

▲ 败酱幼苗

▲ 市场上的败酱幼株

▲ 败酱果实（前期）

▲岩败酱群落

▲岩败酱幼株（土生型）

▼岩败酱幼株（岩生型）

▲岩败酱花

岩败酱 *Patrinia rupestris*（Pall.）Dufr.

药用部位 败酱科岩败酱的干燥全草。

原植物 多年生草本，高 20～100 cm。根状茎稍斜升；茎多数丛生。基生叶开花时常枯萎脱落，叶片倒卵长圆形、长圆形、卵形或倒卵形，长 2～7 cm；茎生叶长圆形或椭圆形，长 3～7 cm，羽状深裂至全裂。花密生，顶生伞房状聚伞花序具 3～7 级对生分枝，花序宽 2.5～20.0 cm；萼齿 5，截形、波状或卵圆形，长 0.1～0.2 mm；花冠黄色，漏斗状钟形，长 2.5～4.0 mm，盛开时直径 3.0～5.5 mm，花冠筒长 1.8～2.0 mm，花冠裂片长圆形、卵状椭圆形、卵状长圆形、卵形或卵圆形；花药长圆形，长 0.7～0.8 mm，花丝长 3～4 mm；子房圆柱状。瘦果倒卵圆

▲岩败酱植株

▲岩败酱花序

▼岩败酱果实

柱状，长 2.4 ～ 2.6 mm。花期 7—8 月，果期 8—9 月。

生　境　生于石质丘陵坡地石缝中或较干燥的阳坡草丛中。

分　布　黑龙江漠河、塔河、呼玛、黑河市区、孙吴、伊春市区、铁力、勃利、尚志、五常、海林、林口、宁安、东宁、绥芬河、穆棱、延寿、密山、虎林、饶河、宝清、桦南、汤原、方正等地。吉林长白山各地。辽宁桓仁、宽甸、抚顺、开原、鞍山、庄河、大连市区等地。内蒙古额尔古纳、根河、牙克石、鄂伦春旗、扎兰屯、科尔沁右翼前旗、翁牛特旗等地。河北、山西。朝鲜、俄罗斯、蒙古。

采　制　夏、秋季开花时采收全草，除去泥沙，晒干。

性味功效　味苦，性凉。有清热解毒、活血排脓的功效。

主治用法　用于肺炎、痢疾、肠痈、泄泻、肝炎、黄疸、阑尾炎及神经衰弱等。水煎服。

用　量　10 ～ 25 g。

附　方

（1）治黄疸：岩败酱、茵陈各 25 g。水煎服。

（2）治慢性阑尾炎：蒲公英 100 g，岩败酱 50 g，甘草 10 g，青木香 25 g。水煎服。

附　注　在东北部分地区被当作墓头回使用。

▼岩败酱花序（背）

◎参考文献◎

[1] 江苏新医学院.中药大辞典（上册）[M].上海：上海科学技术出版社，1977:1347.

[2] 朱有昌.东北药用植物 [M].哈尔滨：黑龙江科学技术出版社，1989:1067-1068.

[3] 《全国中草药汇编》编写组.全国中草药汇编（上册）[M].北京：人民卫生出版社，1975:525-526.

▲ 糙叶败酱植株

糙叶败酱 *Patrinia scabra* Bge.

别　　名　蒙古败酱

药用部位　败酱科糙叶败酱的带根全草。

原 植 物　多年生草本，高 20 ~ 40 cm。茎丛生，茎上部多分枝，分枝处有节纹。叶对生，革质，羽状分裂，裂片倒披针形、狭披针形或长圆形，有牙齿，顶端裂片较侧裂片略大，叶缘及叶面被毛。聚伞花序顶生，呈伞房状排列；花轴及花梗上生细毛；苞片狭窄；花小，黄色，花冠合瓣，5 裂；雄蕊 4；子房 3 室，柱头头状。果实翅状，卵形或近圆形，扁薄如纸，直径约 6 mm，有网纹，种子位于中央。花期 7—9 月，果期 8—10 月。

生　　境　生于草原、森林草原、石质丘陵、石缝、较干燥的阳坡草丛、墓地及荒地等处。

分　　布　黑龙江大庆市区、泰来、肇东、肇源、杜尔伯特等地。吉林通榆、镇赉、洮南、大安、长岭、前郭等地。辽宁新民、阜新、锦州、北镇、朝阳、建平、凌源等地。内蒙古科尔沁右翼前旗、科尔沁右翼中旗、扎鲁特旗、突泉、翁牛特旗、喀喇沁旗等地。河北、山西、山东、河南、陕西、宁夏、甘肃、青海。

采　　制　夏、秋季采收带根全草，切段，洗净，阴干。

▼ 糙叶败酱花（侧）

▼ 糙叶败酱花

各论　7-043

▲糙叶败酱果实

性味功效 味苦、微酸、涩，性凉。有清热燥湿、止血、止带、截疟、抗癌的功效。

主治用法 用于子宫糜烂、早期宫颈癌、白带异常、崩漏、疟疾、跌打损伤。水煎服。外用捣烂敷患处。

用　　量 15～25g。外用适量。

◎参考文献◎

[1] 江苏新医学院.中药大辞典（下册）[M].上海：上海科学技术出版社，1977:2445-2446.

[2] 朱有昌.东北药用植物[M].哈尔滨：黑龙江科学技术出版社，1989:1071-1072.

[3] 《全国中草药汇编》编写组.全国中草药汇编（上册）[M].北京：人民卫生出版社，1975:868-869.

▲糙叶败酱幼株

▲ 墓头回植株

墓头回 *Patrinia heterophylla* Bge.

别　　名	异叶败酱　墓头灰
俗　　名	追风箭　摆子草
药用部位	败酱科墓头回的带根全草。
原 植 物	多年生草本，高 15 ~ 100 cm。根状茎较长，横走；茎直立。基生叶丛生，长 3 ~ 8 cm，具长柄，叶片边缘圆齿状或具糙齿状缺刻，不分裂或羽状分裂至全裂；茎生叶对生，茎下部叶常 2 ~ 6 对羽状全裂。花黄色，组成顶生伞房状聚伞花序；萼齿 5；花冠钟形，冠筒长 1.8 ~ 2.4 mm，裂片 5，卵形或卵状椭圆形，长 0.8 ~ 1.8 mm；雄蕊 4 伸出，花丝二长二短，近蜜囊者长 3.0 ~ 3.6 mm，花药长圆形，长 1.2 mm；子房倒卵形或长圆形，长 0.7 ~ 0.8 mm，花柱稍弯曲，长 2.3 ~ 2.7 mm，柱头盾状或截头状。瘦果长圆形或倒卵形；翅状果苞干膜质，倒卵形、倒卵状长圆形。花期 7—8 月，果期 8—9 月。

▲ 墓头回幼株

▼ 墓头回果实

▲墓头回花序

▼墓头回花

止血、止带、截疟的功效。

主治用法 用于子宫糜烂、早期宫颈癌、白带异常、崩漏、疟疾、跌打损伤等。水煎服。外用煎水洗。

用　量 15～25 g。

附　方

（1）治白带异常：墓头回 25 g，红花 2.5 g。水煎服。

（2）治疟疾：墓头回 25～50 g。水煎于疟疾发作前 1 h 服。

（3）治崩中、赤白带下：墓头回一把，酒、水各半盏，新红花一捻。煎七分，卧时温服。日近者一服，久则三服。

◎参考文献◎

［1］江苏新医学院.中药大辞典（下册）[M].上海：上海科学技术出版社，1977:2445-2446.

［2］朱有昌.东北药用植物 [M].哈尔滨：黑龙江科学技术出版社，1989:1066-1067.

［3］《全国中草药汇编》编写组.全国中草药汇编（上册）[M].北京：人民卫生出版社，1975:868-869.

生　境 生于山地岩缝中、草丛中、路边、沙质坡或土坡上。

分　布 黑龙江宁安、东宁等地。吉林集安。辽宁大连、北镇、绥中、凌源等地。内蒙古科尔沁右翼后旗、敖汉旗、喀喇沁旗等地。河北、河南、安徽、浙江、山东、山西、陕西、宁夏、青海。朝鲜、俄罗斯。

采　制 夏、秋季采收带根全草，切段，洗净，阴干。

性味功效 味辛、微酸、涩，性温。有清热燥湿、

▼墓头回花（侧）

▲攀倒甑居群

攀倒甑 *Patrinia villosa*（Thunb.）Juss.

别　　名	白花败酱　毛败酱　败酱
俗　　名	獐大耳　獐子耳朵　白花菜
药用部位	败酱科攀倒甑的带根全草。

原 植 物　多年生草本，高 50 ~ 120 cm。基生叶丛生，叶片卵形、宽卵形或卵状披针形至长圆状披针形，长 4 ~ 25 cm，宽 2 ~ 18 cm，先端渐尖，边缘具粗钝齿；茎生叶对生，与基生叶同形，先端尾状渐尖或渐尖。由聚伞花序组成顶生圆锥花序或伞房花序，分枝达 5 ~ 6 级；总苞叶卵状披针形至线状披针形或线形；花萼小，萼齿 5，浅波状或浅钝裂状，长 0.3 ~ 0.5 mm；花冠钟形，白色，5 深裂，长 0.75 ~ 2.00 mm，冠筒常比裂片稍长，长 1.5 ~ 2.6 mm；雄蕊 4，伸出；子房下位，花柱较雄蕊稍短。瘦果倒卵形；果苞倒卵形、卵形、倒卵状长圆形或椭圆形，长 2.8 ~ 6.5 mm，顶端钝圆。花期 7—8 月，果期 8—9 月。

生　　境　生于山地林下、林缘及灌丛中。

分　　布　吉林长白山各地。辽宁宽甸、凤城、本溪、鞍山、庄河、北镇等地。河北、河南、安徽、江苏、浙江、江西、台湾、湖北、湖南、广东、广西、贵州、四川。朝鲜、俄罗斯（西伯利亚中东部）、日本。

▼攀倒甑花（侧）

▼攀倒甑果实（前期）

▲ 攀倒甑幼株

▼ 攀倒甑植株

▲ 攀倒甑果实（后期）

采　制　夏、秋季采收带根全草，切段，洗净，阴干。

性味功效　味辛、苦，性微寒。有清热利湿、解毒排脓、活血祛痰的功效。

主治用法　用于肝炎、目赤肿痛、泄泻、肠痈、产后瘀血腹痛、痈肿疔疮、阑尾炎、赤白带下、痢疾、胃肠炎、腮腺炎及毒蛇咬伤等。水煎服。外用捣烂敷患处。

用　量　6 ～ 15 g。外用适量。

▲ 攀倒甑花序

▲ 攀倒甑花

◎ 参考文献 ◎

[1] 江苏新医学院.中药大辞典（上册）[M].上海：上海科学技术出版社，1977:1340-1341.

[2] 朱有昌.东北药用植物[M].哈尔滨：黑龙江科学技术出版社，1989:1072-1073.

[3]《全国中草药汇编》编写组.全国中草药汇编（上册）[M].北京：人民卫生出版社，1975:525-526.

▲ 攀倒甑群落

西伯利亚败酱 *Patrinia sibirica* （L.）Juss.

药用部位 败酱科西伯利亚败酱的根。

原 植 物 多年生草本，高5～27 cm。根状茎通常粗厚。叶基生，叶片倒卵状长圆形、长圆形、线状长圆形或线形，长2.5～5.0 cm，宽0.25～2.00 cm；花茎无叶，或有时中部具一对羽状分裂叶片，长2.5 cm。圆锥状伞房花序顶生；总苞长1.45 cm，羽状全裂，裂片线形；小苞片倒卵形或卵形，长2.4 mm；花萼5裂，裂片不等形，果时宿存；花冠黄色，漏斗状钟形，冠筒长2.5～3.2 mm，裂片5，卵形或卵状椭圆形；雄蕊4，伸出冠筒，花丝不等长，花药长圆形，长1.5 mm；子房卵状长圆形，长0.5～1.5 mm，花柱长3.3～3.7 mm。瘦果长卵形，长3～6 mm；果苞倒卵形，长6～9 mm。花期5—6月，果期6—7月。

▼ 西伯利亚败酱花序（背）

生 境 生于山坡森林带、林缘、森林草原、高山带砾石坡地、高原草地及河岸砾石滩等处。

分 布 黑龙江呼玛、泰来、杜尔伯特、肇源等地。内蒙古满洲里、新巴尔虎左旗、新巴尔虎右旗、西乌珠穆沁旗等地。新疆。俄罗斯（西伯利亚）、蒙古、日本。

采 制 春、秋季根，除去泥土，洗净，切段，晒干。

性味功效 味辛、苦，性微寒。有清热解毒、利湿排毒、活血行瘀、镇静安心的功效。

▲西伯利亚败酱花序

主治用法 用于肺痈、结核、瘰疬、痈肿疮毒、肠炎、痢疾、肝炎、扁桃体炎、结膜炎、产后淤血腹痛、咳血、衄血、神经衰弱等。

用 量 10 ~ 15 g。

◎参考文献◎

[1] 巴根那. 中国大兴安岭蒙中药植物资源志 [M]. 赤峰：内蒙古科学技术出版社，2011：400-401.

[2] 中国药材公司. 中国中药资源志要 [M]. 北京：科学出版社，1994：1217.

[3] 江纪武. 药用植物辞典 [M]. 天津：天津科学技术出版社，2005：576.

▲ 黑水缬草花序

缬草属 *Valeriana* L.

黑水缬草 *Valeriana amurensis* Smirn ex Kom.

别　　名　黑龙江缬草

俗　　名　媳妇菜　野鸡膀子　拔地麻

药用部位　败酱科黑水缬草的根及根状茎。

原　植　物　多年生草本，高达 1.5 m。茎中空，有粗纵棱，被长粗毛。根状茎有香气。叶对生，幼时被毛，后仅脉及叶缘被毛；基部第 1、2 对叶较小，1～2 对羽状全裂，余叶 3～4 对羽状全裂，长 15～20 cm，中央裂片最大，近圆形或宽卵形，常与第 1 对侧裂片合生或密接，顶端圆钝，边缘有粗大齿裂，基部稍下延，其余裂片较小而疏离；基生叶长达 20 cm，茎生叶柄渐短至近无柄。花呈伞房状多枝聚伞花序，苞片和小苞片羽状全裂至条形，长分别为 2 cm 和 1 cm；花冠淡粉色，筒状，5 裂；雄蕊 3；子房下位。瘦果窄三角卵形，长约 0.3 cm，顶端有毛状宿萼。花期 6—7 月，果期 8—9 月。

生　　境　生于林缘、草地及沼泽化的草甸中。

分　　布　黑龙江塔河、呼玛、黑河、伊春市区、铁力、嘉荫、萝北等地。吉林安图、抚松、长白、临江、和龙、柳河、蛟河、汪清、敦化等地。朝鲜、俄罗斯（西伯利亚中东部）。

采　　制　春、秋季采挖根及根状茎，除去泥土，洗净，阴干。

性味功效　味辛、苦，性温。有微毒。有安神镇静、祛风解痉、生肌止血、止痛的功效。

▲ 黑水缬草植株

▲ 黑水缬草花序（白色）

▼ 黑水缬草瘦果

主治用法　用于心神不安、神经衰弱、胃肠痉挛、月经不调、跌打损伤、腰腿疼痛等。煎汤内服，研末或浸酒。

用　量　5～10 g。

◎参考文献◎

［1］朱有昌.东北药用植物 [M].哈尔滨：黑龙江科学技术出版社，1989:1073-1076.

［2］《全国中草药汇编》编写组.全国中草药汇编（上册）[M].北京：人民卫生出版社，1975:918-920.

［3］钱信忠.中国本草彩色图鉴（第五卷）[M].北京：人民卫生出版社，2003:131-132.

▲ 缬草根

▲ 缬草群落

▼ 缬草幼株

缬草 *Valeriana officinalis* L.

别　　名	欧缬草　兴安缬草　毛节缬草
俗　　名	媳妇菜　臭草　拔地麻
药用部位	败酱科缬草的根及根状茎。
原 植 物	多年生高大草本，高可达 100 ~ 150 cm。根状茎粗短呈

头状，须根簇生；茎中空，有纵棱。茎生叶卵形至宽卵形，羽状深裂，
裂片 7 ~ 11；中央裂片与两侧裂片近同形同大小，但有时与第 1 对
侧裂片合生成 3 裂状，裂片披针形或条形，顶端渐窄，基部下延，全
缘或有疏锯齿，两面及柄轴多少被毛。花序顶生，呈伞房状三出聚伞
圆锥花序；小苞片中央纸质，两侧膜质，长圆形、倒披针形或线状披

▲ 缬草花序

▼ 缬草花（侧）

针形，先端芒状突尖，边缘多少有粗缘毛；花冠淡紫红色或白色，长4～6mm，花冠裂片椭圆形，雌雄蕊约与花冠等长。瘦果长卵形，长4～5mm，基部近平截。花期6—7月，果期8—9月。

生境　生于山坡草地、林下、灌丛、草甸及沟边等处。

分布　黑龙江漠河、塔河、呼玛、黑河市区、孙吴、伊春市区、铁力、勃利、尚志、五常、海林、林口、宁安、东宁、绥芬河、穆棱、延寿、密山、虎林、饶河、宝清、桦南、汤原、方正等地。吉林长春、扶余、洮南、长白山各地。辽宁丹东市区、宽甸、凤城、本溪、新宾、鞍山、庄河、沈阳、义县、彰武等地。内蒙古牙克石、鄂温克旗、扎兰屯、

▲缬草植株

▲毛节缬草花序

科尔沁右翼前旗、扎鲁特旗、克什克腾旗、阿鲁科尔沁旗、巴林左旗、巴林右旗、翁牛特旗、东乌珠穆沁旗、西乌珠穆沁旗等地。中国东北至西南的广大地区。朝鲜、俄罗斯。欧洲、亚洲西部。

采　制　春、秋季采挖根及根状茎，洗净阴干药用。

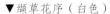
▼缬草花序（白色）

性味功效　味辛、苦，性温。有微毒。有安神镇静、祛风解痉、生肌止血、止痛的功效。

主治用法　用于神经衰弱、心神不安、失眠、心悸、癔症、癫痫、胃弱、心腹胀痛、跌打损伤、腰腿疼痛及月经不调、经闭等。水煎服，研末或浸酒。外用磨汁涂。

用　量　5.0 ~ 7.5 g。外用适量。

附　方

（1）治神经衰弱：缬草、五味子各50 g，白酒0.5 L。浸泡7 d，每服5 ~ 10 ml，每日3次。

（2）治癔症：缬草15 g，陈皮10 g。水煎服。

（3）治神经衰弱、癔症、癫痫：

缬草酊适量。每服 2～5 ml，每日 2～3 次。

（4）治腰痛、腿痛、腹痛、跌打损伤、心悸、神经衰弱：缬草 5 g。研为细末，水冲服。

（5）治神经官能症：缬草 50 g，五味子 15 g，合欢皮 15 g，酒 250 ml。浸泡 7 d，每次服 10 ml，每日 3 次。

缬草酊制剂：取缬草根 200 g，用体积分数为 60% 的酒精做溶剂，按渗漉法，以每分钟 3 ml 的速度缓慢渗漉，至渗漉液达 850 ml 时停止渗漉，药渣中余液压出，与漉液合并，过滤，添加体积分数为 60% 的酒精至 1000 ml。

附　注　在东北尚有 1 变种：毛节缬草 var. *stolonifera* Bar. et Skv.，茎生叶对生，裂片 3～11 对，通常具匍匐枝，稀无。其他与原种同。

◎参考文献◎

［1］江苏新医学院. 中药大辞典（下册）[M]. 上海：上海科学技术出版社，1977:2631-2633.

［2］朱有昌. 东北药用植物 [M]. 哈尔滨：黑龙江科学技术出版社，1989:1073-1076.

［3］《全国中草药汇编》编写组. 全国中草药汇编（上册）[M]. 北京：人民卫生出版社，1975:918-920.

▲ 毛节缬草幼株

▼ 缬草果实

▼ 缬草瘦果

▲吉林向海国家级自然保护区湿地夏季景观

▲ 日本续断花序

川续断科 Dipsacaceae

本科共收录 2 属、3 种、2 变型。

川续断属 *Dipsacus* L.

日本续断 *Dipsacus japonicus* Miq.

别　　名　川续断

▲ 日本续断花

▲日本续断植株

▲ 日本续断花序（侧）

▼ 日本续断果实

药用部位 川续断科日本续断的根。

原 植 物 多年生草本，高1m以上。主根长圆锥状，黄褐色。茎中空，向上分枝，具4～6棱，棱上具钩刺。基生叶具长柄，叶片长椭圆形，分裂或不裂；茎生叶对生，叶片椭圆状卵形至长椭圆形，先端渐尖，基部楔形，长8～20cm，常为3～5裂。头状花序顶生，圆球形，直径1.5～3.2cm；总苞片线形；小苞片倒卵形，开花期长达9～11mm，顶端喙尖长5～7mm，两侧具长刺毛；花萼盘状，4裂；花冠管长5～8mm，基部细管明显，长3～4mm，4裂，裂片不相等；雄蕊4，着生在花冠管上；子房下位，包于囊状小总苞内，小总苞具4棱，长5～6mm，顶端具8齿。瘦果长圆楔形。花期8—9月，果期9—10月。

生 境 生于山坡阴湿草丛、灌丛、河谷两岸、沟边及路旁等处。

分 布 辽宁大连、建昌、凌源等地。内蒙古宁城。河北、山西、陕西、宁夏、甘肃。朝鲜、日本。

采 制 春、秋季采挖根，除去泥土，洗净，晒干。

性味功效 味苦、辛，性微温。有补肝肾、续筋骨、调血脉的功效。

主治用法 用于腰背酸痛、足膝无力、崩漏、带下病、遗精、金疮、跌打损伤、痈疽疮肿等。水煎服。外用捣烂敷患处。

用 量 6～15g。外用适量。

◎参考文献◎

［1］中国药材公司.中国中药资源志要[M].北京：科学出版社，1994:1219.

［2］江纪武.药用植物辞典[M].天津：天津科学技术出版社，2005:271.

▲ 白花窄叶蓝盆花花序

▲ 窄叶蓝盆花群落

▼ 窄叶蓝盆花果实

蓝盆花属 Scabiosa L.

窄叶蓝盆花 *Scabiosa comosa* Fisch. ex Roem. et Schult.

别　　名　蒙古山萝卜　细叶山萝卜　细叶蓝盆花
药用部位　川续断科窄叶蓝盆花的花。
原 植 物　多年生草本，高 30 ~ 80 cm。茎直立。基生
叶成丛，叶片轮廓窄椭圆形，长 6 ~ 10 cm，羽状全裂，

▲ 窄叶蓝盆花植株（草地型）

裂片线形；宽 1.0 ～ 1.5 mm；叶柄长
3 ～ 6 cm；茎生叶对生，叶片轮廓长圆
形，长 8 ～ 15 cm，一至二回狭羽状全裂。
总花梗长 10 ～ 25 cm；头状花序单生或
三出，花时直径 3.0 ～ 3.5 cm，半球形；
总苞片 6 ～ 10，披针形，长 1.0 ～ 1.2 cm；
小总苞倒圆锥形；花萼 5 裂，细长针状，
长 2.5 ～ 3.0 mm，棕黄色；花冠蓝紫色，
中央花冠筒状，长 4 ～ 6 mm，先端 5 裂，
裂片等长，边缘花二唇形，长达 2 cm，
上唇 2 裂，较短，下唇 3 裂；雄蕊 4，花
丝细长，外伸；花柱长 1 cm。瘦果长圆形，
长约 3 mm。花期 7—8 月，果期 9 月。

▲ 窄叶蓝盆花花序

▲ 窄叶蓝盆花花序（背）

▲ 窄叶蓝盆花花序（淡蓝色）

生　　境　　生于干燥沙质地、沙丘、草原及干山坡上，
常聚集成片生长。

分　　布　　黑龙江泰来、甘南、龙江、杜尔伯特、大
庆市区、肇东、肇源、肇州、富裕等地。吉林通榆、
镇赉、洮南、长岭、前郭等地。辽宁彰武。内蒙古鄂
伦春旗、鄂温克旗、满洲里、牙克石、新巴尔虎左旗、
新巴尔虎右旗、科尔沁右翼前旗、科尔沁右翼中旗、
扎赉特旗、扎鲁特旗、克什克腾旗、阿鲁科尔沁旗、
巴林左旗、巴林右旗、翁牛特旗、东乌珠穆沁旗、西
乌珠穆沁旗、阿巴嘎旗、苏尼特左旗、苏尼特右旗等
地。河北。俄罗斯、蒙古。

采　　制　　秋季采摘花，除去杂质，洗净，晒干。

性味功效　　味甘、微苦，性凉。有清热泻火的功效。

主治用法　　用于肝火旺盛、头痛、发热、肺热咳嗽、
黄疸、目赤等。水煎服或研末冲服。

用　　量　　研末 2.5 ～ 5.0 g。

附　　注　　在东北尚有 1 变型：
白花窄叶蓝盆花 f. *albiflora* S. H. Li 花白色。其他与原
种同。

◎参考文献◎

［1］江苏新医学院. 中药大辞典（下册）[M]. 上海：
　　上海科学技术出版社，1977:2464-2465.

［2］朱有昌. 东北药用植物 [M]. 哈尔滨：黑龙江科
　　学技术出版社，1989:1077-1078.

［3］中国药材公司. 中国中药资源志要 [M]. 北京：
　　科学出版社，1994:1221.

▲ 窄叶蓝盆花植株（山坡型）

▲ 华北蓝盆花幼株

▲ 华北蓝盆花瘦果

▲ 华北蓝盆花花序（浅粉色）

▼ 白花华北蓝盆花花序

华北蓝盆花 *Scabiosa tschiliensis* Grun.

别　　名　山萝卜

俗　　名　高丽菊花　猫眼睛

药用部位　川续断科华北蓝盆花的根及花。

原 植 物　多年生草本，高 30 ～ 60 cm。根粗壮。基生叶簇生，连叶柄长 10 ～ 15 cm；叶片卵状披针形或窄卵形至椭圆形，先端急尖或钝，有疏钝锯齿或浅裂片，长 2.5 ～ 7.0 cm；茎生叶对生，羽状深裂至全裂，侧裂片披针形，长 1.5 ～ 2.5 cm。总花梗长 15 ～ 30 cm；头状花序在茎上部呈三出聚伞状，

▲ 华北蓝盆花花序

▲ 华北蓝盆花花序（背）

花时扁球形，直径 2.5 ~ 4.0 cm；总苞片 10 ~ 14，披针形，长 5 ~ 10 mm；花托苞片披针形；小总苞果时方柱状，具 8 条肋；萼 5 裂，刚毛状；边花花冠二唇形，蓝紫色，裂片 5，上唇 2 裂片较短，长 3 ~ 4 mm，下唇 3 裂；雄蕊 4，花开时伸出花冠筒外，花药长圆形。瘦果椭圆形，长约 2 mm。花期 7—8 月，果期 9 月。

生　　境　生于山坡、林缘、草地及灌丛中。

分　　布　黑龙江漠河、塔河、呼玛、黑河市区、孙吴、伊春市区、铁力、勃利、尚志、五常、海林、林口、宁安、东宁、绥芬河、穆棱、延寿、密山、虎林、饶河、宝清、桦南、汤原、方正等地。吉林长白山和西部草原各地。辽宁本溪、桓仁、凤城、抚顺、新宾、清原、开原、西丰、鞍山市区、岫岩、营口、北镇、朝阳、建平、建昌、凌源等地。内蒙古额尔古纳、牙克石、鄂温克旗、扎兰屯、科尔沁右翼前旗、扎鲁特旗、翁牛特旗、东乌珠穆沁旗、西乌珠穆沁旗、阿巴嘎旗、苏尼特左旗、苏尼特右旗等地。河北、山西、陕西、宁夏、甘肃。朝鲜、俄罗斯。

采　　制　秋季采摘花，除去杂质，洗净，晒干。春、秋季采挖根，除去泥土，洗净，晒干。

性味功效　味甘、微苦，性凉。有清热泻火的功效。

主治用法　用于肝火旺盛、头痛、肺热咳嗽、黄疸及发热等。研末冲服。

用　　量　2.5 ～ 5.0 g。

附　　方

（1）治肺热咳嗽、气喘：华北蓝盆花 25 g，甘草 20 g，草河车 15 g，远志 10 g，莲座蓟 5 g。共研细末，每次 2.5 ～ 5.0 g，开水冲服，每日 3 次。

（2）治肝胆湿热、目赤、黄疸：红花 25 g，石膏 15 g，华北蓝盆花、木通、地丁、诃子 各 10 g，麻黄 15 g。共研细末，每次 2.5 ～ 5.0 g，开水送服，每日 3 次。

附　　注　在东北尚有 1 变型：白花华北蓝盆花 f. *albiflora* S. H. Li，花白色。其他与原种同。

◎参考文献◎

［1］朱有昌. 东北药用植物 [M]. 哈尔滨：黑龙江科学技术出版社，1989:1077-1078.

［2］中国药材公司. 中国中药资源志要 [M]. 北京：科学出版社，1994:1221.

▲华北蓝盆花植株

▲华北蓝盆花果实

▲华北蓝盆花幼苗

▲黑龙江省图强林业局龙江第一湾湿地秋季景观

▲ 轮叶沙参花

▲轮叶沙参根

▼ 轮叶沙参果实

桔梗科 Campanulaceae

本科共收录 6 属、19 种、3 变种。

沙参属 *Adenophora* Fisch.

轮叶沙参 *Adenophora tetraphylla*（Thunb.）Fisch.

别　　名	南沙参　四叶沙参
俗　　名	四叶菜　沙参　灯笼菜　纺车轮子菜　白马肉歪脖菜
药用部位	桔梗科轮叶沙参的根（入药称"南沙参"）。
原植物	多年生草本，茎高大，可达 1.5 m，不分枝，无毛。茎生叶 3 ~ 6 枚轮生，无柄或有不明显叶柄，叶片卵圆形至条状披针形，长 2 ~ 14 cm，边缘有锯齿，两面疏生短柔毛。花序狭圆锥状，花序分枝（聚伞花序）大多轮生，细长或很短，生数朵花或单花。花萼无毛，

▲ 轮叶沙参种子

▲ 轮叶沙参花（白色）

▼ 轮叶沙参幼株

筒部倒圆锥状，裂片钻状，长 1 ~ 4 mm，全缘；花冠筒状细钟形，口部稍缢缩，蓝色、蓝紫色，长 7 ~ 11 mm，裂片短，三角形，长 2 mm；花盘细管状，长 2 ~ 4 mm；花柱长约 20 mm。蒴果球状圆锥形或卵圆状圆锥形，长 5 ~ 7 mm，直径 4 ~ 5 mm。种子黄棕色，矩圆状圆锥形，稍扁，有 1 条棱，并由棱扩展成 1 条白带，长 1 mm。花期 7—8 月，果熟 8—9 月。

生　境　生于山地林缘、山坡、草地、灌丛及草甸等处。

分　布　黑龙江漠河、塔河、呼玛、黑河市区、孙吴、伊春市区、铁力、勃利、尚志、五常、海林、林口、宁安、东宁、绥芬河、穆棱、木兰、延寿、密山、虎林、饶河、宝清、桦南、汤原、方正等地。吉林省各地。辽宁凌源、建昌、绥中、义县、北镇、彰武、沈阳、鞍山、抚顺、新宾、本溪、凤城、丹东市区、庄河、大连市区。内蒙古额尔古纳、陈巴尔虎旗、牙克石、鄂伦春旗、阿荣旗、科尔沁右翼前旗、满洲里、牙克石、新巴尔虎左旗、新巴尔虎右旗、科尔沁右翼前旗、扎鲁特旗、扎赉特旗、科尔沁左翼后旗、阿鲁科尔沁旗、巴林右旗、巴林左旗、克什克腾旗、翁牛特旗、敖汉旗、喀喇沁旗、东乌珠穆沁旗、西乌珠穆沁旗、正蓝旗、正镶白旗、多伦等地。河北、山西、山东、浙江、安徽、江苏、江西、广东、广西、四川、贵州、云南。朝鲜、俄罗斯（西伯利亚）、日本、越南。

采　制　春、秋季采挖根，除去泥土，洗净，鲜用或晒干。

性味功效　味甘、微苦，性凉。有养阴清肺、祛痰止咳、养

胃生津的功效。

主治用法　用于肺热咳嗽、咳痰黏稠、口燥咽干、气管炎、百日咳及喉痛等。水煎服，或入丸、散。反藜芦。风寒咳嗽、肺胃虚寒者忌服。

用　　量　15 ~ 25 g（鲜品 50 ~ 150 g）。

附　　方

（1）治肺热咳嗽、百日咳：南沙参 15 ~ 25 g。水煎服，每日 2 次。

（2）治产后缺乳：南沙参 20 g，猪肉适量。共煮，连汤服下，每日 2 次。

（3）治肺热咳嗽不止：南沙参 25 g，百合 15 g，贝母 5 g。共研细末，每次服 10 g，米汤送下，日服 2 次。

（4）治肺虚咳嗽：南沙参、核桃仁各 250 g。用南沙参研末，与核桃仁搅匀，每次 15 g，加白糖 10 g，米汤调和，蒸熟食用，

▲轮叶沙参幼苗

日服 2 次。

（5）治感冒头痛：南沙参 25 g。细辛 2.5 g。水煎，黄酒为引，日服 2 次。

（6）治肺热咳嗽无痰、咽干：南沙参、桑叶、麦门冬各 20 g，杏仁、贝母、枇杷叶各 15 g。水煎服，每日 2 次。

附　　注　本品为《中华人民共和国药典》（2020 年版）收录的药材。

▲市场上的轮叶沙参根

▲轮叶沙参花（侧）

◎参考文献◎

［1］江苏新医学院. 中药大辞典（下册）[M]. 上海：上海科学技术出版社，1977:1560-1562.

［2］朱有昌. 东北药用植物 [M]. 哈尔滨：黑龙江科学技术出版社，1989:1090-1092.

［3］《全国中草药汇编》编写组. 全国中草药汇编（下册）[M]. 北京：人民卫生出版社，1975:396-397.

▲轮叶沙参植株

市场上的轮叶沙参幼株

轮叶沙参植株

展枝沙参 *Adenophora divaricata* Franch. et Sav.

俗　名　四叶菜

药用部位　桔梗科展枝沙参的根。

原植物　多年生草本，高 50～100 cm。根粗壮。茎直立，单一。基生叶花期枯萎；茎生叶 3～5 枚轮生，无柄或近无柄，菱状卵形或菱状椭圆形，长 4～11 cm，宽 2～7 cm，基部楔形，先端锐尖或渐尖，背面常有光泽，边缘具粗锐锯齿。花序圆锥状，分枝较开展，下部分枝轮生，上部分枝互生；花序轴无毛；花常下垂；花萼无毛，萼筒圆锥状，先端 5 裂，裂片披针形，长 5～10 mm，花期反折或不反折；花冠钟形，长 1～2 cm，蓝色、蓝紫色或淡蓝色。先端 5 浅裂；雄蕊 5；花柱有微毛，与花冠近等长，柱头 3 裂；花盘短筒状，长约 2 mm。蒴果扁圆锥形。种子长约 2 mm，黑褐色。花期 7—8 月，果期 8—9 月。

生　境　生于林缘、灌丛、山坡、草地及路旁等处。

分　布　黑龙江漠河、塔河、呼玛、黑河市区、孙吴、伊春市区、铁力、勃利、尚志、五常、海林、林口、宁安、东宁、

▲ 狭叶展枝沙参株

▼ 展枝沙参幼苗

▼ 展枝沙参幼株

市场上的展枝沙参根

市场上的展枝沙参幼株

▲展枝沙参植株

▲ 展枝沙参花（侧）

附　注　在东北尚有 1 变种：
狭叶展枝沙参 f. *angustifolia* Bar.，叶线形至披针形。其他与原种同。

◎参考文献◎
［1］朱有昌．东北药用植物 [M].哈尔滨：黑龙江科学技术出版社，1989:1090−1092.
［2］中国药材公司．中国中药资源志要 [M].北京：科学出版社，1994:1222−1223.
［3］江纪武．药用植物辞典 [M].天津：天津科学技术出版社，2005:18.

绥芬河、穆棱、木兰、延寿、密山、虎林、饶河、宝清、桦南、汤原、方正等地。吉林省各地。辽宁建昌、沈阳、辽阳、鞍山、丹东、庄河、大连市区。内蒙古牙克石、鄂伦春旗、扎兰屯、阿尔山、科尔沁右翼前旗、奈曼旗、克什克腾旗、翁牛特旗、喀喇沁旗、宁城等地。河北、山东、山西。朝鲜、俄罗斯（西伯利亚中东部）、日本。

采　制　春、秋季采挖根，除去泥土，洗净，晒干。

性味功效　味甘、微苦，性凉。有清热润肺、化痰止咳、养阴养胃、生津止渴的功效。

主治用法　用于肺热燥咳、热病口干、饮食不振。水煎服。

用　量　10 ～ 15 g（鲜品 15 ～ 30 g）。

▲ 展枝沙参花

▼ 展枝沙参种子

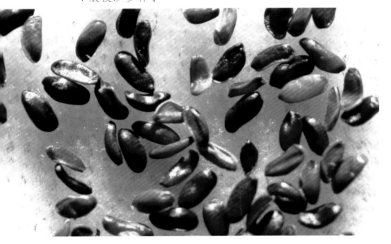

▼ 展枝沙参果实

长白沙参 *Adenophora pereskiifolia*（Fisch. ex Roem. et Schult.）G. Don

别　　名 阔叶沙参

药用部位 桔梗科长白沙参的干燥根。

原 植 物 多年生草本。根常短而分叉。茎单生，高可达1 m。基生叶早枯萎；茎生叶常3～5枚轮生，叶片多为椭圆形，顶端短渐尖至长渐尖，长6～16 cm。花序狭金字塔状，有时仅数朵花集成假总状花序；花萼筒部倒卵状或倒卵状球形，中部最宽，裂片披针形至条状披针形，长3～6 mm，宽0.8～1.5 mm；花冠漏斗状钟形，蓝紫色或蓝色，长13～18 mm，裂片宽三角形，长4 mm，基部宽6 mm；花盘环状至短筒状，长0.5～1.5 mm，长宽相等或宽大于长；花柱长

▲长白沙参植株

15 ～ 22 mm，伸出花冠，有时强烈伸出。蒴果卵状椭圆形，长约 8 mm，直径 4 ～ 5 mm。种子棕色，椭圆状，稍扁，长 2 mm。花期 7—8 月，果期 8—9 月。

生　境　生于林缘、林下草地及草甸中。

分　布　黑龙江漠河、塔河、呼玛、黑河市区、孙吴、伊春市区、铁力、勃利、尚志、五常、海林、林口、宁安、东宁、绥芬河、穆棱、桦南、汤原、方正等地。吉林安图、抚松、长白、和龙、敦化、汪清、临江、蛟河、柳河、辉南等地。辽宁凌源、建昌、义县、北镇、鞍山、本溪、新宾、桓仁、宽甸、庄河、大连市区。内蒙古额尔古纳、根河、陈巴尔虎旗、牙克石、鄂伦春旗、科尔沁右翼前旗等地。朝鲜、俄罗斯（西伯利亚）、蒙古、日本。

采　制　春、秋季采挖根，除去泥土，洗净，晒干。

性味功效　味甘，性寒。有养阴清热、润肺化痰、益胃生津的功效。

主治用法　用于阴虚久咳、劳嗽痰血、燥咳痰少、虚热喉痹、津伤口渴等。水煎服。

用　量　10 ～ 15 g（鲜品 15 ～ 30 g）。

◎参考文献◎

[1]《全国中草药汇编》编写组. 全国中草药汇编（上册）[M]. 北京：人民卫生出版社，1975:396-397.

[2] 朱有昌. 东北药用植物 [M]. 哈尔滨：黑龙江科学技术出版社，1989:1090-1092.

[3] 中国药材公司. 中国中药资源志要 [M]. 北京：科学出版社，1994:1224-1225.

▲长白沙参花

▲ 荠苨植株

▲ 荠苨幼株

荠苨 *Adenophora trachelioides* Maxim.

别　　　名	心叶沙参
俗　　　名	杏叶菜
药用部位	桔梗科荠苨的干燥根及幼苗。
原 植 物	多年生草本。茎单生，高

40 ~ 120 cm。基生叶心状肾形；茎生叶心形或在茎上部的叶基部近于平截形，通常叶基部不向叶柄下延成翅，顶端钝至短渐尖，边缘为单锯齿或重锯齿，长3 ~ 13 cm。花序分枝大多长而几乎平展，组成大圆锥花序，或分枝短而组成狭圆锥花序；花萼筒部倒三角状圆锥形，裂片长椭圆形或披针形，长6 ~ 13 mm；花冠钟状，蓝色、蓝紫色或白色，长2.0 ~ 2.5 cm，裂片宽三角状半圆形，顶端急尖，长5 ~ 7 mm；花盘筒状，长2 ~ 3 mm；花柱与花冠近等长。蒴果卵状圆锥形，长7 mm。种子黄棕色，两端黑色，长矩圆状，长0.8 ~ 1.5 mm。花期7—8月，果期8—9月。

▲ 荠苨果实

▲ 荠苨幼苗

▲ 荠苨花

▼ 荠苨花（侧）

生　境　生于林间草地、山坡路旁及干燥石质山坡等处。

分　布　吉林长白、和龙、珲春、辉南等地。辽宁丹东市区、法库、桓仁、葫芦岛市区、东港、西丰、绥中、庄河、瓦房店、大连市区、北镇、建平、建昌、盖州、鞍山、长海、本溪、凌源、沈阳市区、开原、朝阳等地。内蒙古牙克石、科尔沁右翼中旗、科尔沁左翼后旗、翁牛特旗等地。河北、山东、江苏、浙江、安徽。朝鲜。

采　制　春、秋季采挖根，除去泥土，洗净，晒干。春季采摘幼苗，洗净，晒干。

性味功效　根：味甘，性寒。有清热解毒、化痰止咳的功效。幼苗：味甘、苦，性寒。有止咳的功效。

主治用法　根：用于干燥咳嗽、咽喉痛、消渴、疔疮肿毒、痈疽等。水煎服，研末或做丸。外用研末调敷或鲜品捣敷患处。幼苗：用于咳嗽。水煎服。

用　量　根：5～15 g。外用适量。幼苗：5～15 g。

附　方

（1）治急慢性支气管炎：（荠苨）鲜根（刮去外表粗皮）30 g（干的9 g），枇杷叶（去毛）15 g。水煎服。

（2）治疗肿：老荠苨根汁100 ml。去滓，涂。

（3）治疗痈：鲜荠苨根洗净，切碎，加入10% 菜油研糊，再调入30% 凡士林，敷于局部，厚约0.5 cm，用绷带或胶布固定。每日换药1次。

◎参考文献◎

［1］江苏新医学院.中药大辞典（下册）[M].上海：上海科学技术出版社，1977:1606，1608.

［2］朱有昌.东北药用植物 [M].哈尔滨：黑龙江科学技术出版社，1989:1091–1092.

［3］钱信忠.中国本草彩色图鉴（第三卷）[M].北京：人民卫生出版社，2003:461–462.

▲ 薄叶荠苨花

薄叶荠苨 *Adenophora remotiflora*（Sieb. et Zucc.）Miq.

药用部位 桔梗科薄叶荠苨的干燥根。

原 植 物 多年生草本，茎单生，高 60 ~ 80 cm。根圆锥形，黄褐色，具分枝。茎直立，光滑，无毛，常呈"之"字形曲折，有白色乳汁。单叶互生，有长柄，叶卵形至卵状披针形，少为卵圆形，长 7 ~ 12 cm，基部多为平截形、圆钝至宽楔形，顶端多为渐尖，叶缘有不整齐锯齿或重锯齿。花序呈假总状或狭圆锥状；花下垂，萼片 5 裂，钟形，裂片狭披针形，全缘，长 5 ~ 10 mm；花冠钟状，蓝色、蓝紫色或白色，直径 1.5 ~ 2.5 cm，裂片三角形；雄蕊 5，花丝下半部呈披针形，上方渐细；花盘筒状，细长，长 2.5 ~ 3.0 mm；雌蕊 1，子房半下位。蒴果倒卵形。种子多数。花期 7—8 月，果期 8—9 月。

生 境 生于山坡、林间草地、林缘及路旁等处。

分 布 黑龙江尚志、五常、宁安、东宁等地。吉林长白山各地。辽宁宽甸、本溪、桓仁、海城、盖州、大连、凌源等地。内蒙古鄂伦春旗。朝鲜、

▲ 薄叶荠苨果实

▼ 薄叶荠苨花（侧）

▲薄叶荠苨种子

▼薄叶荠苨花（白色）

▲薄叶荠苨幼株

▲薄叶荠苨幼苗

俄罗斯（西伯利亚中东部）、日本。

采　　制　春、秋季采挖根，除去泥土，洗净，晒干。

性味功效　味甘，性寒。有清热、化痰、解毒的功效。

主治用法　用于肺热咳嗽、咽喉肿痛、气管炎、哮喘、跌打损伤、消渴、疔疮肿毒等。水煎服。

用　　量　5～10 g。

◎参考文献◎

［1］钱信忠.中国本草彩色图鉴（第五卷）[M].北京：人民卫生出版社，
　　　2003:475-476.

［2］江苏新医学院.中药大辞典（下册）[M].上海：上海科学技术出版社，
　　　1977:1606.

［3］中国药材公司.中国中药资源志要[M].北京：科学出版社，
　　　1994:1224-1225.

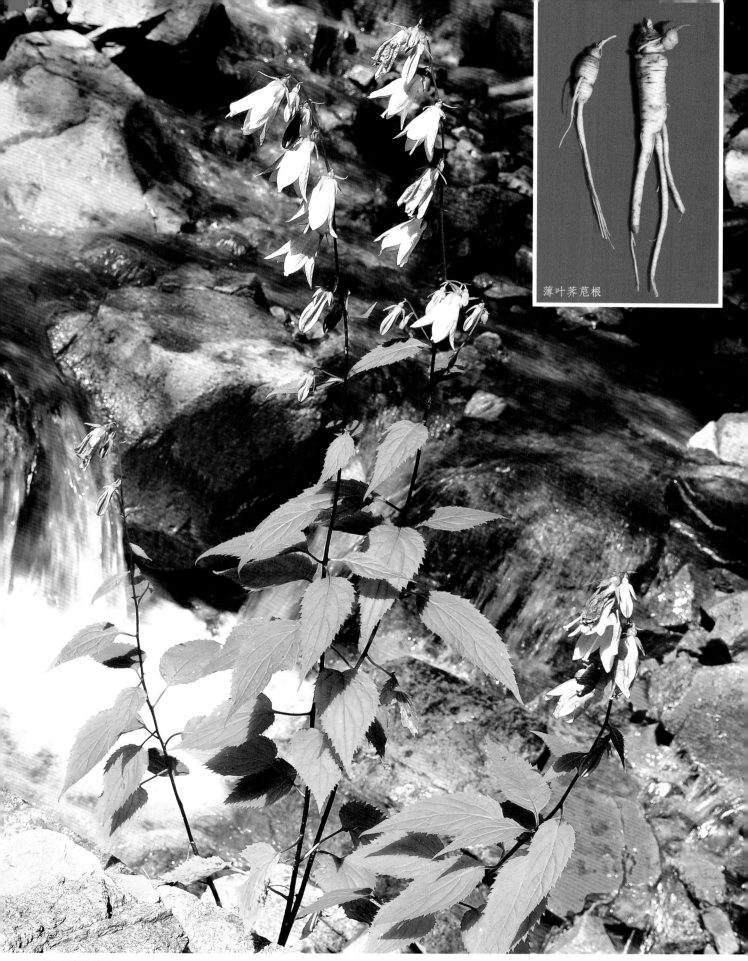

薄叶荠苨根

▲ 薄叶荠苨植株

▲沼沙参花序　　　　　▼沼沙参花

沼沙参 *Adenophora palustris* Kom.

药用部位　桔梗科沼沙参的干燥根。

原植物　多年生草本，高 60～90 cm。根圆锥形。茎直立，单一。单叶互生，密集，革质，有光泽，无柄，卵形或长圆形，边缘具圆齿；上部叶渐小，先端锐尖。总状花序直立，花序枝短，具花 3～5，花梗较短；苞片 2，近心状披针形；花萼先端 5 裂，裂片披针形或广披针形，边缘浅裂或有齿，具脉；花冠广钟形，直径 2 cm，蓝色，雄蕊 5，花丝中部以下膨大，被茸毛；花柱长 16 mm；稍伸出花冠，柱头漏斗状，蓝色；花盘圆筒形，长 4 mm，宽 1.5 mm，白色，无毛。蒴果无毛，具总肋及横脉。花期 7—8 月，果期 8—9 月。

生境　生于沼泽、湿地及湿草甸子中。

分布　黑龙江尚志、五常、宁安、东宁、虎林、密山等地。吉林柳河。朝鲜、俄罗斯（西伯利亚中东部）。

采制　春、秋季采挖根，除去泥土，洗净，鲜用或晒干。

性味功效　有润肺益气、化痰止咳、养阴清肺的功效。

主治用法　用于肺热咳嗽、咳痰黄稠、阴虚发热等。水煎服。

用量　适量。

◎参考文献◎

［1］中国药材公司. 中国中药资源志要 [M]. 北京：科学出版社，1994:1225.

［2］江纪武. 药用植物辞典 [M]. 天津：天津科学技术出版社，2005:19.

▲沼沙参植株

▲扫帚沙参花

扫帚沙参 *Adenophora stenophylla* Hemsl.

别　名　细叶沙参　蒙古沙参

药用部位　桔梗科扫帚沙参的干燥根。

原植物　多年生草本。茎通常多枝发自一条根上，高 25 ～ 50 cm，常有细弱分枝，加之叶较密集，因此体态为扫帚状。基生叶卵圆形，基部圆钝；茎生叶无柄，针状至长椭圆状条形，长至 6 cm。花序分枝纤细，几乎垂直上升，组成狭圆锥花序，极少无花序分枝，仅数朵花集成假总状花序；花梗纤细；花萼无毛，筒部矩圆状倒卵形，裂片钻状，长 3 ～ 4 mm，全缘或有 1 ～ 2 对瘤状小齿；花冠钟状，蓝色或紫蓝色，长 10 ～ 13 mm，裂片卵状三角形，长 3.0 ～ 3.5 mm；花盘筒状，长 1.0 ～ 1.5 mm；花柱比花冠稍短。蒴果椭圆状至长椭圆状，长 4 ～ 8 mm，直径 2.0 ～ 3.5 mm。种子椭圆状，棕黄色，长 1 mm。花期 7—9 月，果期 9 月。

生　境　生于草原及干燥草甸上。

分　布　黑龙江安达、泰来、杜尔伯特、肇东、肇源、肇州等地。吉林镇赉、洮南、乾安、前郭、长岭、双辽等地。辽宁彰武。内蒙古额尔古纳、阿尔山、科尔沁右翼前旗、科尔沁右翼中旗、扎赉特旗、科尔沁左翼后旗等地。蒙古。

采　制　春、秋季采挖根，除去泥土，洗净，晒干。

性味功效　味甘、微苦，性微寒。有养阴清热、润肺化痰、益胃生津的功效。

主治用法　用于阴虚久咳、劳嗽痰血、燥咳痰少、虚热喉痹、津伤口渴等。水煎服。

用　量　10 ～ 15 g（鲜品 15 ～ 30 g）。

▼扫帚沙参花（侧）

◎参考文献◎

［1］江纪武．药用植物辞典 [M]．天津：天津科学技术出版社，2005:19.

扫帚沙参根

▲扫帚沙参植株

长柱沙参 *Adenophora stenanthina*（Ledeb.）Kitagawa

药用部位 桔梗科长柱沙参的干燥根。

原 植 物 多年生草本，高 40 ～ 120 cm，有时上部有分枝。茎常数枝丛生。基生叶心形，边缘有深刻而不规则的锯齿；茎生叶从丝条状到宽椭圆形或卵形，长 2 ～ 10 cm，宽 1 ～ 20 mm，全缘或边缘有疏离的刺状尖齿，通常两面被糙毛。花序无分枝，因而呈假总状花序或有分枝而集成圆锥花序；花萼筒部倒卵状或倒卵状矩圆形，裂片钻状三角形至钻形，长 1.5 ～ 7.0 mm，全缘或偶有小齿；花冠细，近于筒状或筒状钟形，5 浅裂，长 10 ～ 17 mm，直径 5 ～ 8 mm，浅蓝色、蓝色、蓝紫色、紫色；雄蕊与花冠近等长；花盘细筒状，长 4 ～ 7 mm；花柱长 20 ～ 22 mm。蒴果椭圆状，长 7 ～ 9 mm。花期 8—9 月，果期 9—10 月。

生 境 生于干旱的山坡、草地、沟谷、草甸、灌丛及林缘等处。

分 布 黑龙江伊春、安达、泰来、杜尔伯特、肇东、肇源、肇州等地。吉林洮南、扶余、长岭、敦化等地。辽宁新宾、朝阳等地。内蒙古额尔古纳、陈巴尔虎旗、鄂温克旗、阿尔山、科尔沁右翼前旗、突泉县、扎鲁特旗、克什克腾旗、翁牛特旗、喀喇沁旗、东乌珠穆沁旗、西乌珠穆沁旗、正蓝旗、正镶白旗、多伦等地。河北、山西、陕西、宁夏、甘肃、青海。俄罗斯（西伯利亚）、蒙古。

采 制 春、秋季采挖根，除去泥土，洗净，晒干。

性味功效 味甘、微苦，性微寒。有养阴清热、润肺化痰、益胃生津的功效。

主治用法 用于阴虚久咳、劳嗽痰血、燥咳痰少、虚热喉痹、津伤口渴等。水煎服。

用 量 10 ～ 15 g（鲜品 15 ～ 30 g）。

◎参考文献◎

[1]《全国中草药汇编》编写组.全国中草药汇编（上册）[M].北京：人民卫生出版社，1975:396-397.

[2] 朱有昌.东北药用植物 [M].哈尔滨：黑龙江科学技术出版社，1989:1091-1092.

[3] 中国药材公司.中国中药资源志要 [M].北京：科学出版社，1994:1225.

长柱沙参花

长柱沙参花（侧）

▲长柱沙参植株

▲ 石沙参幼苗

▼ 石沙参幼株

石沙参 *Adenophora polyantha* Nakai

别　　名　糙萼沙参

药用部位　桔梗科石沙参的根。

原 植 物　多年生草本，高20～70 cm。基生叶叶片心状肾形，边缘具不规则粗锯齿，基部沿叶柄下延；茎生叶卵形至披针形，长2～10 cm，宽0.5～2.5 cm。花序常不分枝而成假总状花序，或有短的分枝而组成狭圆锥花序；花梗短，长一般不超过1 cm；花萼筒部倒圆锥状，裂片狭三角状披针形，长3.5～6.0 mm，宽1.5～2.0 mm；花冠紫色或深蓝色，钟状，喉部常稍稍收缢，长14～22 mm，裂片短，不超过全长的1/4，常先直而后反折；花盘筒状，长2～4 mm；花柱常稍稍伸出花冠，有时在花大时与花冠近等长。蒴果卵状椭圆形，长约8 mm，直径约5 mm。种子黄棕色，卵状椭圆形。花期8—9月，果期9—10月。

生　　境　生于阳坡开阔草地上。

分　　布　吉林乾安、长白、靖宇、辉南等地。辽宁丹东、盖州、

▲ 石沙参植株

大连、熊岳、岫岩、鞍山市区、西丰、铁岭、营口市区、凌源、葫芦岛等地。内蒙古额尔古纳、牙克石、扎兰屯、阿尔山、宁城等地。河北、山东、江苏、安徽、河南、山西、陕西、甘肃、宁夏。朝鲜。

采　制　春、秋季采挖根，除去泥土，洗净，鲜用或晒干。

性味功效　味甘，性凉。有清热养阴、祛痰止咳的功效。

主治用法　用于肺热燥咳、虚劳久咳、咽喉痛等。水煎服。

用　量　10～15g（鲜品15～30g）。

◎参考文献◎

［1］中国药材公司.中国中药资源志要[M].北京：科学出版社，1994:1224.
［2］江纪武.药用植物辞典[M].天津：天津科学技术出版社，2005:19.

▲石沙参花

▼石沙参根

▼石沙参花（侧）

狭叶沙参　*Adenophora gmelinii*（Spreng.）Fisch.

别　　名　柳叶沙参　厚叶沙参
药用部位　桔梗科狭叶沙参的根。
原 植 物　多年生草本。根细长，长达 40 cm。皮灰黑色。
茎单生或数枝发自一条茎基上，不分枝，高达 80 cm。基
生叶多变，浅心形、三角形或菱状卵形，具粗圆齿；茎生
叶多数为条形，长 4 ~ 9 cm。聚伞花序全为单花而组成假
总状花序，或下部的有几朵花，短而几乎垂直向上，因而
组成很狭窄的圆锥花序；花萼筒部倒卵状矩圆形，裂片条
状披针形，长 4 ~ 10 mm；花冠宽钟状，蓝色或淡紫色，
长 16 ~ 28 mm，裂片长，多为卵状三角形，长 6 ~ 8 mm；
花盘筒状，长 1.3 ~ 3.5 mm；花柱稍短于花冠，极少近等长。
蒴果椭圆状，长 8 ~ 13 mm，直径 4 ~ 7 mm。种子椭圆状，
长 1.8 mm。花期 7—9 月，果期 8 ~ 10 月。
生　　境　生于山坡草地或灌丛下。
分　　布　黑龙江呼玛、黑河、泰来、肇东、肇源、杜尔
伯特等地。吉林通榆、镇赉、洮南、扶余、乾安等地。辽
宁本溪、沈阳、彰武等地。内蒙古额尔古纳、根河、陈巴
尔虎旗、牙克石、鄂伦春旗、鄂温克旗、科尔沁右翼前旗、
突泉、扎鲁特旗、阿鲁科尔沁旗、克什克腾旗、巴林右旗、
东乌珠穆沁旗、西乌珠穆沁旗等地。河北、山西。俄罗斯（西

▲ 狭叶沙参花序

▼ 狭叶沙参果实

伯利亚）、蒙古。
采　　制　春、秋季采挖根，
除去泥土，洗净，鲜用或晒干。
性味功效　味甘，性凉。有清
热泻火、养阴润肺、止咳祛痰
的功效。
用　　量　10 ~ 15 g（鲜品
15 ~ 30 g）。

◎参考文献◎
［1］中国药材公司.中国中药
　　资源志要 [M].北京：科
　　学出版社，1994:1223.
［2］江纪武.药用植物辞典
　　[M].天津：天津科学技
　　术出版社，2005:19.

▲ 狭叶沙参花

▲ 狭叶沙参植株

锯齿沙参 *Adenophora tricuspidata*（Fisch. ex Roem. et Schult.）A. DC.

药用部位 桔梗科锯齿沙参的根。

原植物 多年生草本，有白色乳汁。根胡萝卜状，茎单生，少两枝发自一条茎基上，不分枝，高70 ~ 100 cm，无毛。茎生叶互生，无柄亦无毛，长椭圆形至卵状椭圆形，顶端急尖，基部钝或楔形，边缘具齿尖向叶顶的锯齿，长 4 ~ 8 cm，宽 1 ~ 2 cm。花序分枝极短，仅 2 ~ 3 cm 长，具 2 朵至数朵花，组成狭窄的圆锥花序；花梗很短；花萼无毛，筒部球状卵形或球状倒圆锥形，裂片卵状三角形，下部宽

▲锯齿沙参花序（淡紫色）

而重叠，常向侧后反叠，顶端渐尖，有 2 对长齿；花冠宽钟状、蓝色、蓝紫色或紫蓝色，长 12 ~ 20 mm，裂片卵圆状三角形，顶端钝，长为花冠全长的 1/3；花盘短筒状，长 1 ~ 2 mm，无毛；花柱比花冠短。蒴果近于球状。花期 7—8 月，果期 9—10 月。

生　境　生于山地草甸及湿草地等处。

分　布　黑龙江呼玛、黑河市区、逊克、嫩江、伊春、萝北、克山等地。内蒙古额尔古纳、根河、陈巴尔虎旗、牙克石、鄂伦春旗、鄂温克旗、扎兰屯、莫力达瓦旗、科尔沁右翼前旗、扎鲁特旗、阿鲁科尔沁旗、克什克腾旗、巴林右旗、东乌珠穆沁旗、西乌珠穆沁旗、正蓝旗、正镶白旗等地。河北。俄罗斯（西伯利亚）、蒙古。

采　制　春、秋季采挖根，除去杂质，洗净，晒干。

性味功效　有止咳、化痰、平喘的功效。

主治用法　用于劳嗽痰血、燥咳痰少、虚热喉痹、津伤口渴等。水煎服。

用　量　10 ~ 15 g。

◎参考文献◎

[1] 中国药材公司. 中国中药资源志要 [M]. 北京: 科学出版社，1994:1223.

[2] 江纪武. 药用植物辞典 [M]. 天津: 天津科学技术出版社，2005:19.

▲锯齿沙参花序

▲锯齿沙参果实

▲ 牧根草花（白色）

牧根草属 Asyneuma Griseb. et Schenk.

牧根草 Asyneuma japonicum（Miq.）Briq.

俗　　名　山生菜
药用部位　桔梗科牧根草的根。

▲ 牧根草种子

▲ 牧根草花序

原植物 多年生草本。根肉质，胡萝卜状，直径达 1.5 cm，长可达 20 cm，多数分枝。茎单生或数枝丛生，直立，高大而粗壮，高 60 cm 以上，不分枝，或有时上部分枝，无毛。叶在茎下部的有长达 3.5 cm 的长柄，在茎上部的近无柄，叶片在茎下部的卵形或卵圆形，至茎上部的为披针形或卵状披针形，长 3 ~ 12 cm，宽 2.0 ~ 5.5 cm，基部楔形，或有时圆钝，顶端急尖至渐尖，边缘具锯齿，上面疏生短毛，下面无毛；花萼筒部球状，裂片条形，长 4 ~ 6 mm；花冠紫蓝色或蓝紫色，裂片长 8 ~ 10 mm；花柱长 9 ~ 14 mm。蒴果球状，直径约 5 mm。种子卵状椭圆形，棕褐色。花期 7—8 月，果期 9 月。

生境 生于阔叶林下或杂木林下、林缘及路旁等处。

分布 黑龙江尚志、五常、海林、宁安、东宁、绥芬河、穆棱、密山、虎林、饶河、宝清等地。吉林长白山各地。辽宁丹东市区、宽甸、凤城、东港、本溪、桓仁、抚顺、清原、新宾、鞍山市区、岫岩、瓦房店、庄河、大连

▲ 市场上的牧根草幼株

▼ 牧根草花

▲ 牧根草植株

▲ 牧根草幼苗

▼ 牧根草果实

▲ 牧根草幼株

市区、营口、铁岭、开原、西丰等地。朝鲜、俄罗斯（西伯利亚中东部）、日本。

采　　制　春、秋季采挖根，除去泥土，洗净，鲜用或晒干。

性味功效　有养阴清肺、清虚火、止咳的功效。

主治用法　用于咳嗽、小儿疳积。水煎服。

用　　量　适量。

▲ 紫斑风铃草居群

风铃草属 *Campanula* L.

紫斑风铃草 *Campanula punctata* Lam.

别　　名	灯笼花　吊钟花
俗　　名	山小菜
药用部位	桔梗科紫斑风铃草的全草。
原 植 物	多年生草本，全体被刚毛，具细长而横走的根状茎。

茎直立，粗壮，高 20 ～ 80 cm，通常在上部分枝。基生叶具长
柄，叶片心状卵形；茎生叶下部有带翅的长柄，上部无柄，三角
状卵形至披针形，长 4 ～ 5 cm。花顶生于主茎及分枝顶端，下垂；
萼筒长 4 ～ 5 mm，先端 5 裂，裂片直立，狭三角状披针形，裂
片间有一个卵形至卵状披针形而反折的附属物，它的边缘有芒状

▲ 紫斑风铃草花（侧）

▼ 紫斑风铃草花（淡绿色）

▲ 紫斑风铃草植株

▼ 红紫斑风铃草花（紫色）

▲ 紫斑风铃草种子

长刺毛；花冠白色，带紫斑，筒状钟形，长3.0～6.5 cm；
雄蕊5，子房与萼筒合生，花柱长约2.5 cm，无毛，柱头3裂，
线形。蒴果半球状倒锥形。种子灰褐色，矩圆状，稍扁，长
约1 mm。花期6—7月，果期8—9月。

生　　境　　生于林缘、灌丛、山坡及路边草地等处，常聚集成片生长。

分　　布　　黑龙江漠河、塔河、呼玛、黑河市区、孙吴、伊春市区、铁力、勃利、鹤岗市区、萝北、尚志、五常、海林、林口、宁安、东宁、绥芬河、穆棱、木兰、延寿、密山、虎林、饶河、宝清、桦南、汤原、方正等地。吉林长白山各地。辽宁沈阳、本溪、抚顺、鞍山、凤城、大连等地。内蒙古额尔古纳、根河、牙克石、鄂伦春旗、科尔沁左翼后旗、克什克腾旗、翁牛特旗、喀喇沁旗、宁城、东乌珠穆沁旗、西乌珠穆沁旗、正蓝旗、正镶白旗、多伦县等地。河北、山西、河南、陕西、四川、湖北、甘肃。朝鲜、俄罗斯（西伯利亚中东部）、日本。

采　　制　　夏、秋季采收全草，切段，洗净，晒干。

性味功效　　味苦，性凉。有清热解毒、止痛的功效。

▲ 紫斑风铃草幼株

▼ 紫斑风铃草果实

▼ 紫斑风铃草幼苗

主治用法 用于咽喉痛、头痛、难产等。水煎服。

用　　量 5～10 g。

附　　注

（1）根入药，有止痛、平喘的功效。

（2）在东北尚有 1 变种：

红紫斑风铃草 var. *rubriflora* Makino，花冠紫红色，分布于吉林长白、安图、舒兰等地，其他与原种同。

◎参考文献◎

［1］朱有昌 . 东北药用植物 [M]. 哈尔滨：黑龙江科学技术出版社，1989:1093-1095.

［2］钱信忠 . 中国本草彩色图鉴（第五卷）[M]. 北京：人民卫生出版社，2003:101-102.

［3］中国药材公司 . 中国中药资源志要 [M]. 北京：科学出版社，1994:1227.

▲紫斑风铃草花（花瓣内壁有紫色斑点）

▼紫斑风铃草花

▲聚花风铃草群落

▲市场上的聚花风铃草幼株

▲聚花风铃草幼株

▼聚花风铃草幼苗

聚花风铃草 *Campanula glomerata* L.

俗　　名　灯笼花　山菠菜　山白菜　风铃草

药用部位　桔梗科聚花风铃草的全草。

原植物　多年生草本，高 50 ～ 125 cm。茎直立。茎生叶下部具长柄，上部无柄，椭圆形、长卵形至卵状披针形，全部叶边缘有尖锯齿。花数朵集成头状花序，生于茎中上部叶腋间；在茎顶端，由于节间缩短、多个头状花序集成复头状花序，越向茎顶，叶越短而宽，最后成为卵圆状三角形的总苞状，每朵花下有一枚大小

▲聚花风铃草花序（深紫色）

不等的苞片，在头状花序中间的花先开，其苞片也最小；花萼裂片钻形；花冠紫色、蓝紫色或蓝色，管状钟形，长 1.5～2.5 cm，分裂至中部；雄蕊 5，花丝基部膨大，花柱有微毛，柱头 3 裂。蒴果倒卵状圆锥形。种子长矩圆状。花期 7—8 月，果期 8—9 月。

生　　境　生于林缘、灌丛、山坡及路边草地等处。

分　　布　黑龙江漠河、塔河、呼玛、黑河市区、孙吴、伊春市区、铁力、勃利、鹤岗市区、萝北、尚志、五常、海林、林口、宁安、东宁、绥芬河、穆棱、木兰、延寿、密山、虎林、饶河、宝清、桦南、汤原、方正等地。吉林长白山各地。辽宁本溪、桓仁、抚顺、宽甸、凤城、鞍山、大连、沈阳等地。内蒙古额尔古纳、根河、陈巴尔虎旗、牙克石、鄂伦春旗、鄂温克旗、阿尔山、科尔沁右翼前旗、扎鲁特旗、克什克腾旗、东乌珠穆沁旗、西乌珠穆沁旗等地。朝鲜、俄罗斯（西伯利亚）、日本。

采　　制　夏、秋季采收全草，切段，洗净，晒干。

性味功效　味苦，性凉。有清热解毒、止痛的功效。

主治用法　用于咽喉肿痛、声音嘶哑、头痛、咽喉炎等。水煎服。

用　　量　10～15 g。

▲ 聚花风铃草花序（淡粉色）

▼ 聚花风铃草花序（白色）

▲ 聚花风铃草花

▼ 聚花风铃草花（侧）

▲ 聚花风铃草花序（浅紫色）

◀ 聚花风铃草果实

◎参考文献◎

［1］钱信忠.中国本草彩色图鉴（第五卷）[M].北京：人民卫生出版社，2003:373-374.

［2］朱有昌.东北药用植物[M].哈尔滨：黑龙江科学技术出版社，1989:1093-1095.

［3］中国药材公司.中国中药资源志要[M].北京：科学出版社，1994:1227.

◀ 聚花风铃草花序（紫色）

▲聚花风铃草植株

▲党参植株

▲党参种子

▲党参根

▲市场上的党参根（干）

党参属 Codonopsis Wall.

党参 Codonopsis pilosula（Franch.）Nannf.

别　　名	黄参
俗　　名	三叶菜　叶子菜　叶子草
药用部位	桔梗科党参的干燥根。
原 植 物	多年生草质藤本植物。茎基具多数瘤状茎痕。根常肥大，呈纺锤状或纺锤状圆柱形，长 15 ~ 30 cm，表面灰黄色。茎缠绕，长 1 ~ 2 m。叶片卵形或狭卵形，长 1.0 ~ 6.5 cm，宽 0.8 ~ 5.0 cm，端钝或微尖，基部近于心形。花单生于枝端，与叶柄互生或近于对生，有梗；花萼贴生至子房中部，筒部半球状，裂片宽披针形或狭矩圆形，长 1 ~ 2 cm，顶端钝或微尖；花冠上位，阔钟状，长 1.8 ~ 2.3 cm，直径 1.8 ~ 2.5 cm，黄绿色，内面有明显紫斑，浅裂，裂片正三角形，端尖，全缘；花丝基部微扩大，长约 5 mm，花药长 5 ~ 6 mm。蒴果下部半球状。种子多数，卵形。花期 7—8 月，果期 8—9 月。

生　　境　生于土质肥沃的山坡、林缘、疏林灌丛、路旁及小河旁等处，常聚集成片生长。

分　　布　黑龙江伊春市区、铁力、勃利、鹤岗市区、萝北、尚志、五常、海林、林口、宁安、东宁、绥芬河、穆棱、木兰、延寿、密山、虎林、饶河、宝清、桦南、桦川、汤原、方正、巴彦、通河、依兰等地。吉林长白山各地。辽宁清原、新宾、桓仁、抚顺、本溪、宽甸、凤城、岫岩、庄河等地。内蒙古科尔沁左翼后旗、喀喇沁旗、敖汉旗、宁城等地。河北、山西、陕西、河南、四川、甘肃。朝鲜、俄罗斯（西伯利亚中东部）、日本。

采　　制　春、秋季采挖根，除去泥土，洗净，晒干，切片，生用或蜜炙用。

性味功效　味甘，性平。有补中益气、便脾益肺、和胃生津、祛痰止咳的功效。

主治用法　用于脾肺虚弱、气血两亏、中气虚弱、食少便溏、四肢无力、虚喘咳嗽、心悸、气短、口干、自汗、久泻脱肛、妇女血崩、阴挺、慢性贫血、萎黄病、白血病、乳腺病、佝偻病、子宫脱垂等。水煎服，熬膏或入丸、散。不能与藜芦共用。

用　　量　15～25 g（大剂量50～100 g）。

附　　方

（1）治小儿口疮：党参50 g，黄檗25 g。共研细末，吹撒患处。

（2）治慢性腹泻（脾胃虚型）：党参、茯苓、白术、炙甘草、山药、柯子、莲肉各15 g，赤石脂25 g。水煎服。

▲党参幼株

▼党参花（侧）

▼党参果实

▲ 党参花（6 瓣）

▲ 党参花（7 瓣）

（3）治脱肛：党参 50 g，升麻 15 g，甘草 10 g。水煎 2 次，早晚各服 1 次。另用芒硝 50 g、甘草 15 g，加水 2.5～3.0 L，加热至沸 5 min，待温，坐浴洗肛部，早晚各 1 次。

（4）治血小板减少性紫癜（阳虚气弱）：党参、黄芪、白术、白芍、当归、首乌、枣仁、茜草、蒲黄各 15 g。水煎服。

（5）治内耳眩晕症（气虚型）：党参、黄芪、当归、茯苓、龙眼肉各 15 g，远志、枣仁、木香、甘草各 7.5 g。水煎服。

（6）治体虚、疲倦无力、胃口不佳、大便溏：党参、黄芪、白术各 15 g，甘草 10 g。水煎服。

（7）治贫血、慢性肾炎、水肿：党参、黄芪各 20 g，当归 15 g。水煎服。

附　注　本品为《中华人民共和国药典》（2020 年版）收录的药材。

◎ 参考文献 ◎

［1］江苏新医学院 . 中药大辞典（下册）［M］. 上海：上海科学技术出版社，1977:1837-1839.

［2］朱有昌 . 东北药用植物［M］. 哈尔滨：黑龙江科学技术出版社，1989:1097-1099.

［3］《全国中草药汇编》编写组 . 全国中草药汇编（上册）［M］. 北京：人民卫生出版社，1975:683-685.

▲ 市场上的党参植株（干，切段）

▲ 市场上的党参根（鲜）

▼ 党参花

▲羊乳植株

▲市场上的羊乳根（剥皮）

▲羊乳根（鲜）

羊乳 *Codonopsis lanceolata*（Sieb. et Zucc.）Trautv.

别　　名　羊奶参　轮叶党参　四叶参　山海螺

俗　　名　山胡萝卜　白蟒肉　白马肉　奶参　山地瓜　羊奶　狗参
狗头参　大头参　山地瓜秧

药用部位　桔梗科羊乳的根。

原 植 物　多年生草质藤本植物。根常肥大，呈纺锤状而有少数
细小侧根，长 10 ~ 20 cm。茎缠绕，长约 1 m。叶在主茎上互生，
披针形或菱状狭卵形；在小枝顶端通常 2 ~ 4 叶簇生，而近于对
生或轮生状，叶片菱状卵形、狭卵形或椭圆形，长 3 ~ 10 cm。
花单生或对生于小枝顶端；花梗长 1 ~ 9 cm；花萼贴生至子房中

▲市场上的羊乳根

▲羊乳花

部，筒部半球状，裂片卵状三角形，长 1.3 ～ 3.0 cm；花冠阔钟状，长 2 ～ 4 cm，浅裂，裂片三角状，反卷，黄绿色或乳白色，内有紫色斑；花盘肉质，深绿色；花丝钻状，基部微扩大，长 4 ～ 6 mm；子房下位。蒴果下部半球状，直径 2.0 ～ 2.5 cm。种子多数，卵形。花期 7—8 月，果期 8—9 月。

生　境　生于山坡林缘、疏林灌丛、溪间及阔叶林内。

分　布　黑龙江伊春市区、铁力、勃利、尚志、五常、海林、林口、宁安、东宁、绥芬河、穆棱、木兰、延寿、密山、虎林、饶河、宝清、桦南、桦川、汤原、方正等地。吉林长白山各地。辽宁西丰、清原、桓仁、宽甸、凤城、丹东市区、鞍山、本溪、庄河、凌源、建昌、朝阳、抚顺等地。内蒙古通辽。华北、华东、华南。朝鲜、俄罗斯（西伯利亚中东部）、日本。

采　制　春、秋季采挖根，除去泥土，洗净，晒干。

性味功效　味甘、辛，性平。有清热解毒、滋补强壮、补虚通乳、排脓、润肺祛痰的功效。

主治用法　用于血虚气弱、病后体虚、扁桃体炎、肺痈咯血、咳嗽、慢性气管炎、乳汁不足、乳腺炎、痈疽肿毒、肠痈、梅毒恶疮、淋巴结结核、带下病、毒蛇咬伤等。

用　量　25 ～ 75 g（鲜品 75 ～ 200 g）。

附　方

（1）治病后体虚：羊乳 100 g，瘦猪肉 250 g。水炖，喝汤食肉。

（2）治乳汁不足：羊乳 200 g，猪脚 2 个。共炖熟，汤肉同食，连服 1 ～ 2 剂。

（3）治痈疖疮疡及乳腺炎：羊乳 200 g。水煎服，连服 3 ～ 7 d。

（4）治急性乳腺炎初起：羊乳、蒲

▲羊乳果实

▲羊乳花（侧）

公英各 25 g。水煎服。

（5）治肺脓肿：羊乳 100 g，冬瓜子、芦根各 50 g，薏米 25 g，野菊花、金银花各 15 g，桔梗、甘草各 10 g。水煎服。

▲羊乳种子

▲羊乳根（干）

▲羊乳幼苗

（6）治慢性气管炎咳嗽：秋季采羊乳，加水煎熬成膏，冬季每日早晨空腹服用一羹匙（加用适量白糖），有较好的镇咳效果（漠河民间经验方）。

（7）治毒蛇咬伤：鲜羊乳200 g。切碎，水煎服，每日2次。另用龙胆草根加水捣烂外敷伤口。

（8）治恶疮肿毒：羊乳鲜根200 g。切片，用井水煎服（建昌民间经验方）。

◎参考文献◎

［1］江苏新医学院.中药大辞典（上册）[M].上海：上海科学技术出版社，1977:195-196.

［2］朱有昌.东北药用植物[M].哈尔滨：黑龙江科学技术出版社，1989:1095-1097.

［3］《全国中草药汇编》编写组.全国中草药汇编（上册）[M].北京：人民卫生出版社，1975:266-267.

▲市场上的羊乳幼株

▼羊乳幼株

雀斑党参 *Codonopsis ussuriensis* (Rupr. et Maxim.) Hemsl.

别　名	乌苏里党参
俗　名	奶树　山土豆
药用部位	桔梗科雀斑党参的根。
原植物	多年生草质藤本植物。根下

部常肥大，呈块状球形或长圆状，直径 1～3 cm，灰黄色。茎缠绕，常有多数纤细分枝。叶在主茎上互生，披针形或菱状卵形；在纤细分枝顶端通常 3～5 叶簇生，叶片披针形或椭圆形，

▼雀斑党参幼株

▲雀斑党参花

▼雀斑党参花（侧

长 3～5 cm。花单生于纤细枝顶端；花梗长 2～5 cm，有苞片 1，苞片细小，披针形或菱状狭卵形；花萼贴生至子房中部，筒部半球状，裂片狭披针形或卵状三角形，长 1～2 cm，急尖，全缘；花冠钟状，长 2～3 cm，顶端浅裂，裂片三角状，暗紫色或污紫色，内面有明显暗带或黑斑；花丝基部微扩大。蒴果下部半球状，上部有喙。种子多数，卵形。花期 7—8 月，果期 8—9 月。

生　境　生于山地林缘、山坡、草地及灌丛等处。

分　布　黑龙江黑河市区、嫩江、孙吴、伊春市区、铁力、勃利、鹤岗市区、萝北、尚志、五常、海林、林口、宁安、东宁、

▲雀斑党参幼苗

绥芬河、穆棱、木兰、延寿、密山、虎林、饶河、宝清、桦南、汤原、方正等地。吉林长白山各地。辽宁丹东、桓仁、抚顺、铁岭、开原、西丰、岫岩、庄河、海城、盖州、绥中等地。朝鲜、日本、俄罗斯（西伯利亚）。

采　制　春、秋季采挖根，去掉泥沙，洗净，晒干。

性味功效　味甘，性平。有补中益气、健脾润肺、生津下乳的功效。

主治用法　用于乳汁不足、肺痈、体虚神疲、五更泄泻、咳嗽、眩晕等。水煎服。

用　量　9～15g。

◎参考文献◎

[1] 钱信忠.中国本草彩色图鉴（第四卷）[M].北京：人民卫生出版社，2003:486-487.

[2] 中国药材公司.中国中药资源志要[M].北京：科学出版社，1994:1232.

[3] 江纪武.药用植物辞典[M].天津：天津科学技术出版社，2005:198.

▼雀斑党参块茎（根形）

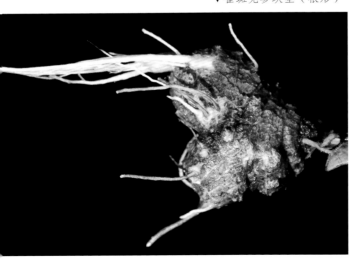

▼雀斑党参块茎（球形）

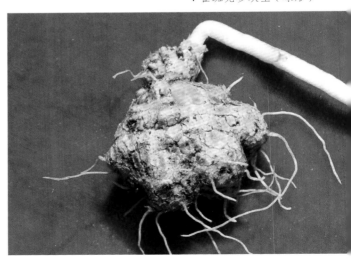

▲雀斑党参植株

山梗菜种子

▲ 山梗菜花

▼ 山梗菜果实

半边莲属 *Lobelia* L.

山梗菜 *Lobelia sessilifolia* Lamb.

别　　名	半边莲
俗　　名	节节花　水苋菜
药用部位	桔梗科山梗菜的根及带根全草。

原植物　多年生草本，高 60 ~ 120 cm。根状茎直立，生多数须根。茎圆柱状，通常不分枝。叶螺旋状排列，在茎的中上部较密集；叶片宽披针形至条状披针形，长 2.5 ~ 7.0 cm。总状花序顶生，长 8 ~ 35 cm；苞片叶状；花梗长 5 ~ 12 mm；花萼筒杯状钟形，长约 4 mm，裂片三角状披针形，长 5 ~ 7 mm；花冠蓝紫色，长 2.5 ~ 3.5 cm，近二唇形，上唇 2 裂片长匙形，长 1.5 ~ 2.0 cm，宽 3 ~ 4 mm，较长于花冠筒，上升，下唇裂片椭圆形，长约 1.5 cm，约与花冠筒等长；雄蕊在基部以上连合成筒，花药管长 3 ~ 4 mm。

蒴果倒卵状，长 8 ~ 10 mm。种子近半圆状，棕红色，长约 1.5 mm，表面光滑。花期7—8月，果期8—9月。

生　境　生于河岸、沼泽、草甸子及湿草地等处。

分　布　黑龙江塔河、呼玛、黑河市区、嫩江、孙吴、伊春市区、铁力、勃利、甘南、龙江、富裕、富锦、尚志、五常、海林、林口、宁安、东宁、绥芬河、穆棱、木兰、延寿、密山、虎林、饶河、宝清、桦南、汤原、方正等地。吉林长白山各地。辽宁彰武。内蒙古鄂伦春旗、莫力达瓦旗、扎兰屯、科尔沁右翼前旗、扎鲁特旗、克什克腾旗等地。河北、山东、浙江、台湾、广西、云南。朝鲜、俄罗斯（西伯利亚）、日本。

采　制　春、秋季采挖根，除去泥土，洗净，晒干。夏、秋季采收带根全草，除去杂质，切段，洗净，鲜用或晒干。

性味功效　味甘，性平。有小毒。有清热解毒、祛痰止咳、利尿消肿的功效。

▼ 山梗菜花（侧）

▲ 山梗菜花序

▲山梗菜植株

可服 2 次。外用鲜全草捣烂，加少许食盐，敷伤口周围及肿处，或用鲜全草煎水服，药渣外敷。

<u>附　　注</u>　全草有毒，牲畜误食后会引起呼吸兴奋、肌肉麻痹，甚至会引起抽搐、痉挛等。

◎参考文献◎

［1］江苏新医学院.中药大辞典（上册）[M].上海：上海科学技术出版社，1977:196.

［2］朱有昌.东北药用植物 [M].哈尔滨：黑龙江科学技术出版社，1989:1099－1101.

［3］《全国中草药汇编》编写组.全国中草药汇编（上册）[M].北京：人民卫生出版社，1975:114－115.

▼山梗菜幼株

<u>主治用法</u>　用于毒蛇咬伤、蜂螫、犬咬伤、痈肿疔疮、肾炎水肿、小便不利、支气管炎、咳嗽痰多、呼吸困难、四肢无力、扁桃体炎、阑尾炎、肝硬化腹腔积液、肠炎、腹泻及湿疹、脚气等。水煎服，捣汁内服。外用鲜草捣烂敷患处。

<u>用　　量</u>　10 ~ 15 g。外用适量。

<u>附　　方</u>

（1）治伤风发热、疮毒：山梗菜全草 15 g。水煎服。

（2）治四肢无力：山梗菜根 10 g。煮蛋食。

（3）治毒蛇咬伤：鲜山梗菜 120 g。捣碎，加温开水捣汁，内服，服后盖被取微汗，日服 1 次，重症

▲ 桔梗花（7 瓣）

桔梗种子 ▶

桔梗属 *Platycodon* A. DC.

桔梗 *Platycodon grandiflorus*（Jacq.）A. DC.

俗　　名　和尚帽子　老和尚帽子　和尚帽　道拉基　铃铛花　包袱花　蓝包袱花　明叶菜根子　明叶菜　直脖菜　光棍挺　老婆子花　爆竹花

药用部位　桔梗科桔梗的根。

原 植 物　多年生草本，植株高20～120 cm，有白色乳汁。根粗壮，肉质，呈胡萝卜状，外皮黄褐色。叶全部轮生，部分轮生至全部互生，叶片卵形，卵状椭圆形至披针形，长2～7 cm。花单朵顶生，或数朵集成假总状花序，或有花序分枝而集成圆锥

▲ 桔梗花（背）

▲桔梗花（淡蓝色）

▼桔梗幼株

▲市场上的桔梗根（鲜）

花序；花萼筒部半圆球状或圆球状倒锥形，被白粉，裂片三角形或狭三角形，有时齿状；花冠大，长1.5～4.0 cm，蓝色或紫色，先端5浅裂或中裂，裂片三角形，先端尖；雄蕊5，花丝短，基部膨大，外侧密被侧毛；子房下半部与萼筒合生，呈半球形，花柱较长，柱头5裂。蒴果球状，或球状倒圆锥形，或倒卵状，长1.0～2.5 cm。花期7—8月，果期8—9月。

生　境　生于山地林缘、山坡、草地、灌丛或草甸等处。

分　布　东北地区广泛分布。河北、山东、山西、江苏、浙江、福建、安徽、江西、湖南、湖北、陕西、四川、广东、广西、贵州、云南。朝鲜、俄罗斯（西伯利亚）、日本。

采　制　春、秋季采挖根，以秋季采收根为最佳，除去泥土，刮去栓皮，洗净，晒干，切片，生用。

性味功效 味甘、苦、辛，性平、微温。有小毒。有宣肺祛痰、散寒利咽、排脓疗痈的功效。

主治用法 用于喑哑、癃闭、便秘、外感咳嗽、咳痰不爽、胸闷不畅、咽喉肿痛、肺痈吐脓、胸满肋痛、痢疾腹痛及口舌生疮等。水煎服或入丸、散。

用　量 5～10 g。

附　方

（1）治咽喉肿痛：桔梗 10 g，薄荷、牛蒡子各 15 g，生甘草 10 g。水煎服。

（2）治急、慢性气管炎，咳嗽有痰：桔梗、荆芥、白前、陈皮、紫菀、生甘草各 10 g。水煎服。

（3）治慢性喉炎、喉痛、声音嘶哑：桔梗、生甘草各 15 g，诃子 10 g。水煎服。

附　注

（1）本品为《中华人民共和国药典》（2020 年版）收录的药材，也为东北地道药材。

（2）在东北尚有 1 变种：白花桔梗 var. *album* Hort.，花白色。其他与原种同。

市场上的桔梗根（干）

▲ 桔梗花

▼ 桔梗根

▼ 桔梗果实

▲ 桔梗花（6 瓣）

▼ 桔梗花（白色）

▲ 市场上的桔梗根（撕裂拌成咸菜）

◎参考文献◎

［1］江苏新医学院.中药大辞典（下册）[M].
上海：上海科学技术出版社，1977:1775-
1777.

［2］朱有昌.东北药用植物 [M].哈尔滨：黑龙
江科学技术出版社，1989:1101-1103.

［3］《全国中草药汇编》编写组.全国中草药
汇编（上册）[M].北京：人民卫生出版社，
1975:666.

▲桔梗植株

▲桔梗群落

▲吉林长白山国家级自然保护区天池湿地夏季景观

▲ 白头婆植株

▼ 白头婆幼株

菊科 Compositae

本科共收录 71 属、186 种、5 变种、4 变型。

泽兰属 *Eupatorium* L.

白头婆 *Eupatorium japonicum* Thunb.

别 名	泽兰 山兰 圆梗泽兰
俗 名	孩儿菊
药用部位	菊科白头婆的根。
原 植 物	多年生草本，高 50 ~ 200 cm。茎直立。叶对生，叶

柄长 1 ~ 2 cm，质地稍厚；中部茎叶椭圆形、长椭圆形、卵状长椭圆形或披针形，长 6 ~ 20 cm，宽 2.0 ~ 6.5 cm，基部宽或

狭楔形，顶端渐尖，羽状脉，侧脉约 7 对，在下面突起；自中部向上及向下部的叶渐小；全部茎叶两面粗涩，被皱波状长或短柔毛。头状花序在茎顶或枝端排成紧密的伞房花序，总苞钟状，长 5～6 mm，含小花 5；总苞片覆瓦状排列，3 层；全部苞片绿色或带紫红色，顶端钝或圆形；花白色或带红紫色或粉红色，花冠长 5 mm，外面有较稠密的黄色腺点。瘦果淡黑褐色，椭圆状，长 3.5 mm，5 棱。花期 8—9 月，果期 9—10 月。

生　境　生于山野、路旁、林缘及灌丛中。

分　布　黑龙江大庆市区、肇东、肇源、肇州、杜尔伯特、泰来等地。吉林长白山及西部草原。辽宁宽甸、凤城、本溪、桓仁、鞍山等地。内蒙古科尔沁右翼中旗、科尔沁左翼中旗、扎赉特旗、扎鲁特旗、科尔沁左翼后旗等地。山东、

▲ 白头婆幼苗

▼ 白头婆花序

▲ 白头婆群落

▼ 白头婆花序（侧）

山西、陕西、河南、江苏、浙江、湖北、湖南、安徽、江西、广东、四川、贵州、云南。朝鲜、俄罗斯、日本。

采　制　春、秋季采挖根，除去泥土，洗净，晒干。

性味功效　味辛、苦，性温。有发表散寒、醒脾、化湿、清暑的功效。

主治用法　用于麻疹不透、寒湿腰痛、风寒咳嗽、脱肛、食欲不振、急性胃肠炎、胸闷腹胀、感冒、疟疾等。水煎服或研末为散剂。外用捣烂敷患处。

用　量　15～20 g。外用适量。

附　方

（1）治急性胃肠炎：白头婆、藿香、姜半夏、茯苓各 15 g，陈皮 10 g，生姜 3 片。水煎服。

▼白头婆花序（白色）

（2）治夏季伤暑：白头婆12 g，鲜荷叶20 g，滑石24 g，甘草4 g。水煎服。

◎参考文献◎

［1］朱有昌.东北药用植物[M].哈尔滨：黑龙江科学技术出版社，1989:1172-1174.

［2］《全国中草药汇编》编写组.全国中草药汇编（上册）[M].北京：人民卫生出版社，1975:551-552.

［3］中国药材公司.中国中药资源志要[M].北京：科学出版社，1994:1295.

▲ 林泽兰幼株

林泽兰 *Eupatorium lindleyanum* DC.

别　　名　林氏泽兰　白鼓钉　毛泽兰　尖佩兰

俗　　名　斩龙草　平头花　毛腿　白头菊

药用部位　菊科林泽兰的干燥根（入药称"秤杆升麻"）及全草（入药称"野马追"）。

原 植 物　多年生草本，高30～150 cm。茎直立，下部茎叶花期脱落；中部茎叶长椭圆状披针形或线状披针形，长3～12 cm，宽0.5～3.0 cm，不分裂或三全裂，质厚，基部楔形，顶端急尖；自中部向上与向下的叶渐小，三出基脉，边缘有深或浅的犬齿。头状花序多数在茎顶或枝端排成紧密的伞房花序，花序直径2.5～6.0 cm，花序枝及花梗紫红色或绿色，被白色密集的短柔毛。总苞钟状，小花5，苞片覆瓦状排列，约3层，外层短；花白色、粉红色或淡紫红色，花冠长4.5 mm。瘦果黑褐色，长3 mm，椭圆状，5棱，散生黄色腺点；冠毛白色，与花冠等长或稍长。花期8—9月，果期9—10月。

生　　境　生于山坡林缘、草地、草甸及河边湿草地等处。

分　　布　黑龙江塔河、呼玛、黑河市区、嫩江、孙吴、伊春市区、铁力、勃利、甘南、龙江、富裕、富锦、尚志、五常、海林、林口、宁安、东宁、绥芬河、穆棱、木兰、延寿、密山、虎林、饶河、宝清、桦南、汤原、方正等地。吉林长白山及西部草原各地。辽宁丹东、宽甸、本溪、桓仁、抚顺、清原、新宾、西丰、开原

▼ 林泽兰花序（白色）

▼ 林泽兰果实

▲林泽兰植株

▲林泽兰幼苗

庄河、大连市区、营口、凌源、彰武等地。内蒙古牙克石、科尔沁右翼前旗、科尔沁右翼中旗、扎赉特旗、突泉、扎鲁特旗、科尔沁左翼后旗、阿鲁科尔沁旗、翁牛特旗、巴林右旗、巴林左旗、克什克腾旗、敖汉旗等地。全国各地（除新疆外）。朝鲜、俄罗斯（西伯利亚）、蒙古、日本、越南、菲律宾、印度。

采　　制　春、秋季采挖根，除去泥土，洗净，晒干。夏、秋季采收全草，除去杂质，切段，洗净，鲜用或晒干。

性味功效　根：味苦，性温。有祛痰定喘、降压的功效。全草：味苦，性平。有清热解毒、祛痰平喘、降血压的功效。

主治用法　根：用于咳嗽痰喘、高血压、疟疾、寄生虫病。水煎服。全草：用于支气管炎、咳嗽痰喘、扁桃体炎、痢疾及高血压等。水煎服。

用　　量　根：15～20 g。全草：50～100 g。

附　　方

（1）治感冒：秤杆升麻根 20 g，葛根、柴胡各 15 g。水煎服。

（2）治疟疾：秤杆升麻鲜根 20～25 g。煎成浓汁，于发疟前 2 h 服用。

（3）治肠寄生虫病：秤杆升麻根 25 g。水煎服。

附　　注　本品为《中华人民共和国药典》（2020 年版）收录的药材。

◎参考文献◎

［1］江苏新医学院.中药大辞典（下册）[M].上海：上海科学技术出版社，1977:1873，2130.

［2］朱有昌.东北药用植物[M].哈尔滨：黑龙江科学技术出版社，1989:1174-1175.

［3］《全国中草药汇编》编写组.全国中草药汇编（上册）[M].北京：人民卫生出版社，1975:551-552.

▼林泽兰花序（侧）

▲林泽兰花序

▲ 高山紫菀植株

紫菀属 *Aster* L.

高山紫菀 *Aster alpinus* L.

别　　名　高岭紫菀

药用部位　菊科高山紫菀的花序。

原植物　多年生草本。根状茎粗壮，有丛生的茎和莲座状叶丛。茎直立，高 10 ~ 35 cm，不分枝。下部叶匙状或线状长圆形，长 1 ~ 10 cm，宽 0.4 ~ 1.5 cm，全缘，中部叶长圆披针形或近线形。头状花序在茎端单生，总苞半球形，总苞片 2 ~ 3 层，等长或外层稍短，边缘常紫红色，长 6 ~ 8 mm，宽 1.5 ~ 2.5 mm，被密或疏柔毛；舌状花 35 ~ 40，舌片紫色、蓝色或浅红色，长 10 ~ 16 mm，宽 2.5 mm；管状花花冠黄色，花柱附片长 0.5 ~ 0.6 mm；冠毛白色，长约 5.5 mm。瘦果长圆形，基部较狭，长 3 mm，宽 1.0 ~ 1.2 mm，褐色，被密绢毛。花期 7—8 月，果期 8—9 月。

生　　境　生于亚高山带山岩、干燥山坡及高山苔原带上。

分　　布　黑龙江漠河、塔河等地。吉林安图、抚松、长白等地。内蒙古额尔古纳、牙克石、鄂伦春旗、阿尔山、扎鲁特旗、阿鲁科尔沁旗、巴林右旗、克什克腾旗、喀喇沁旗、东乌珠穆沁旗、西乌珠穆沁旗、正蓝旗、正镶白旗、多伦等地。河北、山西、新疆。朝鲜。欧洲、亚洲（西部、中部、北部、东北部）、北美洲。

采　　制　夏、秋季采摘花序，除去杂质，晒干。

性味功效　有清热解毒、润肺止咳的功效。

主治用法　用于咳嗽痰喘。水煎服。

用　　量　适量。

▲高山紫菀花序（白色）

▲高山紫菀植株（侧）

▲ 高山紫菀花序（背）

▲ 高山紫菀花序

◎参考文献◎

［1］中国药材公司.中国中药资源志要 [M].北京：科学出版社，1994:1260.

［2］江纪武.药用植物辞典 [M].天津：天津科学技术出版社，2005:85.

▲ 高山紫菀居群

▲ 紫菀幼株居群

▲ 紫菀瘦果

▼ 紫菀幼苗

紫菀 *Aster tataricus* L.

别　　　名	青菀
俗　　　名	驴夹板菜　驴夹板　夹板菜　山白菜　驴耳朵

菜　夹根菜　青牛舌头花　山白菜　大耳朵菜

药用部位　菊科紫菀的根及根状茎。

原 植 物　多年生草本，茎直立，高 40 ～ 50 cm。
基部叶在花期枯落，长圆状或椭圆状匙形，下部叶匙
状长圆形，常较小，中部叶长圆形或长圆披针形，无
柄，全缘或有浅齿，上部叶狭小。头状花序多数，直
径 2.5 ～ 4.5 cm，在茎和枝端排列成复伞房状；花序
梗长，有线形苞叶；总苞半球形，长 7 ～ 9 mm，直

▲ 紫菀群落

▼ 紫菀根

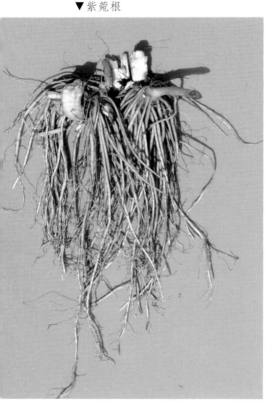

径 10～25 mm；总苞片 3 层，线形或线状披针形，顶端尖或圆形，外层长 3～4 mm，内层长达 8 mm；舌状花 20 余个；管部长 3 mm，舌片蓝紫色，长 15～17 mm；管状花长 6～7 mm；花柱附片披针形，长 0.5 mm。瘦果倒卵状长圆形，有多数不等长的糙毛。花期 8—9 月，果期 9—10 月。

生　境　生于山坡林缘、草地、草甸及河边草地等处。

分　布　黑龙江塔河、呼玛、黑河市区、嫩江、孙吴、伊春市区、铁力、勃利、甘南、龙江、富裕、富锦、尚志、五常、海林、林口、宁安、东宁、绥芬河、穆棱、木兰、延寿、密山、虎林、饶河、宝清、桦南、汤原、方正、安达、杜尔伯特等地。吉林省各地。辽宁本溪、桓仁、宽甸、抚顺、新宾、法库、西丰、沈阳市区、大连、北镇、建平、喀左、葫芦岛市区、绥中、彰武等地。内蒙古额尔古纳、牙克石、鄂伦春旗、鄂温克旗、科尔沁右翼前旗、科尔沁右翼中旗、扎鲁特旗、阿鲁科尔沁旗、巴林右旗、克什克腾旗、喀喇沁旗、东乌珠穆沁旗、西乌珠穆沁旗、正蓝旗、正镶白旗、多伦等地。河北、河南、山西、陕西、甘肃。朝鲜、俄罗斯（西伯利亚）、日本。

采　制　春、秋季采挖根及根状茎，除去泥沙，洗净，编成辫状，晒干，切片，生用或蜜炙用。

性味功效　味辛、苦，性温。有润肺下气、化痰止咳、利尿的功效。

▲ 紫菀植株

▼ 紫菀花序（背）

主治用法 用于风寒咳嗽、痰多气喘、胸肋逆气、肺痿吐血、喉痹、肺结核、支气管炎、感冒及小便不利等。水煎服或入丸、散。有实热者忌服，阴虚肺热者不宜多用。

用　　量 2.5 ~ 15.0 g。

附　　方

（1）治肺结核咳嗽：紫菀、贝母、知母、五味子各15 g，驴皮胶（烊化）、甘草、桔梗各10 g。水煎服。

（2）治小儿咳逆上气、喉中有声、不通利：紫菀50 g，杏仁（去皮尖）、细辛、款冬花各0.5 g。四味药捣为散，二三岁儿每服0.5 g，米饮调下，日三。

（3）治慢性气管炎、咳嗽有痰：紫菀、款冬花、百部各15 g，乌梅3个，生姜3片。水煎服。

（4）治咳嗽、痰中带血：紫菀200 g，五味子100 g。做蜜丸，每次口含化服15 g，每日2次。

▲ 紫菀幼株

（5）治感冒咳嗽：紫菀 15 g，苏叶 10 g，杏仁 10 g。水煎服。

（6）治吐血、咯血：紫菀、茜草根各等量。研为细末，炼蜜为丸，如樱桃子大，每次含化 1 丸，随时服用。

附　注

（1）本品为《中华人民共和国药典》（2020年版）收录的药材。

（2）部分地区经常出现用北橐吾、狭苞橐吾等橐吾属植物根（商品统称"山紫菀"）代替紫菀根的现象。

▲ 紫菀果实

◎参考文献◎

［1］江苏新医学院.中药大辞典（下册）
　　[M].上海：上海科学技术出版社，
　　1977:2348-2350.

［2］朱有昌.东北药用植物 [M].哈尔滨：
　　黑龙江科学技术出版社，1989:1136-
　　1137.

［3］《全国中草药汇编》编写组.全国中
　　草药汇编（上册）[M].北京：人民卫
　　生出版社，1975:847-849.

▲ 三脉紫菀花序（浅粉色）

▼ 三脉紫菀花序（背）

▲ 三脉紫菀花序（多瓣）

三脉紫菀 *Aster trinervius* subsp. *ageratoides*（Turcz.）Grierson

别　　名　三脉马兰　三褶脉马兰　三脉叶马兰　红管药　野白菊

俗　　名　鸡儿肠　蛤蟆蒿

药用部位　菊科三脉紫菀的干燥带根全草（入药称"红管药"）。

原 植 物　多年生草本。茎直立，高 40 ～ 100 cm。下部叶在花期枯落，中部叶椭圆形或长圆状披针形，长 5 ～ 15 cm，宽 1 ～ 5 cm，中部以上急狭

成具宽翅的楔形柄，顶端渐尖，边缘有 3 ~ 7 对浅或深的锯齿；上部叶渐小，全部叶纸质，有离基三出脉，侧脉 3 ~ 4 对。头状花序排列成伞房或圆锥伞房状，花序梗长 0.5 ~ 3.0 cm；总苞倒锥状或半球状，直径 4 ~ 10 mm，长 3 ~ 7 mm；总苞片 3 层，覆瓦状排列；舌状花 10 余个，舌片线状长圆形，长达 11 mm，宽 2 mm，紫色，浅红色或白色，管状花黄色，冠毛浅红褐色或污白色，长 3 ~ 4 mm。瘦果倒卵状长圆形，灰褐色。花期 8—9 月，果期 9—10 月。

生　境　生于林下、林缘、灌丛及山谷湿地等处。

分　布　黑龙江富锦、尚志、五常、海林、林口、宁安、东宁、绥芬河、穆棱、木兰、延寿、密山、虎林、桦南、汤原、方正等地。吉林长白山各地。辽宁本溪、桓仁、丹东市区、宽甸、东港、抚顺、西丰、岫岩、庄河、大连市区、营口、北镇、建平、建昌、葫芦岛市区、绥中、彰武等地。内蒙古科尔沁左翼后旗、克什克腾旗、敖汉旗等地。全国绝大部分地区。朝鲜、日本、亚洲（东北部）。

采　制　夏、秋季采挖带根全草，洗净，晒干。

▲三脉紫菀花序（白色）

性味功效 味苦、辛，性凉。有清热解毒、止咳化痰、利尿止血的功效。

主治用法 用于风热感冒、上呼吸道感染、支气管炎、扁桃体炎、疔疮肿毒、咽喉肿痛、咳嗽痰喘、腮腺炎、乳腺炎、肝炎、小便淋痛、痈疖肿毒、毒蛇咬伤、外伤出血等。水煎服。外用捣烂敷患处或捣汁饮。

用　　量 15～30 g。外用适量。

附　　方

（1）治慢性气管炎：红管药根15～25 g（鲜品50 g）。水煎服。10 d 为一个疗程。

（2）治腮腺炎：红管药根100 g（或鲜根150 g）。水煎服。每日1剂，分3次服。

（3）治乳腺炎：红管药根50 g。水煎服。

（4）治感冒发热：红管药根、一枝黄花各15 g。水煎服。

（5）治老年慢性气管炎：红管药鲜全草150 g（干品100 g）。水煎4 h，浓缩，过滤，每日2次分服。10 d 为一个疗程，连服2～3个疗程。

▲三脉紫菀幼株　　　　▼三脉紫菀果实

◎参考文献◎

［1］朱有昌．东北药用植物［M］．哈尔滨：黑龙江科学技术出版社，1989:1133-1134.

［2］《全国中草药汇编》编写组．全国中草药汇编（上册）［M］．北京：人民卫生出版社，1975:391-392.

［3］钱信忠．中国本草彩色图鉴（第二卷）［M］．北京：人民卫生出版社，2003:601-602.

▲三脉紫菀植株（后期）

▲ 圆苞紫菀群落

▼ 圆苞紫菀果实

圆苞紫菀 *Aster maackii* Regel

别　名　麻氏紫菀　马氏紫菀

药用部位　菊科圆苞紫菀的干燥带根全草。

原植物　多年生草本。根状茎粗壮。茎直立，高40～85 cm。下部叶在花期枯萎，中部及上部叶长椭圆状披针形，长4～11 cm，宽0.7～2.0 cm，基部渐狭，顶端尖或渐尖，边缘有小尖头状浅锯齿；上部叶渐小，长圆披针形，全缘。头状花序，花序梗长2～8 cm，顶端有长圆形或卵圆形苞叶；总苞半球形，长7～9 mm，直径1.2～2.0 cm；总苞片3层，疏覆瓦状排列，内层较外层长，上端紫红色且有微毛；

▲圆苞紫菀植株

▲圆苞紫菀幼株

舌状花20余，管部长2.5～3.0 mm，舌片紫红色，长圆状披针形，长15～18 mm；管状花黄色，冠毛白色或基部稍红色。瘦果倒卵圆形，长2 mm。花期8—9月，果期9—10月。

生　境　生于阴湿坡地、杂木林缘、积水草地及沼泽地等处。

分　布　黑龙江黑河市区、孙吴、伊春市区、铁力、勃利、甘南、龙江、富裕、富锦、尚志、五常、海林、林口、宁安、东宁、绥芬河、穆棱、木兰、延寿、密山、虎林、饶河、宝清、桦南、汤原、方正等地。吉林长白山各地。辽宁宽甸。内蒙古额尔古纳、根河、牙克石、鄂伦春旗、科尔沁左翼后旗等地。朝鲜、俄罗斯（西伯利亚中东部）。

采　制　夏、秋季采挖带根全草，洗净，晒干。

主治用法　用于风湿关节痛、牙痛。水煎服。

用　量　适量。

◎参考文献◎

［1］中国药材公司.中国中药资源志要[M].北京：科学出版社，1994:1261.
［2］江纪武.药用植物辞典[M].天津：天津科学技术出版社，2005:85.

▼圆苞紫菀花序

▼圆苞紫菀花序（背）

▲ 翠菊居群

◀ 翠菊果实

▼ 翠菊植株

翠菊属 *Callistephus* Cass.

翠菊 *Callistephus chinensis*（L.）Ness

别　　名	蓝菊
俗　　名	江西腊　六月菊　五月菊
药用部位	菊科翠菊的花序。

原 植 物　一年生或二年生草本，高30 ～ 100 cm。茎直立，单生，有纵棱，被白色糙毛。下部茎叶花期脱落；中部茎叶卵形、菱状卵形或匙形或近圆形，长 2.5 ～ 6.0 cm，宽 2 ～ 4 cm，顶端渐尖，基部截形、楔形或圆形；叶柄长

▲ 翠菊花序

▼ 翠菊花序（白色）

2 ~ 4 cm，有狭翼；上部的茎叶渐小，菱状披针形，边缘有 1 ~ 2 个锯齿。

头状花序单生于茎枝顶端，直径 6 ~ 8 cm；总苞半球形，苞片 3 层，近等长，外层长椭圆状披针形或匙形，中层匙形，较短，内层苞片长椭圆形；雌花 1 层，蓝色或淡蓝紫色，舌状长 2.5 ~ 3.5 cm，宽 2 ~ 7 mm，两性花花冠黄色。瘦果长椭圆状倒披针形，稍扁，外层冠毛宿存，内层冠易脱落。花期 8—9 月，果期 9—10 月。

生　境　生于干燥石质山坡、撂荒地、山坡草丛、水边及灌丛等处。

翠菊植株（侧）

分　布　黑龙江尚志、五常、宁安、东宁等地。吉林长白山各地。辽宁本溪、新宾、西丰、鞍山、庄河、大连市区、营口、沈阳、北镇、凌源等地。内蒙古科尔沁右翼前旗、克什克腾旗、宁城、东乌珠穆沁旗、西乌珠穆沁旗、阿巴嘎旗、苏尼特左旗、苏尼特右旗等地。河北、山东、山西、四川、云南。朝鲜、日本。

采　制　秋季采摘花序，除去杂质，晒干。

性味功效　有清肝、明目的功效。叶入药，有清热凉血的功效，可治疗疔疮、烂疮等。

主治用法　用于肝火头痛、眩晕、目赤、心胸烦热等。水煎服。

用　量　9～15 g。

◎参考文献◎

[1] 中国药材公司.中国中药资源志要[M].北京：科学出版社，1994:1271.

[2] 江纪武.药用植物辞典[M].天津：天津科学技术出版社，2005:133.

▲翠菊幼株

▼翠菊花序　（背）

▼翠菊瘦果

▲ 小蓬草群落

◀ 小蓬草幼苗（前期）

白酒草属 *Conyza* Less.

小蓬草 *Erigeron canadensis*（L.）Cronq.

▼ 小蓬草果实

别　　名	飞蓬　加拿大蓬　小飞蓬　小白酒草

别　　名　飞蓬　加拿大蓬　小飞蓬　小白酒草

俗　　名　牛尾巴蒿　毛毛蒿　蓬蒿草

药用部位　菊科小蓬草的全草。

原植物　一年生草本。茎直立，高50～150 cm，圆柱状，有条纹，被疏长硬毛。叶密集，基部叶花期常枯萎，下部叶倒披针形，长6～10 cm，宽1.0～1.5 cm，顶端尖或渐尖，基部渐狭成柄，边缘具疏锯齿或全缘，中部和上部叶较小，近无柄。头状花序多数，小，直径3～4 mm，总苞近圆柱状，总苞片2～3层，淡绿色，线状披针形或线形；雌花多数，舌状，白色，长2.5～3.5 mm，舌片小，稍超出花盘，线形，顶端具2个钝小齿；

▲ 小蓬草花序

两性花淡黄色，花冠管状，长 2.5 ~ 3.0 mm，上端具 4 或 5 个齿裂。瘦果线状披针形，长 1.2 ~ 1.5 mm，稍扁压；冠毛污白色，1 层，长 2.5 ~ 3.0 mm。花期 7—8 月，果期 8—9 月。

生　境　生于山坡、草地、林缘、田野、路旁及住宅附近。常聚集成片生长。

▼ 小蓬草花序 （侧）

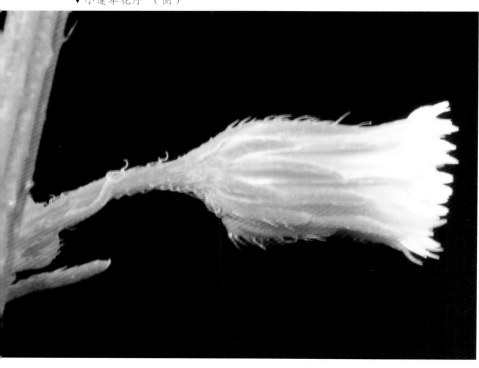

分　布　原产北美洲，在我国南北各省区逸为野生，为一种常见的杂草，对植被已造成了严重的生物入侵。在东北地区广泛分布。

采　制　夏、秋季采收全草，除去杂质，切段，洗净，鲜用或晒干。

性味功效　味微苦、辛，性凉。有清热解毒、散瘀消肿、祛风止痒的功效。

主治用法　用于中耳炎、目赤、眼结膜炎、风火牙痛、口腔炎、肠炎、痢疾、传染性肝炎、胆囊炎、风湿骨痛、尿血、牛皮癣、跌打损伤及外伤出血。水煎服。外用鲜草捣烂敷患处或研末调敷。

用　量　25 ~ 50 g。外用适量。

▲ 小蓬草植株

▲小蓬草幼株（后期）

附　方

（1）治牛皮癣：小蓬草鲜叶适量，轻柔擦患处，每天 1 ～ 2 次。对脓疱型宜先煎水洗患处，待好转后改用鲜叶擦（或洗擦结合），对厚痂型亦宜先煎水洗，待痂皮软化剥去后再用鲜叶擦。如见血露点，仍可继续擦。牛皮癣消失后仍须坚持擦一段时间，以巩固疗效。

（2）治肾囊湿疹：小蓬草全草 100 g，煎水洗患处。制剂（抗痢冲剂）取小蓬草 1 kg，洗净切碎，水煎两次，第一次煮沸 2 h，第二次煮沸 1.5 h，合并煮液，静置沉淀，过滤，浓缩成稠膏状，加蔗糖、白糊精适量制成颗粒，烘干，分装 80 袋（每袋 15 g）。

（3）治中耳炎：小蓬草鲜叶捣汁，加鳝鱼血滴耳，每日 2 次。

（4）治结膜炎：小蓬草鲜叶捣汁滴眼。

（5）治细菌性痢疾、肠炎：抗痢冲剂，每服 1 包（15 g），每日 3 次。

◎参考文献◎

［1］朱有昌.东北药用植物 [M].哈尔滨：黑龙江科学技术出版社，1989:1164-1165.

［2］《全国中草药汇编》编写组.全国中草药汇编（上册）[M].北京：人民卫生出版社，1975:88.

［3］中国药材公司.中国中药资源志要[M].北京：科学出版社，1994:1280.

▲小蓬草幼苗（后期）

▲小蓬草幼株（前期）

东风菜属 *Doellingeria* Nees

东风菜 *Doellingeria scaber*（Thunb.）Nees

别　　名	盘龙草　白云草
俗　　名	大耳毛　大耳朵毛　大耳朵毛菜　毛铧尖　毛

铧尖子　铧子尖菜　铧子尖　毛章

药用部位　菊科东风菜的干燥全草及根。

原 植 物　多年生草本。根状茎粗壮。茎直立，高
100～150 cm，上部有斜升的分枝。基部叶在花期
枯萎，叶片心形，长9～15 cm，宽6～15 cm，
边缘有具小尖头的齿，顶端尖；中部至上部叶渐小，
全部叶两面被微糙毛，下面浅色，有三或五出脉，
网脉显明。头状花序直径18～24 mm，圆锥伞房
状排列；花序梗长9～30 mm；总苞半球形，苞片
约3层，覆瓦状排列，外层长1.5 mm；舌状花约10

▲ 东风菜瘦果

▼ 市场上的东风菜幼株（去掉叶）

▲ 东风菜幼株

个，舌片白色，条状矩圆形，长11～15 mm，管状花长5.5 mm，檐部钟状。瘦果倒卵圆形或椭圆形，长3.0～4.0 mm，无毛；冠毛污黄白色，长3.5～4.0 mm，有多数微糙毛。花期7—8月，果期8—9月。

生 境 生于蒙古栎的林下、林缘灌丛及林间湿草地等处。

分 布 黑龙江黑河市区、孙吴、伊春市区、铁力、勃利、尚志、五常、海林、林口、宁安、东宁、绥芬河、穆棱、木兰、延寿、密山、虎林、饶河、宝清、桦南、汤原、方正等地。吉林长白山各地。辽宁丹东市区、宽甸、凤城、本溪、桓仁、西丰、开原、沈阳、鞍山、营口、庄河、大连市区、北镇、绥中等地。内蒙古根河、牙克石、鄂伦春旗、阿荣旗、科尔沁右翼前旗、扎赉特旗、科尔沁左翼后旗、阿鲁科尔沁旗、克什克腾旗、敖汉旗、喀喇沁旗、宁城等地。华北、华东、中南。朝鲜、日本、俄罗斯（西伯利亚）。

采 制 夏、秋季采收全草，洗净，晒干。春、秋季采挖根，洗净鲜用或晒干入药。

性味功效 全草：味辛、甘，性凉。有清热解毒、祛风止痛、行气活血的功效。根：味辛，性温。有祛风、行气、活血、止痛的功效。

主治用法 全草：用于风湿性关节炎、感冒头痛、目赤肿痛、咽喉肿痛、疮疡、毒蛇咬伤等。水煎服。外用捣烂敷患处。根：用于泄泻、风湿关节痛、跌打损伤等。水煎服。外用鲜品捣烂敷患处。

▲ 东风菜花序（背）

▼ 东风菜果实

用 量 全草：25～50 g。外用适量。根：15～30 g。外用适量。

附 方

（1）治毒蛇咬伤：鲜东风菜全草适量捣烂。取汁1小杯，内服。渣外敷伤口周围，或用干根研粉外敷伤口。

（2）治跌打损伤：东风菜根适量。泡酒内服。

（3）治腰痛：东风菜根25 g。水煎服。

东风菜根

▲ 东风菜植株

▲东风菜幼苗

▼市场上的东风菜幼株
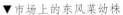

（4）治刀伤、疖疮：东风菜根适量捣外敷烂
处（本溪民间验方）。

◎参考文献◎

[1] 江苏新医学院.中药大辞典（上册）[M].
上海：上海科学技术出版社，1977:641.

[2] 朱有昌.东北药用植物[M].哈尔滨：黑
龙江科学技术出版社，1989:1134-1135.

[3]《全国中草药汇编》编写组.全国中草药
汇编（上册）[M].北京：人民卫生出版社，
1975:260-261.

飞蓬属 *Erigeron* L.

一年蓬 *Erigeron annus*（L.）Pers.

别　　名	治疟草　女菀
俗　　名	野蒿
药用部位	菊科一年蓬的全草及根。
原 植 物	一年生或二年生草本，茎粗壮，

高 30 ～ 100 cm。基部叶花期枯萎，长圆形
或宽卵形，少有近圆形，长 4 ～ 17 cm，宽
1.5 ～ 4.0 cm，下部叶与基部叶同形，但叶柄
较短，中部和上部叶较小，长圆状披针形或披
针形，长 1 ～ 9 cm，宽 0.5 ～ 2.0 cm，顶端
尖，最上部叶线形。头状花序数个或多数，排
列成疏圆锥花序，总苞半球形，苞片 3 层，

▲ 一年蓬植株（田野型）

▲ 一年蓬植株（河岸型）

▲ 一年蓬花序（背）

▲一年蓬群落

▲一年蓬幼株（前期）

草质，披针形；外围的雌花舌状，2层，长6～8mm，舌片平展，白色，线形，花柱分枝线形；中央的两性花管状，黄色。瘦果披针形，扁压；冠毛异形，雌花的冠毛极短，两性花的冠毛2层，外层鳞片状，内层为10～15条刚毛。花期7—8月，果期8—9月。

生　　境　生于山坡、林缘、荒地及路旁等处，常聚集成片生长。

分　　布　原产北美洲，在我国南北各省区逸为野生，为一种常见的杂草，对植被已造成了严重的生物入侵。在东北地区广泛分布（大兴安岭除外）。

采　　制　夏、秋季采收全草。春、秋季采挖根，洗净泥沙鲜用或晒干

入药。

性味功效 味淡,性平。有清热解毒、健脾化食、止血抗疟的功效。

主治用法 用于消化不良、淋巴结炎、尿血、黄疸性肝炎、肠炎、腹泻、痢疾、疟疾、齿龈炎、毒蛇咬伤。尤其对间日疟有一定效果,鲜草比干草效果更好,并有抑制肿瘤的作用。水煎服。外用鲜草捣烂敷患处。

用　　量 30～60g。外用适量。

附　　方

(1)治疟疾:一年蓬100g。加水浓煎300ml左右,于疟疾发作前4h,每2h各服1次,连服5～7d,有效率达92.9%。

(2)治胃肠炎:一年蓬100g,鱼腥草、龙牙草各50g。水煎,冲蜜

▲一年蓬幼株(后期)

▲一年蓬花序

▼一年蓬幼苗（后期）

▼一年蓬幼苗（前期）

糖服用，早晚各 1 次。

（3）治急性传染性肝炎：一年蓬 100 g。加水煎成 300 ml，每日 2 次分服。两周为一个疗程，连服 2 个疗程以上。

（4）治血尿：一年蓬鲜全草或根 50 g。加蜜糖和水适量煎服，连服 3 d。

◎参考文献◎

［1］江苏新医学院．中药大辞典（上册）[M]．上海：上海科学技术出版社，1977:3−4.

［2］朱有昌．东北药用植物 [M]．哈尔滨：黑龙江科学技术出版社，1989:1171−1172.

［3］《全国中草药汇编》编写组．全国中草药汇编（上册）[M]．北京：人民卫生出版社，1975:1.

▲一年蓬植株（山坡型）

▲ 山飞蓬群落

◀ 山飞蓬果实

▼ 山飞蓬花序（背）

山飞蓬 *Erigeron komarovii* Botsch.

药用部位 菊科山飞蓬的全草。

原 植 物 多年生草本。茎数个，高 10 ~ 35 cm，直立，直径 1.0 ~ 2.5 mm。基部叶密集，莲座状，倒卵形、匙形或倒披针形，长 2 ~ 10 cm，宽 3 ~ 16 mm，全缘，有时具疏小尖头；下部叶倒披针形，具短柄，中部和上部叶披针形或线状披针形，无柄。头状花序长 9 ~ 17 mm，宽 2 ~ 4 cm，单生于茎端；总苞半球形，苞片 3 层，线

▲山飞蓬植株

状披针形，外层较内层稍短，外围的雌花2～3层，舌状，长8～14 mm，管部长2 mm，被疏贴微毛，舌片平，淡紫色，稀白色，宽1～2 mm，顶端具3个细齿；中尖的两性花管状，黄色，长3.0～4.5 mm，管部短。瘦果倒披针形，扁压；冠毛污白色，2层。花期7—8月，果期8—9月。

生　境　生于亚高山草地及高山苔原带上。

分　布　黑龙江塔河、漠河、尚志、五常、海林等地。吉林长白、抚松、安图等地。内蒙古额尔古纳、根河、牙克石、鄂伦春旗等地。朝鲜、俄罗斯（西伯利亚）。

采　制　夏、秋季采收全草，除去杂质，切段，洗净，鲜用或晒干。

性味功效　有解表、散寒、舒筋活血的功效。

▼山飞蓬花序（白色）

▲ 山飞蓬花序

▼ 山飞蓬植株（侧）

▲ 山飞蓬幼株

用　　量　适量。

◎参考文献◎

［1］中国药材公司.中国中药资源志要 [M]. 北京：
　　科学出版社，1994:1294.

［2］江纪武.药用植物辞典 [M].天津：天津科学技
　　术出版社，2005:301.

▲长茎飞蓬果实

长茎飞蓬 *Erigeron acris* subsp. *politus*（Fr.）H. Lindb.

别　　名　紫飞蓬　紫苞蓬　紫苞飞蓬
药用部位　菊科长茎飞蓬的全草及根。
原 植 物　二年生或多年生草本。根状茎木质，斜升。茎数个，高 10 ~ 50 cm。叶全缘，质较硬，绿色，基部叶密集，莲座状，花期常枯萎，中部和上部叶无柄，长圆形或披针形，长 0.5 ~ 7.0 cm，宽达 0.8 cm，顶端尖或稍钝。头状花序较少，排列成伞房状，总苞半球形，苞片 3 层，线状披针形，紫红色稀绿色，外层短于内层之半；雌花外层舌状，管部长 3.0 ~ 4.3 mm，舌片淡红色或淡紫色，宽 0.3 ~ 0.5 mm，顶端全缘，花柱伸出管部 1.0 ~ 1.7 mm，与舌片同色；两性花管状，黄色，长 3.5 ~ 5.0 mm，檐部窄锥形。瘦果长圆状披针形，长 2.0 ~ 2.5 mm；冠毛白色，2 层，刚毛状。花期 7—8 月，果期 8—9 月。

长茎飞蓬幼株▶

▲长茎飞蓬花序

▼长茎飞蓬花序（侧）

生　　境　生于开旷山坡草地、沟边及林缘等处。

分　　布　黑龙江呼玛、嫩江、萝北、五大连池、饶河、尚志等地。吉林抚松、安图等地。内蒙古额尔古纳、阿尔山等地。河北、山西、甘肃、四川、西藏、新疆。朝鲜、蒙古、俄罗斯。欧洲。

采　　制　夏、秋季采收全草和根，切段，晒干。

性味功效　味甘、微苦，性平。有解毒、消肿、活血的功效。

主治用法　用于结核型和瘤型麻风、视物模糊等。

用　　量　适量。

◎参考文献◎

[1] 中国药材公司.中国中药资源志要 [M].北京：科学出版社，1994:1294.

[2] 江纪武.药用植物辞典 [M].天津：天津科学技术出版社，2005:331.

▲长茎飞蓬植株

▲ 飞蓬果实

▼ 飞蓬花序

飞蓬 *Erigeron acer* L.

别　　名　北飞蓬

俗　　名　蓬草

药用部位　菊科飞蓬的全草、花及果实。

原 植 物　二年生草本。茎直立，高 5 ~ 60 cm。基部叶较密集，倒披针形，长 1.5 ~ 10.0 cm，宽 0.3 ~ 1.2 cm，顶端钝或尖，中部和上部叶披针形，无柄，长 0.5 ~ 8.0 cm，宽 0.1 ~ 0.8 cm，顶端急尖；最上部和枝上的叶极小，线形，具脉 1。头状花序多数，长 6 ~ 10 mm，宽 11 ~ 21 mm；总苞半球形，苞片 3 层，线状披针形，内层常短于花盘，长 5 ~ 7 mm，宽 0.5 ~ 0.8 mm，边缘膜质；雌花外层舌状，长 5 ~ 7 mm，管部长 2.5 ~ 3.5 mm，舌片淡红紫色，宽约 0.25 mm，中央的两性花管状，黄色。瘦果长圆披针

▲飞蓬植株

▲ 飞蓬幼株

▼ 飞蓬花序（侧）

主治用法 全草：用于风湿关节痛。水煎服。花：用于发热性疾病。水煎服。果实：用于血性腹泻、胃炎、皮疹、疥疮等。水煎服。外用鲜品捣烂敷患处。

用 量 全草9～15g。花9～15g。果实6～9g。外用适量。

◎参考文献◎

［1］钱信忠.中国本草彩色图鉴（第一卷）[M].北京：人民卫生出版社，2003:337-338.

［2］中国药材公司.中国中药资源志要[M].北京：科学出版社，1994:1293.

［3］江纪武.药用植物辞典[M].天津：天津科学技术出版社，2005:300.

形，长约1.8 mm，宽0.4 mm；冠毛2层，白色，外层极短，内层长5～6mm。花期7—8月，果期8—9月。

生 境 生于山坡、草地、林缘及路旁等处，常聚集成大面积生长。

分 布 黑龙江呼玛、黑河、嫩江、桦川、依兰、尚志等地。吉林长白山各地及洮南、大安、扶余、长春等地。辽宁宽甸、本溪、桓仁、新宾、西丰等地。内蒙古额尔古纳、牙克石、鄂温克旗、科尔沁右翼前旗、扎鲁特旗、扎赉特旗、阿鲁科尔沁旗、克什克腾旗、巴林右旗、巴林左旗、翁牛特旗、喀喇沁旗等地。华北、西北。朝鲜、日本、俄罗斯（西伯利亚）、蒙古。欧洲、北美洲。

采 制 夏、秋季采收全草和采摘花序。秋季采收果实，晒干入药。

性味功效 全草：味苦、辛，性凉。有祛风利湿、散瘀消肿的功效。花：有清热的功效。果实：有止泻、解毒的功效。

▲ 阿尔泰狗娃花群落

狗娃花属 *Heteropappus* Less.

阿尔泰狗娃花 *Heteropappus altaicus* Willd.

别　　名　阿尔泰紫菀

俗　　名　铁杆蒿

药用部位　菊科阿尔泰狗娃花的花序、全草及根。

原 植 物　多年生草本。茎直立，高 20 ～ 80 cm。基部叶在花期枯萎；下部叶条形或近匙形，长 2.5 ～ 6.0 cm，宽 0.7 ～ 1.5 cm，全缘或有疏浅齿；上部叶渐狭小，条形；全部叶两面或下面被粗毛或细毛。头状花序直径 2.0 ～ 3.5 cm，单生枝端或排成伞房状。总苞半球形，总苞片 2 ～ 3 层，矩圆状披针形或条形，长 4 ～ 8 mm，宽 0.6 ～ 1.8 mm，顶端渐尖，边缘膜质。舌状花约 20 个，管部长 1.5 ～ 2.8 mm，有微毛；舌片浅蓝紫色，矩圆状条形，长 10 ～ 15 mm，宽 1.5 ～ 2.5 mm；管状花长 5 ～ 6 mm，管部长 1.5 ～ 2.2 mm，裂片不等大。瘦果扁，倒卵状矩圆形，长 2.0 ～ 2.8 mm，宽 0.7 ～ 1.4 mm，上部有腺。花期 7—8 月，果期 8—9 月。

▲ 阿尔泰狗娃花花序

▼ 阿尔泰狗娃花花序（背）

▲阿尔泰狗娃花居群

▼阿尔泰狗娃花植株

生　境　生于山坡、林缘、荒地、路旁，常聚集成片生长。

分　布　黑龙江安达、肇东、泰来、富裕、富拉尔基等地。吉林通榆、镇赉、洮南、长岭、前郭、大安、抚松、安图、蛟河、和龙等地。辽宁本溪、桓仁、宽甸、凤城、抚顺、西丰、大连、葫芦岛市区、建昌、建平、彰武等地。内蒙古满洲里、额尔古纳、根河、陈巴尔虎旗、牙克石、鄂伦春旗、鄂温克旗、新巴尔虎左旗、新巴尔虎右旗、科尔沁右翼前旗、扎赉特旗、科尔沁右翼中旗、扎鲁特旗、突泉、科尔沁左翼后旗、科尔沁左翼中旗、奈曼旗、克什克腾旗、巴林左旗、巴林右旗、喀喇沁旗、翁牛特旗、阿鲁科尔沁旗、宁城、东乌珠穆沁旗、西乌珠穆沁旗、阿巴嘎旗、苏尼特左旗、苏尼特右旗、正蓝旗、正镶白旗、太仆寺旗、多伦、镶黄旗等地。华北。陕西、湖北、四川、甘肃、青海、新疆、西藏。朝鲜、日本、俄罗斯（西伯利亚）。

采　制　秋季采摘花序，除去杂质，阴干。夏、秋季采收全草，切段，鲜用或晒干。春、秋季采挖根，除去泥土，洗净，晒干。

性味功效　花序及全草：味微苦，性凉。有清热降火、降压、排脓的功效。根：味苦，性温。有散寒润肺、降气化痰、止咳利尿的功效。

主治用法　花序及全草：用于传染性热病、高血压、肝胆火旺、疱疹疮疖。水煎服。根：用于阴虚咯血、咳嗽痰喘、慢性支气管炎。水煎服。

用　量　花序及全草：8～15 g。根：8～15 g。

▲ 阿尔泰狗娃花植株（侧）

◎参考文献◎

［1］江苏新医学院.中药大辞典（上册）[M].上海：上海科学技术出版社，1977:1189.

［2］朱有昌.东北药用植物 [M].哈尔滨：黑龙江科学技术出版社，1989:1182-1183.

［3］中国药材公司.中国中药资源志要[M].北京：科学出版社，1994:1302.

▲狗娃花群落（山坡型）

▼狗娃花幼株

▲狗娃花花序

狗娃花 *Heteropappus hispidus* Thunb.

俗　　名　野菊花

药用部位　菊科狗娃花的根。

原 植 物　一或二年生草本，有垂直的纺锤状根。茎高 30 ~ 150 cm，单生，有时数个丛生。基部及下部叶在花期枯萎，倒卵形，长 4 ~ 13 cm，宽 0.5 ~ 1.5 cm，渐狭成长柄，顶端钝或圆形，全缘或有疏齿；中部叶矩圆状披针形或条形，长 3 ~ 7 cm，宽 0.3 ~ 1.5 cm，常全缘，上部叶小，条形。头状花序直径 3 ~ 5 cm；总苞半球形，长 7 ~ 10 mm，直径 10 ~ 20 mm；总苞片 2 层，近等长，常有腺点；舌状花 30 余个，舌片浅红色，条状矩圆

▲ 狗娃花植株（侧）

▼ 狗娃花植株（花白色）

▲ 狗娃花果实

形，长 12～20 mm，宽 2.5～4.0 mm；管状花裂片长 1.0～1.5 mm。瘦果倒卵形，被密毛；冠毛在舌状花上极短，在管状花上为糙毛状，与花冠近等长。花期 7—8 月，果期 8—9 月。

生 境 生于荒地、路旁、林缘及草地等处。

分 布 黑龙江呼玛、黑河、伊春、尚志、五常、宁安、东宁等地。吉林延吉、龙井、汪清、敦化、通榆、镇赉、洮南、长岭、前郭等地。辽宁宽甸、凤城、本溪、桓仁、抚顺、西丰、大连、建昌、建平、葫芦岛市区、彰武等地。内蒙古额尔古纳、根河、陈巴尔虎旗、科尔沁右翼前旗等地。安徽、江西、浙江、

▲ 狗娃花群落（草原型）

▲ 狗娃花植株

▲ 狗娃花花序（侧）

▼ 狗娃花花序（白色）

▲ 市场上的狗娃花花序

▲ 狗娃花花序（背）

台湾、四川、湖北、陕西、宁夏、甘肃。朝鲜、日本、俄罗斯（西伯利亚）、蒙古。

采　　制　春、秋季采挖根，除去泥土，洗净，晒干。

性味功效　味苦，性凉。有解毒消肿的功效。

主治用法　用于疮疖、毒蛇咬伤、小儿慢惊风等。外用捣烂敷患处。

用　　量　适量。

◎参考文献◎

［1］中国药材公司.中国中药资源志要[M].北京：科学出版社，1994:1303.

［2］江纪武.药用植物辞典[M].天津：天津科学技术出版社，2005:291.

▲全叶马兰群落

▼全叶马兰幼株

▲全叶马兰瘦果

▲全叶马兰果实

马兰属 *Kalimeris* Cass.

全叶马兰 *Kalimeris integrifolia* Turcz. ex DC.

别　　名	全叶鸡儿肠　扫帚鸡儿肠
俗　　名	扫帚花　野粉团花
药用部位	菊科全叶马兰的全草。
原 植 物	多年生草本，有长纺锤状直根。茎直立，高 30 ～ 70 cm，下

部叶在花期枯萎；中部叶多而密，条状披针形、倒披针形或矩圆形，长
2.5 ～ 4.0 cm，宽 0.4 ～ 0.6 cm，顶端钝或渐尖，基部渐狭无柄，全缘，
上部叶较小，条形。头状花序单生枝端且排成疏伞房状；总苞半球形，
直径 7 ～ 8 mm，长 4 mm；总苞片 3 层，覆瓦状排列；舌状花 1 层，
20 余个，管部长 1 mm，有毛；舌片淡紫色，长 11 mm，宽 2.5 mm；
管状花花冠长 3 mm，管部长 1 mm，有毛。瘦果倒卵形，长 1.8 ～ 2.0 mm，

▲ 全叶马兰花序

▲ 全叶马兰花序（背）

▲ 全叶马兰花序（白色）

▲ 全叶马兰幼苗

宽 1.5 mm，浅褐色；冠毛带褐色，长 0.3～0.5 mm，不等长，弱而易脱落。花期 7—8 月，果期 8—9 月。

生　境　生于山坡、林缘、荒地及路旁等处。

分　布　黑龙江塔河、呼玛、黑河市区、嫩江、孙吴、伊春市区、铁力、勃利、甘南、龙江、富裕、富锦、尚志、五常、海林、林口、宁安、东宁、绥芬河、穆棱、木兰、延寿、密山、虎林、饶河、宝清、桦南、汤原、方正、安达、杜尔伯特等地。吉林长白山及西部草原各地。辽宁本溪、凤城、抚顺、沈阳、辽阳、盖州、庄河、长海、大连市区、北镇、葫芦岛市区、建昌、凌源、建平、阜新、彰武等地。内蒙古根河、牙克石、扎兰屯、科尔沁右翼前旗、科尔沁右翼中旗、科尔沁左翼中旗、科尔沁左翼后旗、扎鲁特旗、扎赉特旗、克什克腾旗、翁牛特旗、阿鲁科尔沁旗、巴林左旗、巴林右旗、东乌珠穆沁旗、西乌珠穆沁旗、阿巴嘎旗、苏尼特左旗、苏尼特右旗等地。河北、河南、山东、山西、浙江、江苏、安徽、湖北、湖南、陕西、四川。朝鲜、俄罗斯（西

伯利亚）、日本。

采　制　夏、秋季采收全草，洗净，鲜用或晒干。

性味功效　味辛，性凉。有清热解毒、散瘀止血、消积的功效。

主治用法　用于感冒发热、咳嗽、急性咽炎、扁桃体炎、黄疸、疟疾、吐血、衄血、水肿、淋浊、胃溃疡、十二指肠溃疡、乳腺炎、丹毒、创伤出血、毒蛇咬伤等。水煎服。外用捣敷、研末敷或煎水洗。

用　量　9～18 g（鲜品 30～60 g）。外用适量。

◎参考文献◎

［1］钱信忠. 中国本草彩色图鉴（第二卷）[M]. 北京：人民卫生出版社，2003:531-532.

［2］中国药材公司. 中国中药资源志要 [M]. 北京：科学出版社，1994:1309.

［3］江纪武. 药用植物辞典 [M]. 天津：天津科学技术出版社，2005:433.

▲全叶马兰植株

▲ 山马兰植株（侧）

▲ 山马兰幼苗

▲ 山马兰花序

山马兰 *Kalimeris lautureana*（Debex.l）Kitam.

别　　名	山鸡儿肠
俗　　名	马兰头　山野粉团花
药用部位	菊科山马兰的干燥根及全草（入药称"北鸡儿肠"）。

原植物　多年生草本，高 50 ~ 100 cm。茎直立，具沟纹。叶厚，下部叶花期枯萎；中部叶披针形，长 3 ~ 9 cm，宽 0.5 ~ 4.0 cm，顶端渐尖或钝，无柄，有疏齿或羽状浅裂，分枝上的叶条状披针形，全缘。头状花序单生于分枝顶端且排成伞房状；总苞半球形；总苞片 3 层，覆瓦状排列，上部绿色，无毛，外层短于内层，顶端钝，边缘有膜质缫状边缘。舌状花淡蓝色，长 1.5 ~ 2.0 cm，宽 2 ~ 3 mm，管部长约 1.8 mm；管状花黄色，长约 4 mm，管部长约 1.3 mm。瘦果倒卵形，长 3 ~ 4 mm，宽约 2 mm，扁平，淡褐色，疏生短柔毛；冠毛淡红色，长 0.5 ~ 1.0 mm。花期 8—9 月，果期 9—10 月。

生　　境　生于山坡、林缘、荒地及路旁等处。

分　　布　黑龙江呼玛、孙吴、逊克、萝北、伊春市区、铁力、尚志、五常、密山、虎林等地。吉林抚松、安图、蛟河、敦化、通化等地。辽宁东港、桓仁、抚顺、新宾、西丰、岫岩、瓦房店、大连市区、锦州市区、北镇、葫芦岛、喀左、凌源、彰武等地。内蒙古根河、牙克

▲山马兰植株

▼山马兰花序（背）

▲ 山马兰幼株

石、鄂伦春旗、扎兰屯、科尔沁左翼后旗、克什克腾旗等地。河北、河南、江苏、山东、山西、陕西。朝鲜、日本、俄罗斯（西伯利亚中东部）。

采　制　春、秋季采挖根，除去泥土，洗净，晒干。夏、秋季采收全草，洗净鲜用或晒干。

性味功效　味辛，性凉。有清热解毒、凉血止血的功效。

主治用法　用于急性咽炎、扁桃体炎、黄疸、疟疾、吐血、衄血、水肿、淋浊、丹毒、创伤出血、毒蛇咬伤等。水煎服。外用鲜品捣烂敷患处。

用　量　9 ~ 18 g（鲜品 30 ~ 60 g）。外用适量。

◎参考文献◎

［1］钱信忠. 中国本草彩色图鉴（第二卷）[M]. 北京：人民卫生出版社，2003:174−175.

［2］中国药材公司. 中国中药资源志要 [M]. 北京：科学出版社，1994:1309.

［3］江纪武. 药用植物辞典 [M]. 天津：天津科学技术出版社，2005:433.

▲ 山马兰花序（背）

▲ 山马兰果实

▲ 裂叶马兰花序

裂叶马兰 *Kalimeris incisa*（Fisch.）DC.

别　　名	北马兰　北鸡儿肠　马兰
俗　　名	鸡儿肠　马兰菊
药用部位	菊科裂叶马兰全草。

原 植 物　多年生草本，有根状茎。茎直立，有沟棱，上部分枝。下部叶在花期枯萎；中部叶长椭圆状披针形或披针形，长 6 ~ 15 cm，宽 1.2 ~ 4.5 cm，顶端渐尖，基部渐狭，无柄，边缘疏生缺刻状锯齿。头状花序单生枝端且排成伞房状；总苞半球形；总苞片 3 层，覆瓦状排列，有微毛，外层较短，顶端钝尖，边缘膜质；舌状花淡蓝紫色，管部长约 1.5 mm；舌片长 1.5 ~ 1.8 cm，宽 2.0 ~ 2.5 mm；管状花黄色，长 3 ~ 4 mm，管部长 1.0 ~ 1.3 mm。瘦果倒卵形，长 3.0 ~ 3.5 mm，淡绿褐色，扁而有浅色边肋或偶有 3 肋，果呈三棱形，被白色短毛；冠毛长 0.5 ~ 1.2 mm，淡红色。花期 7—8 月，果期 8—9 月。

▼ 裂叶马兰花序（半侧）

▲裂叶马兰植株

| 生　　境 | 生于山坡草地、灌丛、林间空地及湿草地等处。 |

生　　境　生于山坡草地、灌丛、林间空地及湿草地等处。

分　　布　黑龙江呼玛、孙吴、黑河市区、逊克、伊春市区、萝北、尚志、五常、密山、虎林等地。吉林长白山各地。辽宁本溪、抚顺、新民、沈阳市区、大连、绥中、建昌、凌源等地。内蒙古额尔古纳、鄂温克旗、科尔沁右翼前旗、科尔沁左翼后旗等地。朝鲜、俄罗斯（西伯利亚中东部）、日本。

采　　制　夏、秋季采收全草，切段，洗净，鲜用或晒干。

性味功效　味辛，性凉。有清热解毒、凉血利湿的功效。

主治用法　用于咽痛、喉痹、扁桃体炎、痈肿、丹毒、吐血、衄血、血痢、黄疸、传染性肝炎、水肿、淋浊、乳腺炎、外伤出血等。水煎服。外用捣烂敷患处。

用　　量　干品 10 ～ 15 g。鲜品 30 ～ 60 g。外用适量。

附　　方

（1）预防流行性感冒：裂叶马兰 15 g，紫金牛 20 g，大青木根、栀子根、金银藤各 25 g。水煎服，每日 1 ～ 2 次。上药为成人一日量。流行期间连服 3 ～ 5 d。

（2）治流行性腮腺炎：裂叶马兰根 100 g（鲜品 150 g）。水煎分 3 次服，每日 1 剂。

（3）治急性传染性肝炎：裂叶马兰、连钱草、白茅根、茵陈各 0.5 kg。研末，炼蜜为丸，每丸重 5 g，每服 5 丸，每日 3 次，儿童酌减。

（4）治外伤出血：裂叶马兰适量。捣烂敷局部。

（5）治胃、十二指肠溃疡：裂叶马兰干全草 50 g。加水 300 ml，煎至 100 ml，日服 1 次，20 d 为一个疗程。

▲ 裂叶马兰幼株

▲ 裂叶马兰花序（背）

▼ 裂叶马兰瘦果

◎参考文献◎

［1］《全国中草药汇编》编写组 . 全国中草药汇编（上册）[M]. 北京：人民卫生出版社，1975:74-75.

［2］中国药材公司 . 中国中药资源志要 [M]. 北京：科学出版社，1994:1309.

［3］江纪武 . 药用植物辞典 [M]. 天津：天津科学技术出版社，2005:433.

▲蒙古马兰花序（背）

蒙古马兰 *Kalimeris mongolica*（Franch.）Kitam.

别　　名	蒙古鸡儿肠　北方马兰
俗　　名	鸡儿肠　马兰菊
药用部位	菊科蒙古马兰的根及全草。
原植物	多年生草本。茎直立，高60～100 cm。叶纸质或近膜质，最下部叶花期枯萎，中部及下部叶倒披针形或狭矩圆形，长5～9 cm，宽2～4 cm，羽状中裂，边缘具较密的短硬毛；裂片条状矩圆形，顶端钝，全缘；上部分枝上的叶条状披针形，长1～2 cm。头状花序总苞半球形，直径1.0～1.5 cm；总苞片3层，长5～7 mm，宽3～4 mm，顶端钝，有白色或带紫色、红色的膜质镶缘，背面上部绿色；舌状花淡蓝紫色或白色，舌片长2.2 cm，宽3.5 mm；管状花黄色。瘦果倒卵形，长约3.5 mm，宽约2.5 mm，黄褐色，有黄绿色边肋；冠毛淡红色，不等长。花期7—8月，果期8—9月。
生　　境	生于山坡、灌丛及田边等处。
分　　布	吉林抚松、安图、长白等地。辽宁本溪、沈阳、大连、葫芦岛市区、喀左、建昌等地。内蒙古额尔古纳、牙克石、鄂温克旗、科尔沁右翼前旗、扎鲁特旗、宁城等地。河北、山东、河南、山西、陕西、四川、宁夏、甘肃。朝鲜、俄罗斯（西伯利亚中东部）。
采　　制	夏、秋季采收全草，切段，洗净，鲜用或晒干。
性味功效	味辛，性凉。有

▲蒙古马兰花序

清热解毒、凉血止血、利湿的功效。

主治用法　用于吐血、衄血、血痢、创伤出血、疟疾、黄疸、水肿、淋浊、咽喉痛、丹毒、毒蛇咬伤等。水煎服。外用捣敷、研末掺或煎水洗。

用　　量　9～18 g（鲜品30～60 g）。外用适量。

◎参考文献◎

［1］钱信忠.中国本草彩色图鉴（第二卷）[M].北京：人民卫生出版社，2003:170-171.

［2］中国药材公司.中国中药资源志要[M].北京：科学出版社，1994:1309-1310.

［3］江纪武.药用植物辞典[M].天津：天津科学技术出版社，2005:433.

▲蒙古马兰植株

▲兴安一枝黄花花序

▼兴安一枝黄花果实

一枝黄花属 Solidago L.

兴安一枝黄花 *Solidago virgaurea* L. var. *dahurica* Kitag.

别　　名　毛果一枝黄花　兴安一枝蒿
药用部位　菊科兴安一枝黄花的干燥全草。
原 植 物　多年生草本，高达1m。茎直立，不分枝，基部被残叶柄。茎下部叶有长柄，叶片椭圆状披针形或卵状披针形，长6～7cm，宽3～4cm，基部楔形，下延至柄成翼，先端长渐尖，基部边缘全缘，中下部以上具尖锯齿；茎上部叶向上渐尖，近无柄，卵形，先端长渐尖，基部狭楔形。头状花序多数，花序梗短；具2～3苞片，总苞片3层，覆瓦状排列，外层总苞片卵形，中、内层总苞片长圆形或长

▲兴安一枝黄花植株

▲ 朝鲜一枝黄花花序（侧）

▲ 兴安一枝黄花总花序

圆状披针形，边花1层，雌性，花冠舌状，黄色，舌片长1 cm，宽1 mm；中央花两性，花冠管状，先端5齿裂。瘦果长圆形，有纵棱；冠毛1层，白色，羽毛状。花期8—9月，果期9—10月。

生　境　生于河岸、草甸、灌丛、湿草地、亚高山草地及高山苔原带等处。

分　布　黑龙江漠河、呼玛、伊春、牡丹江市区、尚志、五常、东宁等地。吉林长白山各地。辽宁本溪。内蒙古额尔古纳、科尔沁右翼前旗、东乌珠穆沁旗、克什克腾旗等地。河北、山西、新疆。朝鲜、俄罗斯（西伯利亚）。

采　制　夏、秋季采收全草，洗净，鲜用或晒干。

性味功效　味微苦、辛，性凉。有清热解毒、化痰平喘、止血消肿的功效。

主治用法　用于感冒头痛、咽喉肿痛、上呼吸道感染、肺炎、支气管炎、百日咳、扁桃体炎、肺结核咯血、黄疸、小儿惊风、小儿疳积、子宫出血、肾炎、膀胱炎、痈肿疔毒、乳腺炎、跌打损伤、毒蛇咬伤等。水煎服。外用鲜草捣烂敷患处或水煎浓汁搽。

用　量　10～30 g。外用适量。

附　方

（1）治上呼吸道感染、肺炎：兴安一枝黄花15 g，一点红10 g。水煎服。

（2）治上呼吸道感染、扁桃体炎、咽喉炎、疮疖肿毒：兴安一枝黄花冲剂。每次服6 g，每日2次。

（3）治肾炎、膀胱炎：兴安一枝黄花15 g。水煎，日服2次。

（4）治感冒：兴安一枝黄花25 g，生姜、葱各10 g。水煎，日服2次。

（5）治小儿喘急性支气管炎：兴安一枝黄花、酢浆草各25～50 g，干地龙、枇杷叶各10 g。水煎服。

（6）治肺结核咯血：兴安一枝黄花100 g，冰糖适量。水煎服，每日1剂，分2次服。

（7）治无名肿毒、疔疮、刀伤出血：兴安一枝黄花嫩叶25 g，酢浆草、紫花地丁各15 g。共捣烂，敷患处。

（8）治跌打损伤：兴安一枝黄花根15～25 g。水煎，分2次服。

（9）治毒蛇咬伤：兴安一枝黄花50 g。水煎，加蜂蜜50 g调服。

▲ 朝鲜一枝黄花植株

▲ 朝鲜一枝黄花幼苗（后期）

（10）治鹅掌风、灰指甲、脚癣：兴安一枝黄花。每天用 50 ～ 100 g，煎取浓液，浸洗患部。每次 0.5 h，每天 1 ～ 2 次，7 d 为一个疗程。

附　注　在东北尚有 1 变种：

朝鲜一枝黄花 var. *coreana* Nakai，叶质薄，广卵形或卵形，长 7 ～ 12 cm，宽 4 ～ 6 cm；头状花序小，长 7 ～ 12 mm，排列疏松，总苞片膜质，先端钝圆。分布于黑龙江伊春、尚志、勃利、海林、鸡东、宁安、虎林、密山等地，吉林集安、敦化、和龙、汪清、靖宇等地，辽宁丹东市区、宽甸、凤城、本溪、桓仁等地。其他与兴安一枝黄花同。

◎参考文献◎

［1］朱有昌. 东北药用植物 [M]. 哈尔滨：黑龙江科学技术出版社，1989：1218-1220.
［2］钱信忠. 中国本草彩色图鉴（第二卷）[M]. 北京：人民卫生出版社，2003：270-271.
［3］钱信忠. 中国本草彩色图鉴（第五卷）[M]. 北京：人民卫生出版社，2003：33-34.
［4］中国药材公司. 中国中药资源志要 [M]. 北京：科学出版社，1994：1342.

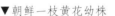

▼ 朝鲜一枝黄花幼株　　▼ 朝鲜一枝黄花幼苗（前期）

▲女菀居群

女菀属 *Turczaninowia* DC.

女菀 *Turczaninowia fastigiata*（Fisch.）DC.

别　名　织女菀　女肠
俗　名　野马兰　毛头蒿
药用部位　菊科女菀的干燥全草及根。
原植物　多年生草本。根粗壮。茎直立，坚硬，有条棱。上部有伞房状细枝。下部叶在花期枯萎，条

▼女菀块茎

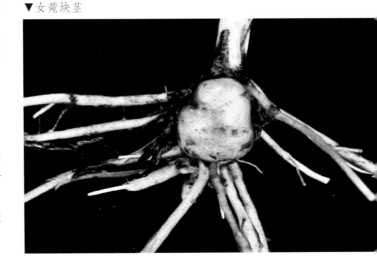

状披针形，长 3 ~ 12 cm，宽 0.3 ~ 1.5 cm，基部渐狭成短柄，顶端渐尖，全缘，中部以上叶渐小，中脉及三出脉在下面凸起。头状花序多数在枝端密集；花序梗纤细，有长 1 ~ 2 mm 的苞叶；总苞长 3 ~ 4 mm；总苞片被密短毛，顶端钝，外层矩圆形，长约 1.5 mm；内层倒披针状矩圆形，上端及中脉绿色；花 10 余个；舌状花白色，管部长 2 ~ 3 mm；管状花长 3 ~ 4 mm；冠毛约与管状花花冠等长。瘦果矩圆形，基部尖，先端圆，长约 1 mm，被密柔毛或后时稍脱毛。花期 8—9 月，果期 9—10 月。
生　境　生于山坡、草甸、林缘、河岸、灌丛及盐碱地等处。

▲女菀群落

▲女菀花序

分　布　黑龙江嫩江、孙吴、伊春市区、铁力、勃利、甘南、龙江、齐齐哈尔市区、富裕、富锦、尚志、五常、海林、林口、宁安、东宁、绥芬河、穆棱、木兰、延寿、密山、虎林、饶河、宝清、桦南、汤原、方正、安达、杜尔伯特、大庆市区、肇东、肇源等地。吉林通榆、镇赉、洮南、长岭、前郭、汪清、珲春等地。辽宁丹东、西丰、法库、鞍山市区、辽阳、海城、大连、营口、葫芦岛、彰武等地。内蒙古鄂伦春旗、扎兰屯、科尔沁右翼前旗、科尔沁右翼中旗、扎鲁特旗、科尔沁左翼中旗、扎赉特旗、科尔沁左翼后旗、阿鲁科尔沁旗、克什克腾旗、翁牛特旗、敖汉旗等地。河北、河南、山东、江西、安徽、江苏、浙江、山西、陕西、湖北、湖南。朝鲜、俄罗斯（西伯利亚）、日本。

采　制　夏、秋季采收全草，切断，洗净，鲜用或晒干。春、秋季采挖根，除去泥沙，洗净，鲜用或晒干。

性味功效　味辛，性温。有温肺化痰、和中、利尿的功效。

主治用法　用于咳嗽气喘、肠鸣腹泻、痢疾及小便短涩等。水煎服。

用　量　15～25 g。

附　方

（1）治肠鸣腹泻：女菀25 g，陈皮、菖蒲各10 g。水煎服。

（2）治小便短涩：女菀、车前草各25 g。水煎服。

▲女菀总花序

▼女菀花序（背）

◎参考文献◎

［1］江苏新医学院. 中药大辞典（上册）[M]. 上海：上海科学技术出版社，1977:237.

［2］朱有昌. 东北药用植物 [M]. 哈尔滨：黑龙江科学技术出版社，1989:1228-1229.

［3］钱信忠. 中国本草彩色图鉴（第一卷）[M]. 北京：人民卫生出版社，2003:263-264.

▲女菀植株

▲ 和尚菜幼株

▼ 和尚菜果实

▲ 和尚菜幼苗

和尚菜属 *Adenocaulon* Hook.

和尚菜 *Adenocaulon himalaicum* Edgew.

别　　名　腺梗菜　葫芦菜

俗　　名　小皮袄　葫芦菜　碗草　驴蹄叶　大叶毛　牛波罗盖　马蹄菜　马蹄叶　驴蹄子菜　老母猪豁子　火菠菜　皮袄菜　破皮袄　和尚头菜　老皮袄　道边子草

药用部位　菊科和尚菜的根。

原 植 物　多年生草本。根状茎匍匐，直径 1.0 ~ 1.5 cm，自节上生出多数的纤维根。茎直立，高 30 ~ 100 cm，中部以上分枝。下部的茎叶花期凋落；中部茎叶三角状

▲和尚菜植株（（林下型）

▲ 和尚菜花序

▲ 和尚菜花序（背）

圆形，长 7 ~ 13 cm，宽 8 ~ 14 cm，向上的叶渐小，三角状卵形或菱状倒卵形，无柄，全缘。头状花序排成圆锥状花序，花梗短，花后变长，密被稠密头状具柄腺毛；总苞半球形，宽 2.5 ~ 5.0 mm；总苞片 5 ~ 7，宽卵形，长 2.0 ~ 3.5 mm，全缘，果期向外反曲；雌花白色，长 1.5 mm，檐部比管部长，裂片卵状长椭圆形，两性花淡白色，长 2 mm，檐部短于管部 2 倍。瘦果棍棒状，长 6 ~ 8 mm，被多数头状具柄的腺毛。花期 7—8 月，果期 8—9 月。

生　境　生于林下、林缘、路旁、河边湿地及水沟附近，常聚集成片生长。

分　布　黑龙江伊春市区、铁力、勃利、尚志、五常、海林、林口、宁安、东宁、绥芬河、穆棱、木兰、延寿、密山、虎林、饶河、宝清、桦南、汤原等地。吉林长白山各地。辽宁本溪、桓仁、凤城、新宾、铁岭、西丰、沈阳、鞍山等地。全国绝大部分地区。朝鲜、俄罗斯（西伯利亚）、日本、印度。

采　制　春、秋季采挖根，除去泥土，洗净，晒干。

性味功效　味苦、辛，性

温。有止咳平喘、利水散瘀的功效。

主治用法 用于咳嗽气喘、水肿、产后瘀血、腹痛、骨折等。水煎服。外用捣烂敷患处。

用　　量 15～25 g。外用适量。

◎参考文献◎

[1] 朱有昌.东北药用植物[M].哈尔滨：黑龙江科学技术出版社，1989:1107-1108.

[2] 中国药材公司.中国中药资源志要[M].北京：科学出版社，1994:1239-1240.

[3] 江纪武.药用植物辞典[M].天津：天津科学技术出版社，2005:18.

▲和尚菜瘦果

▲和尚菜幼株群落

▼市场上的和尚菜幼株（干）

▼市场上的和尚菜幼株（鲜）

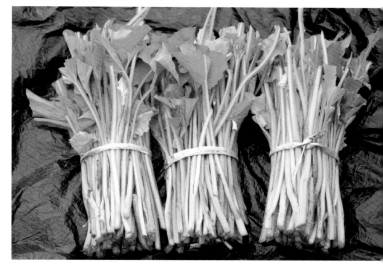

和尚菜根

▲和尚菜植株（河岸型）

▲铃铃香青植株（侧）

香青属 *Anaphalis* DC.

铃铃香青 *Anaphalis hancockii* Maxim.

俗　　名　铃铃香

药用部位　菊科铃铃香青的全草。

原 植 物　多年生草本。根状茎细长，稍木质，匍枝有膜质鳞片状叶和顶生的莲座状叶丛。茎从膝屈的基部直立，高 5 ~ 35 cm，常有稍疏的叶。莲座状叶与茎下部叶匙状或线状长圆形，长 2 ~ 10 cm，宽 0.5 ~ 1.5 cm，基部渐狭成具翅的柄或无柄，顶端圆形或急尖；中部及上部叶直立，常贴附于茎上，线形或线状披针形。头状花序 9 ~ 15，在茎端密集成复伞房状；总苞宽钟状，总苞片 4 ~ 5 层，稍开展；雌株头状花序有多层雌花，中央有 1 ~ 6 个雄花；雄株头状花序全部雄花；花冠长 4.5 ~ 5.0 mm，冠毛较花冠稍长。瘦果长圆形，长约 1.5 mm，被密乳头状突起。花期 6—8 月，果期 8—9 月。

生　　境　生于亚高山山顶及山坡草地等处。

分　　布　内蒙古克什克腾旗。河北、山西、四川、陕西、甘肃、青海、西藏。尼泊尔。

采　　制　夏、秋季采收全草，除去泥土，洗净，晒干。

性味功效　有清热解毒、杀虫的功效。

▼铃铃香青总花序

▼铃铃香青总花序（背）

▲铃铃香青植株

主治用法 用于带下病、子宫颈炎、阴道滴虫病等。水煎服或熬水清洗。

用　　量 适量。

◎参考文献◎

[1] 中国药材公司. 中国中药资源志要 [M]. 北京：科学出版社，1994:1245.

[2] 江纪武. 药用植物辞典 [M]. 天津：天津科学技术出版社，2005:48.

▲铃铃香青花序

▲铃铃香青幼株

天名精属 *Carpesium* L.

大花金挖耳 *Carpesium macrocephalum* Franch. et Sav.

俗　　名　香油罐　大烟袋锅草
药用部位　菊科大花金挖耳的全草（入药称"大烟锅草"）。

原 植 物　多年生草本。茎被卷曲柔毛。茎下部叶宽卵形或椭圆形，长 15 ~ 18 cm，基部骤缩成楔形，下延，边缘具粗大重牙齿，叶柄长 15 ~ 28 cm，具窄翅；中部叶椭圆形或倒卵状椭圆形，中部以上渐窄，无柄，基部稍耳状，

▲ 大花金挖耳花序（侧）

▼ 大花金挖耳花序

▲ 大花金挖耳果实

▲ 大花金挖耳幼苗

▲ 大花金挖耳幼株（后期）

▲ 大花金挖耳幼株（前期）

半抱茎；上部叶长圆状披针形。头状花序单生茎枝端；苞叶多枚，椭圆形或披针形，长 2 ～ 7 cm，叶状；总苞盘状，2.5 ～ 3.5 cm，长 8 ～ 10 mm，外层苞片叶状，披针形，长 1.5 ～ 2.0 cm，两面密被柔毛，中层长圆状线形，内层匙状线形，干膜质；两性花筒状，长 4 ～ 5 mm，冠檐 5 齿裂；雌花长 3.0 ～ 3.5 mm。瘦果长 5 ～ 6 mm。花期 7—8 月，果期 9—10 月。

生　　境	生于林下、林缘、山坡及草地等处。
分　　布	黑龙江尚志、五常、海林、宁安、东宁等地。吉林长白山各地。辽宁宽甸、本溪、桓仁、抚顺、清原、西丰等地。河北、山西、陕西、四川、甘肃。朝鲜、俄罗斯（西伯利亚）、蒙古、日本。
采　　制	夏、秋季采收全草，洗净鲜用或晒干入药。
性味功效	味苦，性微凉。有凉血、祛瘀的功效。
主治用法	用于跌打损伤、吐血、衄血、外伤出血。水煎服。外用鲜草捣烂敷或将鲜草搅汁敷患处。
用　　量	10 ～ 15 g。外用适量。

◎参考文献◎

[1] 朱有昌. 东北药用植物 [M]. 哈尔滨：黑龙江科学技术出版社，1989:1150-1152.

[2] 钱信忠. 中国本草彩色图鉴（第一卷）[M]. 北京：人民卫生出版社，2003:139-140.

[3] 中国药材公司. 中国中药资源志要 [M]. 北京：科学出版社，1994:1273-1274.

大花金挖耳瘦果

▲ 大花金挖耳植株

▲ 烟管头草花序

烟管头草 *Carpesium cernuum* L.

别　　名	杓儿草　烟袋草

药用部位　菊科烟管头草的全草（入药称"挖耳草"）及根。

原 植 物　多年生草本。茎高 50 ～ 100 cm。基叶于开花前凋萎，下部叶长椭圆形，长 6 ～ 12 cm，宽 4 ～ 6 cm，先端锐尖或钝，基部长渐狭，下延，柄与叶片近等长，下部具狭翅，向叶基渐宽；中部叶椭圆形至长椭圆形，长 8 ～ 11 cm，宽 3 ～ 4 cm，先端渐尖或锐尖，基部楔形，具短柄，上部叶渐小。头状花序单生，开花时下垂；苞叶多枚，大小不等，其中 2 ～ 3 枚较大，椭圆状披针形，长 2 ～ 5 cm，两端渐狭，条状披针形或条状匙形；总苞壳斗状，苞片 4 层，外层苞片叶状，披针形，通常反折，中层及内层干膜质；雌花狭筒状，两性花筒状，冠檐 5 齿裂。瘦果长 4.0 ～ 4.5 mm。花期 7—8 月，果期 8—9 月。

▼ 烟管头草花序（背）

生　　境　生于路旁、林缘、山坡及草地等处。

分　　布　吉林长白山各地。辽宁宽甸、瓦房店、长海、营口等地。全国绝大部分地区。朝鲜、日本、俄罗斯。欧洲。

采　　制　夏、秋季采收全草，除去杂质，洗净，

▲烟管头草植株

▲ 烟管头草幼株

▲ 烟管状草瘦果

晒干。春、秋季采挖根,除去泥土,洗净,鲜用或晒干。

性味功效 全草:味辛、苦,性寒。有清热解毒、消肿止痛、止血、杀虫的功效。根:味苦,性凉。有清热解毒、消肿止痛的功效。

主治用法 全草:用于感冒发热、咽喉痛、牙痛、泄泻、痢疾、小便淋痛、瘰疬、疮疖肿毒、乳痈、腮腺炎、毒蛇咬伤、带状疱疹等。水煎服或捣汁。外用鲜草捣烂敷或将鲜草搅汁敷患处。根:用于牙痛、阴挺、泄泻、喉蛾、痢疾、子宫脱垂、脱肛。水煎服。外用捣烂敷患处。

用　　量 全草:5~15 g。外用适量。根:10~20 g。外用适量。

◎参考文献◎

[1] 江苏新医学院.中药大辞典(下册)[M].上海:上海科学技术出版社,1977:1637-1639.

[2] 朱有昌.东北药用植物[M].哈尔滨:黑龙江科学技术出版社,1989:1150-1152.

[3] 中国药材公司.中国中药资源志要[M].北京:科学出版社,1994:1273.

◀ 烟管头草果实

暗花金挖耳 *Carpesium trista* Maxim.

别 名	东北金挖耳
俗 名	烟袋草
药用部位	菊科暗花金挖耳的全草。
原 植 物	多年生草本。茎高30～100 cm。

基叶开花前枯萎，柄与叶片近等长，上部
具宽翅，向下渐狭，叶片卵状长圆形，长
7～16 cm，宽3.0～8.5 cm，先端锐尖
或短渐尖，基部近圆形，骤然下延，边缘
具粗齿；茎下部叶与基叶相似，中部叶较
狭，上部叶渐变小，披针形至条状披针形。
头状花序具短梗，开花时下垂；苞叶多
枚，其中1～3枚较大，条状披针形，长
1.2～3.0 cm，宽1.8～3.0 mm，被稀疏
柔毛，其余约与总苞等长；总苞钟状，长
5～6 mm，直径4～10 mm，苞片约4层，
近等长；两性花筒状，长3.0～3.5 mm，
冠檐5齿裂，雌花狭筒形，长约2.5 mm。
瘦果长3.0～3.5 mm。花期7—8月，果
期9—10月。

生 境	生于林下、林缘及溪边等处。
分 布	黑龙江尚志、五常、海林、宁安、

东宁、密山、虎林、勃利等地。吉林辉南、
和龙、汪清、临江、集安、抚松、安图、
长白等地。辽宁宽甸、本溪、桓仁等地。
河北、山西、陕西、甘肃、四川、云南、
西藏。朝鲜、俄罗斯（西伯利亚中东部）、
日本。

采 制	夏、秋季采收全草，切段，洗净，

鲜用或晒干。

性味功效	有清热解毒、消肿止痛的功效。

▼ 暗花金挖耳瘦果

▲ 暗花金挖耳植株

主治用法　用于感冒发热、咽喉痛、牙痛、泄泻、小便淋痛、
瘰疬、疮疖肿毒、乳痈、腮腺炎、毒蛇咬伤、带状疱疹等。
水煎服。外用鲜草捣烂敷或将鲜草搅汁敷患处。根入药，
可治疗产后腹痛。

用　　量　　6～9 g。外用适量。

◎参考文献◎

［1］中国药材公司.中国中药资源志要 [M].北京：科学
　　　出版社，1994:1274.
［2］江纪武.药用植物辞典 [M].天津：天津科学技术出
　　　版社，2005:149.

▲ 金挖耳幼株

金挖耳 *Carpesium divaricatum* Sieb. et Zucc.

俗　　名　烟袋草　挖耳草　烟袋锅草

药用部位　菊科金挖耳的干燥全草及根。

原植物　多年生草本。茎直立，高 25 ~ 150 cm。基叶于开花前凋萎，下部叶卵形或卵状长圆形，长 5 ~ 12 cm，宽 3 ~ 7 cm，先端锐尖或钝，基部圆形或稍呈心形，叶面稍粗糙；叶柄较叶片短，与叶片连接处有狭翅，中部叶长椭圆形，叶柄较短，无翅，上部叶渐变小，几无柄。头状花序单生；苞叶 3 ~ 5，其中 2 枚较大，较总苞长 2 ~ 5 倍，密被柔毛和腺点；总苞卵状球形，基部宽，上部稍收缩，苞片 4 层，覆瓦状排列，外层短，向内逐层增长；雌花狭筒状，长 1.5 ~ 2.0 mm，冠檐 4 ~ 5 齿裂；两性花筒状，长 3.0 ~ 3.5 mm，向上稍宽，冠檐 5 齿裂。瘦果长 3.0 ~ 3.5 mm。花期 7—8 月，果期 8—9 月。

生　　境　生于路旁、林缘、山坡及草地等处。

分　　布　黑龙江尚志、五常、海林、宁安、东宁、密山、虎林、勃利等地。吉林长白山各地。辽宁丹东市区、宽甸、凤城、桓仁、抚顺、清原、新宾、西丰等地。华北、华中、华东、华南、西南。朝鲜、俄罗斯（西伯利亚中东部）、日本。

采　　制　夏、秋季采收全草，洗净，鲜用或晒干。春、秋季采挖根，除去泥沙，洗净，鲜用或晒干。

性味功效　全草：味苦、辛，性凉。有清热解毒、消肿止痛的功效。根：味苦、辛，性凉。有小毒。有清热解毒、理气止痛的功效。

主治用法　全草：用于感冒发热、头风目疾、咽喉肿痛、牙痛、蛔虫腹痛、急性肠炎、痢疾、淋巴结结核、带状疱疹、小便淋痛、疮疖肿毒、乳腺炎、腮腺炎、毒蛇咬伤、痔核出血等。水煎服。外用鲜草捣烂敷或将鲜草搅汁敷患处。根：用于产后血气痛、腹痛、牙痛、痢疾、咽喉肿痛、子宫脱垂及脱肛等。水煎服或捣烂冲酒。外用捣烂敷患处。

用　量　全草：10～15 g。外用适量。根：10～20 g。外用适量。

附　方

（1）治咽喉肿痛：金挖耳鲜全草。捣汁，调蜜服，或用金挖耳根头7个，泡茶饮。

（2）治腮腺炎：金挖耳叶250 g，大葱头4个。和酒糟捣烂，炒熟外敷。并用金挖耳根7个，捣烂泡开水饮汁。又方：金挖耳草、白头翁、赤芍各10 g。水煎点酒服。

（3）治疮疖肿毒、瘰疬、带状疱疹：鲜金挖耳全草。捣烂敷患处。

（4）治产后血气痛：金挖耳根15 g。捣烂，兑甜酒服。

（5）治水泻腹痛、蛔虫腹痛：金挖耳全草或根15～25 g。水煎服（辽宁民间方）。

（6）治牙齿痛：金挖耳根适量。捣如泥，调和甜酒，外敷腮上（在药外面涂少许稀泥）。

（7）治伤风头疼发热：金挖耳5 g，苏叶

▲ 金挖耳植株

0.5 g，白芷1.5 g，川芎5 g，姜皮为引。煎汤服。

（8）治小儿急惊、角弓反张、发搐、手足蹬摇：金挖耳适量。水煎，点水酒服。或加朱砂0.5 g、蚯蚓2条。点水酒服。

◎参考文献◎

［1］江苏新医学院.中药大辞典（上册）[M].上海：上海科学技术出版社，1977:1396-1397，1412.

［2］朱有昌.东北药用植物[M].哈尔滨：黑龙江科学技术出版社，1989:1150-1152.

［3］钱信忠.中国本草彩色图鉴（第三卷）[M].北京：人民卫生出版社，2003:349-350.

▲ 金挖耳花序

鼠麴草属 *Gnaphalium* L.

湿生鼠麴草 *Gnaphalium tranzschelii* Kirp.

别　　名	贝加尔鼠麴草

药用部位　菊科湿生鼠麴草的干燥全草。

原植物　一年生草本。茎直立，高 20 ~ 50 cm，常丛生弧曲或斜升小枝。基生叶在花期凋萎；中部和上部的叶长圆状线形或线状披针形，长 2 ~ 4 cm，中部向下渐狭；顶端叶等大或不等大，密集于花序下面。头状花序通常有 2.0 ~ 2.5 mm 的柄，直径约 4.5 mm，在茎及枝顶端密集成团伞花序状或近球状的复式花序；总苞近杯状，宽约 4.5 mm；总苞片 2 ~ 3 层，草质，外层宽卵形，黄褐色，顶端钝，长 2.5 ~ 3.0 mm，内层长圆形，淡黄色或麦秆黄色，顶端尖，长约 3 mm；头状花序有极多的雌花（150 ~ 208）；雌花花冠丝状，长 2.0 ~ 2.5 mm；两性花少数，通常 7 ~ 8，与雌花等长或稍短，花冠淡黄色，向上渐扩大，檐部 5 浅裂，裂片三角形，顶端变褐色。瘦果纺锤形；冠毛白色，糙毛状。花期 7—8 月，果期 8—9 月。

生　　境　生于山坡、灌丛及田边等处。

分　　布　黑龙江尚志、五常、海林、宁安、东宁、密山、虎林、勃利、汤原、桦川、桦南、木兰、延寿、方正等地。吉林通化、辉南、梅河口、靖宇、抚松、长白、安图、敦化、珲春等地。辽宁宽甸、本溪、西丰、营口、大连等地。内蒙古牙克石、巴林右旗、克什克腾旗、东乌珠穆沁旗、喀喇沁旗、宁城等地。朝鲜、俄罗斯（西伯利亚中东部）、日本。

采　　制　夏、秋季采收全草，除去杂质，洗净，晒干。

性味功效　味甘，性平。有止咳平喘、理气止痛、降血压的功效。

主治用法　用于咳嗽哮喘、风湿关节痛、胃痛、高血压。水煎服或酒浸。外用捣烂敷患处。

用　　量　3 ~ 9g。外用适量。

附　　方

（1）治支气管炎：湿生鼠麴草、冬花各 30 g，熟地黄 60 g，共焙干，研细末，每次 3 g，日服 2 次。

（2）治风湿疼痛：湿生鼠麴草 30 g，白酒 0.5 L，浸泡 3 d，日服 2 次，每次 1 酒盅。

▲ 湿生鼠麴草果实

◎参考文献◎

［1］江苏新医学院.中药大辞典（下册）[M].上海：上海科学技术出版社，1997:2415.

［2］钱信忠.中国本草彩色图鉴(第五卷)[M].北京：人民卫生出版社，2003:211−212.

［3］中国药材公司.中国中药资源志要[M].北京：科学出版社，1994:1370.

▲ 湿生鼠麴草植株

旋覆花属 *Inula* L.

柳叶旋覆花 *Inula salicina* L.

别　　名　歌仙草　单茎旋覆花

药用部位　菊科柳叶旋覆花的花序（称"旋覆花"）。

原 植 物　多年生草本，高 30 ～ 70 cm。下部叶在花期常凋落，长圆状匙形；中部叶较大，稍直立，椭圆或长圆状披针形，长 3 ～ 8 cm，宽 1.0 ～ 1.5 cm，基部稍狭，心形或有圆形小耳，半抱茎；上部叶较小。头状花序直径 2.5 ～ 4.0 cm，单生于茎或枝端，常为密集的苞状叶所围绕；总苞半球形，直径 1.2 ～ 1.5 cm；总苞片 4 ～ 5 层，长 10 ～ 12 mm，外层稍短，下部革质，上部叶质且稍呈红色；内层线状披针形，上部背面有密毛；舌状花较总苞长 2 倍，舌片黄色，线形，长 12 ～ 14 mm；管状花花冠长 7 ～ 9 mm，有尖裂片；冠毛 1 层，白色或下部稍红色，约与花冠同长。瘦果有细沟及棱。花期 7—9 月，果期 9—10 月。

生　　境　生于山坡、林缘、荒地及湿草地等处。

分　　布　黑龙江嫩江、孙吴、伊春市区、铁力、勃利、甘南、龙江、齐齐哈尔市区、富裕、富锦、尚志、五常、海林、林口、

宁安、东宁、绥芬河、穆棱、木兰、延寿、密山、虎林、饶河、宝清、桦南、汤原、方正、安达、杜尔伯特、大庆市区、肇东、肇源等地。吉林长白山及西部草原各地。辽宁抚顺、瓦房店、大连市区、彰武等地。内蒙古额尔古纳、陈巴尔虎旗、牙克石、鄂温克旗、科尔沁右翼前旗、扎鲁特旗、科尔沁右翼中旗、扎赉特旗、科尔沁左翼后旗、奈曼旗、阿鲁科尔沁旗、克什克腾旗、翁牛特旗、东乌珠穆沁旗、西乌珠穆沁旗、阿巴嘎旗、苏尼特左旗、苏尼特右旗等地。山东、河南、新疆。朝鲜、俄罗斯（西伯利亚中东部）。欧洲。

采　　制　秋季采摘花序，除去杂质，阴干。

性味功效　有降气平逆、祛痰止咳、健胃的功效。

主治用法　用于咳喘痰黏、胁下胀满、胸闷胁痛、呃逆、呕吐、唾如胶漆、嗳气、大腹水肿。水煎服。

用　　量　适量。

◎参考文献◎

[1] 朱有昌.东北药用植物 [M].哈尔滨：黑龙江科学技术出版社，1989：1186-1188.

[2] 中国药材公司.中国中药资源志要 [M].北京：科学出版社，1994：1306.

[3] 江纪武.药用植物辞典 [M].天津：天津科学技术出版社，2005：418.

▲柳叶旋覆花幼株

▼柳叶旋覆花花序（背）　▼柳叶旋覆花花序（侧）

▲柳叶旋覆花植株

线叶旋覆花 *Inula linariaefolia* Turcz.

| 别　　名 | 窄叶旋覆花　条叶旋覆花 |

别　　名　窄叶旋覆花　条叶旋覆花

俗　　名　驴耳朵菜

药用部位　菊科线叶旋覆花的全草及花序（称"旋覆花"）。

原 植 物　多年生草本。茎直立，单生或 2 ～ 3 个簇生，高 30 ～ 80 cm。基部叶和下部叶线状披针形，长 5 ～ 15 cm，宽 0.7 ～ 1.5 cm，下部渐狭成长柄，边缘常反卷，下面有腺点；中脉在上面稍下陷；中部叶渐无柄，上部叶渐狭小，线状披针形至线形。头状花序直径 1.5 ～ 2.5 cm，在枝端单生或 3 ～ 5 个排列成伞房状；花序梗短或细长；总苞半球形，长 5 ～ 6 mm；总苞片约 4 层，外层较短，线状披针形，内层较狭，有缘毛；舌状花较总苞长 2 倍；舌片黄色，长圆状线形，长达 10 mm；管状花长 3.5 ～ 4.0 mm，有尖三角形裂片；冠毛 1 层，白色，与管状花花冠等长，有多数微糙毛。花期 7—8 月，果期 8—9 月。

生　　境　生于山坡、路旁、路旁及河岸等处。

分　　布　黑龙江呼玛、黑河市区、嫩江、孙吴、伊春市区、铁力、勃利、甘南、龙江、齐齐哈尔市区、富裕、富锦、尚志、五常、海林、林口、宁安、东宁、绥芬河、穆棱、木兰、延寿、密山、虎林、饶河、宝清、桦南、汤原、方正、安达、杜尔伯特、大庆市区、肇东、肇源等地。吉林长白山及西部草原各地。辽宁宽甸、凤城、东港、本溪、抚顺、清原、西丰、沈阳、鞍山、大连、葫芦岛市区、绥中、北镇等地。内蒙古扎兰屯、科尔沁右翼前旗、扎赉特旗、阿鲁科尔沁旗、克什克腾旗、翁牛特旗等地。华北、华中、华南、华东。朝鲜、俄罗斯（西伯利亚）。

采　　制　秋季采摘花序，除去杂质，阴干，生用或蜜炙用。夏、秋季采收全草，切段，洗净，鲜用或晒干。

性味功效　花序：味咸，性温。有消痰下气、软坚行水的功效。全草：味咸、微苦，性温。有小毒。有散风寒、化痰饮、消肿毒的功效。

主治用法　花序：用于胸中痰结、胁下胀满、咳喘、呃逆、唾如胶漆、噫气不除、大腹水肿。水煎服或入丸、散。外用煎水洗，研末干撒或调敷。阴虚劳嗽、风热燥咳者不宜使用。全草：用于风寒咳嗽、胁下胀痛、疗疮肿毒、水肿、风湿疼痛等。水煎服或鲜用捣汁。外用鲜叶捣烂敷患处或煎水洗。阴虚劳嗽、风热燥咳者忌用。

用　　量　花序：7.5 ~ 15.0 g。外用适量。全草：7.5 ~ 15.0 g。外用适量。

附　　方

（1）治神经性呕吐：（旋覆代赭石汤）旋覆花、代赭石、制半夏各15 g，党参、生甘草各10 g，生姜3片，大枣5个（切开）。水煎服。

（2）治慢性气管炎：旋覆花、桔梗、败酱草各5 g，蜂蜜15 g。上药共制成2丸，为一日量，早晚各服1丸，10 d为一个疗程，间隔5 d服第2疗程，共服3个疗程。或用旋覆花、桑白皮各15 g，桔梗、生甘草各10 g，水煎服。

（3）治神经性嗳气：旋覆花、半夏、党参各15 g，代赭石25 g，生姜10 g，甘草5 g。水煎服。

（4）治外感风寒头痛：金沸草、前胡各15 g，细辛5 g，蔓荆子15 g，生姜为引。水煎，日服2次。

（5）治咳嗽气逆：旋覆花15 g，前胡、半夏（炮制后）各10 g。水煎，日服2次。

（6）治乳岩、乳痈：旋覆花10 g，甘草节4 g，蒲公英、白芷、青皮各5 g，水酒为引。水煎服。

（7）治风火牙痛：旋覆花适量研成末，搽牙根上，良久，去其痰涎，疼止。

附　　注　本品为《中华人民共和国药典》（2020年版）收录的药材。

▼线叶旋覆花花序（背）

▲线叶旋覆花幼株

◎参考文献◎

[1] 江苏新医学院. 中药大辞典（上册）[M]. 上海：上海科学技术出版社，1977:1395.

[2] 江苏新医学院. 中药大辞典（下册）[M]. 上海：上海科学技术出版社，1977:2216-2219.

[3] 朱有昌. 东北药用植物 [M]. 哈尔滨：黑龙江科学技术出版社，1989:1186-1188.

[4]《全国中草药汇编》编写组. 全国中草药汇编（上册）[M]. 北京：人民卫生出版社，1975:730-732.

▲线叶旋覆花植株

欧亚旋覆花 *Inula britannica* L.

别　　名	大花旋覆花　旋覆花

俗　　名　驴儿菜

药用部位　菊科欧亚旋覆花的全草及花序（称"旋覆花"）。

原 植 物　多年生草本。茎直立，单生或 2～3 个簇生，高 20～70 cm。基部叶在花期常枯萎，长椭圆形或披针形，长 3～12 cm，宽 1.0～2.5 cm，下部渐狭成长柄；中部叶长椭圆形，长 5～13 cm，宽 0.6～2.5 cm，基部宽大，无柄，心形或有耳，半抱茎；上部叶渐小。头状花序 1～5，生于茎端或枝端，直径 2.5～5.0 cm；花序梗长 1～4 cm；总苞半球形，直径 1.5～2.2 cm，长达 1 cm；总苞片 4～5 层，外层线状披针形，被长柔毛；内层披针状线形，除中脉外干膜质；舌状花舌片线形，黄色，长 10～20 mm；管状花花冠上部稍宽大，有三角披针形裂片。花期 7—8 月，果期 8—9 月。

生　　境　生于山沟旁湿地、湿草甸子、河滩、田边、路旁湿地以及林缘或盐碱地上。

分　　布　黑龙江呼玛、黑河市区、北安、克山等地。吉林长白山和西部草原各地。辽宁宽甸、凤城、本溪、铁岭、沈阳市区、新民、盖州、岫岩等地。内蒙古牙克石、鄂伦春旗、科尔沁左翼后旗、克什克腾旗、宁城等地。河北、山西、新疆。朝鲜、俄罗斯、日本。欧洲。

采　　制　秋季采摘花序，除去杂质，阴干，生用或蜜炙用。夏、秋季采收全草，切段，洗净，鲜用或晒干。

性味功效　花序：味咸，性温。有消痰下气、软坚行水的功效。全草：味咸、微苦，性温。有小毒。有散风寒、化痰饮、消肿毒的功效。

主治用法　花序：用于胸中痰结、胁下胀满、咳喘、呃逆、唾如胶漆、噫气不除、大腹水肿。水煎服或入丸、散。外用煎水洗，研末干撒或调敷。阴虚劳嗽、风热燥咳者不宜使用。

全草：用于风寒咳嗽、胁下胀痛、疔疮肿毒、水肿、风湿疼痛等。水煎服或鲜用捣汁。外用鲜叶捣烂敷患处或煎水洗。阴虚劳嗽、风热燥咳者忌用。

用　　量　花序：7.5～15.0 g。外用适量。全草：

7.5 ~ 15.0 g。外用适量。

附 方

（1）治神经性呕吐：（旋覆代赭石汤）旋覆花、代赭石、制半夏各15 g，党参、生甘草各10 g，生姜3片，大枣5个（切开）。水煎服。

（2）治慢性气管炎：旋覆花、桔梗、败酱草各5 g，蜂蜜15 g。上药共制成2丸，为一日量，

▲欧亚旋覆花花序

早晚各服1丸，10 d为一个疗程，间隔5 d服第2疗程，共服3个疗程。或用旋覆花、桑白皮各15 g，桔梗、生甘草各10 g。水煎服。

（3）治神经性嗳气：旋覆花、半夏、党参各15 g，代赭石25 g，生姜10 g，甘草5 g。水煎服。

（4）治外感风寒头痛：旋覆花、前胡各15 g，细辛5 g，蔓荆子15 g，生姜为引。水煎，日服2次。

（5）治咳嗽气逆：旋覆花15 g，前胡、半夏（炮制后）各10 g。水煎，日服2次。

（6）治乳岩、乳痛：旋覆花10 g，甘草节4 g，蒲公英、白芷、青皮各5 g。水酒为引，水煎服。

（7）治风火牙痛：旋覆花适量。研成末，搽牙根上，良久，去其痰涎，疼止。

附 注 本品为《中华人民共和国药典》（2020年版）收录的药材。

▲欧亚旋覆花花序（侧）

▲欧亚旋覆花花序（背）

◎参考文献◎

［1］江苏新医学院.中药大辞典（上册）[M].上海：上海科学技术出版社，1977:1395.

［2］江苏新医学院.中药大辞典（下册）[M].上海：上海科学技术出版社，1977:2216-2219.

［3］朱有昌.东北药用植物[M].哈尔滨：黑龙江科学技术出版社，1989:1186-1188.

［4］《全国中草药汇编》编写组.全国中草药汇编（上册）[M].北京：人民卫生出版社，1975:730-732.

▲ 旋覆花群落（湿地型）

▼ 旋覆花幼株

旋覆花 *Inula japonica* Thunb.

别　　名　日本旋覆花　金佛草　金钱菊

俗　　名　驴儿菜　百日草　鼓子花　黄丁香　大黄花　黄花子　六月菊　小黄花

药用部位　菊科旋覆花的花序（称"旋覆花"）及全草（称"金佛草"）。

原植物　多年生草本。茎单生，高 30 ~ 70 cm。基部叶常较小，在花期枯萎；中部叶长圆形，长 4 ~ 13 cm，宽 1.5 ~ 3.5 cm，稀 4 cm，基部多少狭窄，常有圆形半抱茎的小耳，无柄；上部叶渐狭小，线状披针形。头状花序直径 3 ~ 4 cm，多数或少数排列成疏散的伞房花序；花序梗细长；总苞半球形，直径 13 ~ 17 mm，长 7 ~ 8 mm；总苞片约 6 层，线状披针形；外层基部革质，有缘毛；内层除绿色中脉外干膜质，有腺点和缘毛；舌状花黄色，较总苞长 2.0 ~ 2.5 倍；舌片线形，长 10 ~ 13 mm；管状花花冠长约 5 mm；冠毛 1 层，白色有 20 余个微糙毛，与管状花近等长。瘦果长 1.0 ~ 1.2 mm，圆柱形。花期 7—8 月，果期 8—9 月。

生　　境　生于山坡、路旁、湿草地、河岸及田埂上。

分　　布　黑龙江嫩江、孙吴、伊春市区、铁力、勃利、甘南、龙江、齐齐哈尔市区、富裕、富锦、尚志、五常、海林、林口、宁安、东宁、绥芬河、穆棱、木兰、延寿、密山、虎林、饶河、宝清、桦南、汤原、方正、安达、杜尔伯特、大庆市区、肇东、肇源等地。吉林省各地。辽宁宽甸、凤城、本溪、桓仁、新宾、铁岭、法库、鞍山、大连、沈阳市区、北镇、凌源、彰武等地。内蒙古额尔古纳、牙克石、科尔沁右翼前旗、扎赉特旗、科尔沁右翼中旗、扎鲁特旗、突泉、科尔沁左翼后旗、科尔沁左翼中旗、奈曼旗、克什克腾旗、巴林左旗、巴林右旗、喀喇沁旗、翁牛特旗、阿鲁科尔沁旗、宁城、东乌珠穆沁旗、西乌珠穆沁旗、正蓝旗、正镶白旗、太仆寺旗、多伦、镶黄旗等地。全国各地（除广西、云南、西藏外）。朝鲜、俄罗斯（西伯利亚）、蒙古、日本。

采　　制　秋季采摘花序，除去杂质，阴干，生用或蜜炙用。夏、秋季采收全草，切段，洗净，鲜用或晒干。

性味功效　花序：味咸，性温。有消痰下气、软坚行水的功效。全草：味咸、微苦，性温。有小毒。有散风寒、化痰饮、消肿毒的功效。

主治用法　花序：用于胸中痰结、胁下胀满、咳喘、呃逆、唾如胶漆、噫气不除、大腹水肿。水煎服或入丸、散。外用煎水洗，研末干撒或调敷。阴虚劳嗽、风热燥咳者不宜使用。全草：用于风寒咳嗽、胁下胀痛、疔疮肿毒、水肿、风湿疼痛等。水煎服或鲜用捣汁。外用鲜叶捣烂敷患处或煎水洗。阴虚劳嗽、风热燥咳者忌用。

用　　量　花序：7.5 ~ 15.0 g。外用适量。全草：7.5 ~ 15.0 g。外用适量。

附　　方

（1）治神经性呕吐：（旋覆代赭石汤）旋覆花、代赭石、制半夏各 15 g，党参、生甘草各 10 g，生姜 3 片，大枣 5 个（切开）。水煎服。

（2）治慢性气管炎：旋覆花、桔梗、败酱草各 5 g，蜂蜜 15 g。上药共制成 2 丸，为一日量，早晚各服 1 丸，10 d 为一个疗程，间隔 5 d 服第 2 疗程，共服 3 个疗程。或用旋覆花、桑白皮各 15 g，桔梗、生甘草各 10 g。水煎服。

（3）治神经性嗳气：旋覆花、半夏、党参各 15 g，代赭石 25 g，生姜

▼ 旋覆花花序（背）

▼ 旋覆花花序（半侧）

▲ 旋覆花群落

▲ 多枝旋覆花花序

10 g，甘草 5 g。水煎服。

（4）治外感风寒头痛：金佛草、前胡各 15 g，细辛 5 g，蔓荆子 15 g，生姜为引。水煎，日服 2 次。

（5）治咳嗽气逆：旋覆花 15 g，前胡、半夏（炮制后）各 10 g。水煎，日服 2 次。

（6）治乳岩、乳痈：旋覆花 10 g，甘草节 4 g，蒲公英、白芷、青皮各 5 g，水酒为引。水煎服。

（7）治风火牙痛：旋覆花研成末，搽牙根上，良久，去其痰涎，疼止。

附 注

（1）根入药，有平喘镇咳的功效。可治疗风湿、刀伤、疔疮等。

（2）本品为《中华人民共和国药典》（2020 年版）收录的药材。

（3）在东北尚有 1 变种：

多枝旋覆花 var. *ramosa*（Kom.）C. Y. Li，植株高大，上部多分枝，头状花序多数。其他与原种同。

◎参考文献◎

［1］江苏新医学院 . 中药大辞典（上册）[M]. 上海：上海科学技术出版社，1977:1395.

［2］江苏新医学院 . 中药大辞典（下册）[M]. 上海：上海科学技术出版社，1977:2216–2219.

［3］朱有昌 . 东北药用植物 [M]. 哈尔滨：黑龙江科学技术出版社，1989:1186–1188.

［4］《全国中草药汇编》编写组 . 全国中草药汇编（上册）[M]. 北京：人民卫生出版社，1975:730–732.

▲ 旋覆花花序

▲ 旋覆花植株

▲ 旋覆花居群

土木香 *Inula helenium* L.

▲土木香幼苗

别　　名	青木香

药用部位　菊科土木香的干燥根。

原 植 物　多年生草本。根状茎块状，有分枝。茎直立，高 60 ~ 250 cm，粗壮。基部叶椭圆状披针形，具翅长达 20 cm 的柄，连同柄长 30 ~ 60 cm，宽 10 ~ 25 cm；中部叶卵圆状披针形或长圆形，长 15 ~ 35 cm，宽 5 ~ 18 cm；上部叶较小，披针形。头状花序少数，直径 6 ~ 8 cm，排列成伞房状花序；花序梗长 6 ~ 12 cm，为多数苞叶所围裹；总苞 5 ~ 6 层，外层草质，宽卵圆形，反折，被茸毛，宽 6 ~ 9 mm，内层长圆形，干膜质，有缘毛，较外层长达 3 倍，最内层线形；舌状花黄色；舌片线形，长 2 ~ 3 cm，宽 2.0 ~ 2.5 mm，顶端有 3 ~ 4 个浅裂片；管状花长 9 ~ 10 mm，有披针形裂片。花期 7—8 月，果期 8—9 月。

生　　境　生于山坡、路旁及林缘等处。

分　　布　吉林长白。新疆。蒙古、俄罗斯（西伯利亚）。欧洲（中部、北部、南部）、亚洲（西部、中部）、北美洲。

采　　制　春、秋季采挖根，除去泥土、须根和头顶胶状物，洗净，晒干切片，生用。

性味功效　味辛、苦，性温。有健脾和胃、行气止痛、解郁安胎的功效。

主治用法　用于慢性胃炎、胃肠功能紊乱、心腹胀满、呕吐、泄泻、痢疾、疟疾、肋间神经痛、胸胁挫伤、疝气作痛、慢性肝炎、胎动不安及蛔虫症等。水煎服。

用　　量　5 ~ 15 g。

附　　注　本品为《中华人民共和国药典》（2020 年版）收录的药材。

◎参考文献◎

[1] 江苏新医学院.中药大辞典（上册）[M].上海：上海科学技术出版社，1977:80-82.

[2]《全国中草药汇编》编写组.全国中草药汇编（上册）[M].北京：人民卫生出版社，1975:38-39.

[3] 中国药材公司.中国中药资源志要 [M].北京：科学出版社，1994:1304-1305.

▲土木香花序（背）

▲土木香花序

蓼子朴 *Inula salsoloides*（Turcz.）Ostrnf.

别　　名　沙地旋覆花　沙旋覆花　小叶旋覆花

俗　　名　秃女子草　黄喇嘛　绞蛆爬

药用部位　菊科蓼子朴的花序及全草。

原植物　亚灌木。茎平卧，或斜升，或直立，圆柱形，下部木质，基部有密集的长分枝，中部以上有较短的分枝，分枝细，常弯曲。叶披针状或长圆状线形，长 5 ~ 10 mm，宽 1 ~ 3 mm，全缘，基部常心形或有小耳，半抱茎，边缘平或稍反卷，顶端钝或稍尖，稍肉质。头状花序直径 1.0 ~ 1.5 cm，单生于枝端；总苞倒卵形，长 8 ~ 9 mm；总苞片 4 ~ 5 层，线状、卵圆状至长圆状披针形，渐尖，干膜质，基部常稍革质，黄绿色，外层渐小；舌状花较总苞长半倍，舌浅黄色，椭圆状线形，长约 6 mm，顶端有 3 个细齿；花柱分枝细长，顶端圆形；管状花花冠长约 6 mm，上部狭漏斗状，顶端有尖裂片；花药顶端稍尖；花柱分枝顶端钝；冠毛白色，与管状花药等长。瘦果长 1.5 mm，有多数细沟。花期 5—8 月，果期 7—9 月。

生　　境　生于干旱草原、戈壁滩地、流沙地、固定沙丘及湖河沿岸冲积地等处。

分　　布　吉林镇赉、通榆等地。辽宁彰武。内蒙古科尔沁左翼后旗、奈曼旗、阿鲁科尔沁旗、克什克腾旗、翁牛特旗、东乌珠穆沁旗、西乌珠穆沁旗、阿巴嘎旗、苏尼特左旗、苏尼特右旗等地。河北、山西、陕西、甘肃、青海、新疆。俄罗斯、蒙古。亚洲（中部）。

采　　制　秋季采摘花序，除去杂质，阴干。夏、秋季采收全草，切段，洗净，鲜用或晒干。

性味功效　味苦，性寒。有清热、利尿、解毒、杀虫的功效。

主治用法　用于外感发热、小便不利、痈疮肿毒、黄水疮、湿疹、水肿、小便不利、急性细菌性痢疾、肠炎等。水煎服。外用捣烂敷患处。

▲蓼子朴群落

▲ 蓼子朴花序

▼ 蓼子朴花序（侧）

用　　量　50 ~ 100 g。外用适量。

附　　方

（1）治黄水疮：蓼子朴全草适量。炒黄研末，撒于患处。不流黄水者，可用芝麻油调敷患处。

（2）治急性细菌性痢疾，急、慢性肠炎：蓼子朴全草 50 ~ 100 g。水煎服，每天 1 ~ 2 次，连服 2 ~ 3 d。慢性肠炎可酌加麦芽、六曲。

（3）灭蛆：蓼子朴全草适量。晒干、压粉，撒布于厕所粪坑内。

◎参考文献◎

［1］江苏新医学院 . 中药大辞典（上册）[M]. 上海：上海科学技术出版社，1977:1167.

［2］朱有昌 . 东北药用植物 [M]. 哈尔滨：黑龙江科学技术出版社，1989:1188-1190.

［3］中国药材公司 . 中国中药资源志要 [M]. 北京：科学出版社，1994:1306.

▼ 蓼子朴植株

▲ 火绒草幼株群落

火绒草属 *Leontopodium* R. Br.

火绒草 *Leontopodium leontopodioides*（Willd.）Beauv.

别　　名	老头艾
俗　　名	白蒿 白头翁 薄雪草 棉花团花 火绒蒿 小白蒿
药用部位	菊科火绒草的全草（入药称"老头草"）。
原 植 物	多年生草本。花茎直立，高 5～45 cm。叶直

立，在花后有时开展，线状披针形，长 2.0～4.5 cm，宽
0.2～0.5 cm；苞叶少数，较上部叶稍短，常较宽，与花
序等长或长 1.5～2.0 倍，在雄株开展成苞叶群，在雌株
直立，不排列成明显的苞叶群。头状花序大，在雌株直径
7～10 mm，3～7 个密集，稀 1 个或较多，在雌株常有较
长的花序梗而排列成伞房状；总苞半球形，长 4～6 mm，
被白色绵毛；总苞片约 4 层，无色或褐色，常狭尖，稍露出
毛茸之上；小花雌雄异株，稀同株；雄花花冠长 3.5 mm，
狭漏斗状，有小裂片；雌花花冠丝状，花后生长，长
4.5～5.0 mm。花期 7—8 月，果期 8—9 月。

▲ 火绒草雌花序

▼ 火绒草雄花序

▲火绒草植株

▲火绒草果实

▼市场上的火绒草植株（草原型）

生　　境　生于干山坡、干草地、山坡砾质地及河岸沙地等处。

分　　布　黑龙江黑河市区、嫩江、孙吴、伊春市区、铁力、勃利、甘南、龙江、齐齐哈尔市区、富裕、富锦、尚志、五常、海林、林口、宁安、东宁、绥芬河、穆棱、木兰、延寿、密山、虎林、饶河、宝清、桦南、汤原、方正、巴彦、安达、杜尔伯特、大庆市区、肇东、肇源等地。吉林西部草原及长白山各地。辽宁丹东市区、宽甸、凤城、本溪、西丰、昌图、沈阳、盖州、庄河、大连市区、北镇、朝阳、建平、彰武等地。内蒙古额尔古纳、牙克石、扎兰屯、阿尔山、科尔沁右翼前旗、扎赉特旗、科尔沁右翼中旗、扎鲁特旗、突泉、科尔沁左翼后旗、科尔沁左翼中旗、奈曼旗、克什克腾旗、巴林左旗、巴林右旗、喀喇沁旗、翁牛特旗、阿鲁科尔沁旗、宁城、东乌珠穆沁旗、西乌珠穆沁旗、正蓝旗、正镶白旗、太仆寺旗、多伦、镶黄旗等地。河北、山东、山西、陕西、甘肃、新疆。朝鲜、俄罗斯（西伯利亚）、蒙古、日本。

▲市场上的火绒草植株（山坡型）

采　　制	夏、秋季采收全草，除去杂质，切段，洗净，晒干。
性味功效	味微苦，性寒。有清热解毒、凉血止血、益肾利水、

利尿的功效。

主治用法	用于急性肾炎、慢性肾炎、血尿、蛋白尿、阴道炎、

尿道炎等。水煎服。

用　　量	15 ~ 20 g。
附　　方	治肾炎：火绒草50 g，煮水加3个鸡蛋，连汤食之。

▲火绒草幼株　　　　　▼火绒草幼苗

◎参考文献◎

［1］江苏新医学院.中药大辞典（上册）[M].上海：上海科
　　 学技术出版社，1977:840.

［2］朱有昌.东北药用植物[M].哈尔滨：黑龙江科学技术出
　　 版社，1989:1196-1197.

［3］《全国中草药汇编》编写组.全国中草药汇编（上册）[M].
　　 北京：人民卫生出版社，1975:143.

▲团球火绒草群落

团球火绒草 *Leontopodium conglobatum* （Turcz.）Hand. -Mazz.

别　　名	剪花火绒草
药用部位	菊科团球火绒草的全草。

原 植 物　多年生草本。茎直立，高 10 ～ 47 cm。莲座状叶狭倒披针状线形，长达 12 cm，宽达 3 cm，茎基部叶同形，长达 7.5 cm，在花期常生存；茎部叶稍直立或开展，披针形或披针状线形，长 2 ～ 7 cm；苞叶多数，与茎上部叶同长或较短，卵圆形或卵圆披针形，顶端尖或稍尖，较花序长 2 ～ 3 倍，开展成美观的、密集的，直径 4 ～ 7 cm 的苞叶群。头状花序直径 6 ～ 8 mm，5 ～ 30 个密集成团球状伞房花序；总苞片约 3 层，稍宽，顶端尖，撕裂，无毛，浅或深褐色，露出毛茸之外；小花异形，或中央的头状花序雄性，外围的雌性；花冠长约 4 mm；雄花花冠上部漏斗形；雌花花冠丝状。花期 6—8 月，果期 8—9 月。

生　　境　生于干燥草原、向阳坡地、石砾地、沙地、稀疏灌丛及林中草地等处。

分　　布　黑龙江漠河、塔河、呼玛等地。内蒙古额尔古纳、根河、牙克石、鄂伦春旗、扎兰屯、阿尔山、科尔沁右翼前旗、突泉、扎鲁特旗、阿鲁科尔沁旗、克什克腾旗、巴林右旗、宁城、东乌珠穆沁旗、西乌珠穆沁旗等地。俄罗斯（西伯利亚）、蒙古。

采　　制　夏、秋季采收全草，除去杂质，切段，洗净，晒干。

性味功效　味微苦，性寒。有清热凉血、益肾利水、消炎的功效。

主治用法　用于急、慢性肾炎，尿道炎等。水煎服。

用　　量　15 ～ 20 g。

▲团球火绒草植株

▲团球火绒草果实

◎参考文献◎

［1］中国药材公司.中国中药资源志要 [M]. 北京：科学出版社，1994:1313.
［2］江纪武.药用植物辞典 [M]. 天津：天津科学技术出版社，2005:448.

▲团球火绒草花序（背）

▲团球火绒草花序

长叶火绒草 *Leontopodium longifolium* Ling

俗　　　名	兔耳子草
药用部位	菊科长叶火绒草的全草。

原 植 物　多年生草本。花茎高2～45cm，不分枝，节间短或达3cm。茎中部叶直立，部分基部叶线形、
宽线形或舌状线形，长2～13cm；中脉在叶下面凸起；苞叶多数，较茎上部叶短，卵圆披针形或线状
披针形，基部急狭，较花序长1.5～3.0倍，开展成直径2～6cm的苞叶群；头状花序，3～30个密集；
总苞长约5mm；总苞片约3层，椭圆披针形；小花雌雄异株，少有异形花；花冠长约4mm；雄花花冠
管状漏斗状，有三角形深裂片；雌花花冠丝状管状，有披针形裂片；冠毛白色，较花冠稍长，基部有细锯齿；
雄花冠毛向上端渐粗厚，有齿；雌花冠毛较细，上部全缘。花期7—8月，果期8—9月。

生　　　境　生于高山和亚高山的湿润草地、洼地、灌丛及岩石上。

▼长叶火绒草植株

▼长叶火绒草花序

▲长叶火绒草群落

▼长叶火绒草花序（背）

分　　布　黑龙江塔河、呼玛等地。内蒙古牙克石、阿尔山、科尔沁右翼前旗、巴林右旗、克什克腾旗、宁城、正蓝旗、正镶白旗等地。河北、陕西、四川、宁夏、甘肃、青海、西藏。

采　　制　夏、秋季采收全草，除去杂质，切段，洗净，晒干。

性味功效　味微苦，性寒。有清热解毒、清肺解表、化痰止咳的功效。

主治用法　用于外感风寒、发热、头痛、咳嗽、中毒、肉瘤等。水煎服。

用　　量　15～20 g。

◎参考文献◎

［1］中国药材公司.中国中药资源志要[M].北京：科学出版社，1994:1314.

［2］江纪武.药用植物辞典[M].天津：天津科学技术出版社，2005:448.

▲ 豚草群落

▼ 豚草幼株

豚草属 *Ambrosia* L.

豚草 *Ambrosia artemisiifolia* L.

别 名	豕草
药用部位	菊科豚草的干燥带根全草。

原 植 物　一年生草本，高 20 ~ 150 cm。茎上部有圆锥状分枝。下部叶对生，具短叶柄，二次羽状分裂，裂片狭小，长圆形至倒披针形，全缘；上部叶互生，无柄，羽状分裂。雄头状花序具短梗，下垂，在枝端密集成总状花序；总苞宽半球形或碟形；花托具刚毛状托片；花冠淡黄色，长 2 mm，有短管部，上部钟状，有宽裂片；花药卵圆形；花柱不分裂，顶端膨大成画笔状；雌头状花序无花序梗，有一无被能育的雌花，总苞闭合，具结合的总苞片，倒卵形或卵状长圆形，长 4 ~ 5 mm，宽约 2 mm，顶端有围裹花柱的圆锥状嘴部，在顶部以下有 4 ~ 6 个尖刺，稍被糙毛。花期 8—9 月，果期 9—10 月。

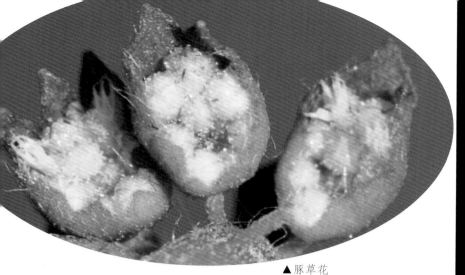

▲ 豚草花

生　　境　　生于田野、路旁或河边的湿地等处。

分　　布　　黑龙江哈尔滨、牡丹江、伊春、鸡西、七台河、大庆、齐齐哈尔等地。吉林长春、四平、吉林、延吉、通化、白山等地。辽宁沈阳、大连、锦州、葫芦岛、铁岭、本溪、丹东、朝阳、西丰、昌图、开原等地。内蒙古通辽、赤峰等地。

采　　制　　夏、秋季采收带根全草，切段，洗净，晒干。

性味功效　　有消炎的功效。

主治用法　　用于风湿性关节炎。外用煎水洗患处。

用　　量　　适量。

附　　注　　豚草花粉是引起人体一系列过敏症状——枯草热的主要病原。空气中豚草花粉粒的密度达到 40 ~ 50 粒 /m³，人群就能感染花粉症（秋季花粉症）。患者的临床表现为眼耳鼻奇痒、阵发性喷嚏、流鼻涕、头痛和疲劳，有时有胸闷、憋气、咳嗽、呼吸困难。年久失治的还可并发肺气肿、肺心病，痛苦

▼ 豚草幼苗

▲ 豚草花序

▲豚草植株（河岸型）

万状，甚至死亡。豚草植株和花粉还可使某些人患过敏性皮炎，全身起"风疱"。

◎参考文献◎

［1］江纪武. 药用植物辞典 [M]. 天津：天津科学技术出版社，2005:41.

▲豚草果实

▲豚草瘦果

▲三裂叶豚草幼株

▼三裂叶豚草花序

▲三裂叶豚草瘦果

三裂叶豚草 *Ambrosia trifida* L.

别　　名　大破布草

药用部位　菊科三裂叶豚草的干燥带根全草。

原 植 物　一年生粗壮草本，高 50 ~ 170 cm。下部叶 3 ~ 5 裂，上部叶 3 裂或有时不裂；叶柄长 2.0 ~ 3.5 cm，基部膨大，边缘有窄翅。雄头状花序多数，圆形，直径约 5 mm，有长 2 ~ 3 mm 的细花序梗，下垂，在枝端密集成总状花序；总苞浅碟形；总苞

▲ 三裂叶豚草幼苗

片结合，外面有3肋，边缘有圆齿；花托无托片，每个头状花序有20～25朵不育的小花；小花黄色，长1～2mm，花冠钟形，上端5裂，外面有5紫色条纹；花药离生，卵圆形；花柱不分裂，顶端膨大成画笔状；总苞倒卵形，长6～8mm，宽4～5mm，顶端具圆锥状短嘴，嘴部以下有5～7肋，每肋顶端有瘤或尖刺，花柱2深裂，丝状。花期8—9月，果期9—10月。

生　　境　生于田野、路旁及河边湿地等处，常聚集成片生长。

分　　布　黑龙江哈尔滨、牡丹江、七台河、大庆、齐齐哈尔等地。吉林长春、四平、吉林、延吉、通化、白山等地。辽宁沈阳、大连、锦州、葫芦岛、铁岭、开原、昌图、本溪、丹东、朝阳等地。内蒙古通辽、赤峰等地。

采　　制　夏、秋季采收带根全草，切段，洗净，晒干。

性味功效　全草可做收敛剂和清洁剂。

用　　量　适量。

附　　注　三裂叶豚草是人类健康和作物生产的危险性杂草，被许多国家列为检疫对象。由于该草的花粉中含有水溶性蛋白，与人接触可迅速释放，引起变态反应，所以它是秋季花粉过敏症的主要致病原。每年8—9月，大量花粉在空气中飞扬，当花粉密度达40～50粒/m³时，人们吸入后就会感染，症状是咳嗽、流涕、哮喘、眼鼻奇痒或出现皮炎。每年同期复发，病情逐年加重，严重的会并发肺气肿、肺心病乃至死亡。

▲ 三裂叶豚草果实

▼ 三裂叶豚草花

◎参考文献◎

[1] 江纪武.药用植物辞典[M].天津：天津科学技术出版社，2005:42.

▲ 三裂叶豚草植株

▲ 柳叶鬼针草居群

▲ 柳叶鬼针草花序

鬼针草属 *Bidens* L.

柳叶鬼针草 *Bidens cernua* L.

药用部位 菊科柳叶鬼针草的全草。
原 植 物 一年生草本，高 10 ～ 90 cm。茎直立。叶对生，通常无柄，披针形至条状披针形，长 3 ～ 22 cm，宽 5 ～ 30 mm，基部半抱茎状，边缘具疏锯齿。头状花序单生，连同总苞苞片直径达 4 cm，开花时下垂；总苞盘状，外层苞片 5 ～ 8，条状披针形，长 1.5 ～ 3.0 cm，叶状，内层苞片膜质，长椭圆形或倒卵形，开花时长 6 ～ 8 mm；托片条状披针形，约与瘦果等长，膜质，透明，先端带黄色；舌状花中性，舌片黄色，卵状椭圆形，长 8 ～ 12 mm，

▲ 柳叶鬼针草植株（侧）

▲柳叶鬼针草植株

▲柳叶鬼针草花序（侧）

▼柳叶鬼针草花序（背）

宽 3 ~ 5 mm，先端锐尖或有 2 ~ 3 个小齿，盘花两性，筒状，长约 3 mm，花冠管细窄，长约 1.5 mm，冠檐扩大成壶状，顶端 5 齿裂。花期 8—9 月，果期 9—10 月。

生　　境　生于河岸、沟边及水甸边等处。常聚集成片生长。

分　　布　黑龙江尚志、五常、海林、宁安、东宁、穆棱、绥芬河、密山、虎林、勃利等地。吉林长白山各地。辽宁西丰。内蒙古鄂伦春旗、牙克石、扎兰屯、科尔沁左翼后旗、克什克腾旗、东乌珠穆沁旗、西乌珠穆沁旗等地。河北、山西、新疆、四川、云南、西藏。朝鲜、蒙古、俄罗斯（西伯利亚）。欧洲。

采　　制　夏、秋季采收全草，除去杂质，切段，洗净，鲜用或晒干。

性味功效　有清热解毒、散瘀消肿、祛风活血、止痒的功效。

主治用法　用于肾炎、风疹等。水煎服。

用　　量　适量。

◎参考文献◎

［1］中国药材公司.中国中药资源志要[M].北京：科学出版社，1994:1265.

［2］江纪武.药用植物辞典[M].天津：天津科学技术出版社，2005:1073.

▲金盏银盘植株（后期）

金盏银盘 *Bidens biternata*（Lour.）
Merr. et Sherff

俗　　名　锅叉草 小鬼叉 虾钳草 黏
身草

药用部位　菊科金盏银盘的全草。

原植物　一年生草本。茎直立，
高 30 ~ 150 cm。叶为一回羽状
复叶，顶生小叶卵形至长圆状卵形
或卵状披针形，长 2 ~ 7 cm，宽
1.0 ~ 2.5 cm，边缘具稍密且近于
均匀的锯齿，侧生小叶 1 ~ 2 对，
卵形或卵状长圆形，具明显的柄；
总叶柄长 1.5 ~ 5.0 cm。头状花序
直径 7 ~ 10 mm，花序梗果时伸
长。总苞基部有短柔毛，外层苞片
8 ~ 10，条形，先端锐尖，背面密

▲金盏银盘果实

被短柔毛，内层苞片长椭圆形，长5～6mm，背面褐色，有深色纵条纹；舌状花通常3～5，不育，舌片淡黄色，长椭圆形，长约4mm，宽2.5～3.0mm，先端3齿裂，或有时无舌状花；盘花筒状，长4.0～5.5mm，冠檐5齿裂。花期8—9月，果期9—10月。

生　境　生于山坡、草地、林缘、田野、路边、村旁及荒地中。

分　布　吉林集安。辽宁宽甸、桓仁、庄河、鞍山、大连市区、北镇、建昌等地。河北。华南、华东、华中、西南。朝鲜、日本。亚洲（东南部）、非洲、大洋洲。

采　制　夏、秋季采收全草，切段，洗净，鲜用或晒干。

性味功效　味甘、淡，性平。有清热解毒、利尿、活血散瘀的功效。

▲金盏银盘花序（侧）

主治用法　用于咽喉痛、肠痈、急性黄疸、吐泻、风湿关节痛、乙脑、小儿惊风、疳积、疟疾、疮疖、毒蛇咬伤、跌打肿痛。水煎服。外用鲜草捣烂敷或将鲜草搅汁敷患处。

用　量　15～50g（鲜品100～150g）。外用适量。

◎参考文献◎

[1]江苏新医学院.中药大辞典（上册）[M].上海：上海科学技术出版社，1977:1413-1414.

[2]中国药材公司.中国中药资源志要[M].北京：科学出版社，1994:1265.

[3]江纪武.药用植物辞典[M].天津：天津科学技术出版社，2005:107.

▲金盏银盘花序

▲金盏银盘植株（前期）

小花鬼针草 *Bidens parviflora* Willd.

别　　名　细叶针刺草

俗　　名　锅叉草　锅叉子草　小鬼叉　鬼叉　鬼子愁　小刺叉　一包针　后老婆针　蛮老婆针　老姑针　后老婆叉子

药用部位　菊科小花鬼针草的全草（入药称"鹿角草"）。

原植物　一年生草本。茎高 20 ～ 90 cm。叶对生，柄长 2 ～ 3 cm，叶片长 6 ～ 10 cm，二至三回羽状分裂，最后一次裂片条形，宽约 2 mm，先端锐尖，边缘稍向上反卷，上部叶互生，二回或一回羽状分裂。头状花序单生茎端及枝端，具长梗，开花时直径 1.5 ～ 2.5 mm，高 7 ～ 10 mm；总苞筒状，外层苞片 4 ～ 5，草质，条状披针形，长约 5 mm，边缘被疏柔毛，及果时长可达 8 ～ 15 mm，内层苞片稀疏，常仅 1，托片状；托片长椭圆状披针形，开花时长 6 ～ 7 mm，膜质，具狭而透明的边缘，果时长达 10 ～ 13 mm；无舌状花，盘花两性，6 ～ 12，花冠筒状，长 4 mm，冠檐 4 齿裂。花期 8—9 月，果期 9—10 月。

生　　境　生于山坡、草地、林缘及田野等处。

分　　布　黑龙江黑河市区、嫩江、孙吴、伊春市区、铁力、勃利、甘南、龙江、齐齐哈尔市区、富裕、富锦、尚志、五常、海林、林口、宁安、东宁、绥芬河、穆棱、木兰、延寿、密山、虎林、饶河、宝清、桦南、汤原、方正、巴彦、安达、杜尔伯特、大庆市区、肇东、肇源等地。吉林长白山及西部草原各地。辽宁宽甸、凤城、东港、本溪、桓仁、抚顺、清原、西丰、开原、庄河、大连市区、北镇、建平等地。内蒙古新巴尔虎左旗、新巴尔虎右旗、科尔沁右翼前旗、科尔沁右翼中旗、扎赉特旗、突泉、扎鲁特旗、科尔沁左翼后旗、阿鲁科尔沁旗、克什克腾旗、翁牛特旗、东乌珠穆沁旗、西乌珠穆沁旗等地。河北、山西、山东、河南、陕西、甘肃、贵州、云南。朝鲜、俄罗斯（西伯利亚）、日本。

采　　制　夏、秋季采收全草，洗净鲜用或晒干入药。

性味功效　味苦，性凉。有清热解毒、活血散瘀的功效。

主治用法　用于感冒发热、咽喉肿痛、阑尾炎、肠炎、

▲小花鬼针草植株

▲小花鬼针草幼株

▼小花鬼针草花序

痔疮、腹泻、冻伤、慢性溃疡、痈疽疔疮、跌打损伤、毒蛇咬伤等。水煎服。外用鲜草捣烂敷或将鲜草搅汁敷患处。

用　　量　25～50 g。外用适量。

附　　方

（1）治阑尾炎：小花鬼针草100 g。水煎，加蜂蜜100 g，内服。

（2）治跌打损伤：小花鬼针草100 g。水煎，兑黄酒50 ml，内服。

（3）治副鼻窦炎：小花鬼针草、白芷、天麻、猪脑髓各适量。水煎服。

（4）治小便疼痛：小花鬼针草鲜品50～100 g。酌加冰糖煎服。

（5）治感冒发热、肠炎腹泻：小花鬼针草50 g。水煎服（瓦房店民间方）。

◎参考文献◎

［1］江苏新医学院.中药大辞典（下册）[M].上海：上海科学技术出版社，1977:2239-2240.

［2］朱有昌.东北药用植物 [M].哈尔滨：黑龙江科学技术出版社，1989:1144-1145.

［3］钱信忠.中国本草彩色图鉴（第三卷）[M].北京：人民卫生出版社，2003:435-436.

婆婆针 *Bidens bipinnata* L.

别　　名	鬼针草　刺针草
俗　　名	黏身草　一包针　刺针草　鬼钗草　小鬼叉　锅叉草
药用部位	菊科婆婆针的全草。

原 植 物　一年生草本。茎直立，高30～120 cm。叶对生，具柄，柄长2～6 cm，叶片长5～14 cm，二回羽状分裂，小裂片三角状或菱状披针形，具1～2对缺刻或深裂，顶生裂片狭，先端渐尖。头状花序直径6～10 mm；花序梗长1～5 cm；总苞杯形，外层苞片5～7，条形，果时较开花时伸长2倍，内层苞片膜质，椭圆形，花后伸长为狭披针形，及果时长6～8 mm，背面褐色，被短柔毛，具黄色边缘；托片狭披针形，果时长可达12 mm；舌状花通常1～3，不育，舌片黄色，椭圆形或倒卵状披针形，长4～5 mm，宽2.5～3.2 mm，盘花筒状，黄色，长约4.5 mm，冠檐5齿裂。花期8—9月，果期9—10月。

生　　境　生于路边荒地、山坡、田间及海边湿地等处。

分　　布　黑龙江黑河市区、嫩江、孙吴、伊春市区、铁力、勃利、甘南、龙江、齐齐哈尔市区、富裕、富锦、尚志、五常、海林、林口、宁安、东宁、绥芬河、穆棱、木兰、延寿、密山、虎林、饶河、宝清、桦南、汤原、方正、巴彦、安达、杜尔伯特、大庆市区、肇东、肇源等地。吉林长白山各地。辽宁东港、葫芦岛、凌源等地。内蒙古科尔沁左翼后旗、克什克腾旗、翁牛特旗、东乌珠穆沁旗、西乌珠穆沁旗等地。全国绝大部分地区。美洲、亚洲、欧洲、非洲（东部）。

采　　制　夏、秋季采收全草，除去杂质，洗净，鲜用或晒干。

性味功效　味苦，性平。有清热解毒、祛风活血、散瘀消肿的功效。

主治用法　用于上呼吸道感染、咽喉肿痛、急性阑尾炎、急性黄疸型肝炎、胃肠炎、消化不良、胃痛、痢疾、急性肾炎、风湿关节疼痛、疟疾、疮疖、毒蛇咬伤、跌打肿痛等。水煎服或捣汁。外用鲜品捣烂敷患处或煎水洗。

用　　量　25～50 g（鲜品50～100 g）。外用适量。

附　　方

（1）治急性黄疸型传染性肝炎：婆婆针125 g，连钱草100 g。水煎服。

▼婆婆针花（侧）

▲婆婆针花

▲ 婆婆针植株

（2）治急性胃肠炎：婆婆针25～50 g，车前草15 g。水煎服。呕吐加生姜5片，腹痛加酒曲2个。

（3）治小儿单纯性消化不良：婆婆针5～25 g。水煎2次，分2～4次服，呕吐加生姜2片，腹泻加车前草10 g。

（4）治急性阑尾炎：婆婆针100～200 g。水煎服，每日2剂，4次分服。或用婆婆针鲜品75 g（干品25～50 g）。水煎服。亦可加冰糖、蜂蜜、牛乳同服，每日1次。

（5）治疖肿：婆婆针全草适量剪碎，加体积分数为75%的酒精，浸泡2～3 d后，外搽局部。

（6）治小儿腹泻：婆婆针鲜草6～10棵（干品3～5棵）。加水浸泡后煎成浓汁，连渣放在桶内，趁热熏洗患儿双脚。轻症者每日熏洗3～4次，较重者熏洗6次，每次约5 min。1～5岁熏洗脚心，6～15岁熏洗到脚面；腹泻严重者熏洗部位可适当上升至腿。

（7）治疟疾：鲜婆婆针400～750 g。煎汤，加入鸡蛋1个煮汤服。

（8）治痢疾：婆婆针幼苗一把。水煎汤，白痢配红糖，红痢配白糖，连服3次。

（9）治跌打损伤：鲜婆婆针50～100 g（干品减半）。水煎，另加黄酒100 ml，温服，日服1次，一般连服3次。

（10）治蛇伤、虫咬：鲜婆婆针100 g。酌加水，煎成半碗，温服；渣捣烂涂贴伤口。每日服用2次。

（11）治急性肾炎：婆婆针叶25 g（切细）。煎汤，打入鸡蛋1个，加适量芝麻油、胡荼油煮熟食之，每日1次。

（12）治偏头痛：婆婆针50 g，大枣3个。水煎温服。

（13）治大、小便出血：婆婆针鲜叶25～50 g。水煎服。

◎参考文献◎

［1］江苏新医学院.中药大辞典（下册）[M].上海：上海科学技术出版社，1977:1694-1695.

［2］朱有昌.东北药用植物 [M].哈尔滨：黑龙江科学技术出版社，1989:1142-1144.

［3］《全国中草药汇编》编写组.全国中草药汇编（上册）[M].北京：人民卫生出版社，1975:484-485.

狼杷草 *Bidens tripartita* L.

| 别　　名 | 狼把草 |

俗　　名　小鬼叉　鬼针　鬼刺　鬼叉　针包草
针线包　引线包　锅叉子草　叉子芹　后老婆针
刺老婆针

药用部位　菊科狼杷草的干燥全草及根。

原植物　一年生草本。茎高 20 ~ 150 cm。
叶对生，下部花期枯萎，中部叶柄长
0.8 ~ 2.5 cm，有狭翅；叶片长 4 ~ 13 cm，
长椭圆状披针形，通常 3 ~ 5 深裂，长
3 ~ 7 cm，宽 8 ~ 12 mm，顶生裂片较大，
披针形或长椭圆状披针形。头状花序，直径
1 ~ 3 cm，高 1.0 ~ 1.5 cm；总苞盘状，
外层苞片 5 ~ 9，条形或匙状倒披针形，长
1.0 ~ 3.5 cm，先端钝，叶状，内层苞片长椭
圆形或卵状披针形，长 6 ~ 9 mm，膜质，褐
色，有纵条纹；托片条状披针形，约与瘦果等
长，背面有褐色条纹；无舌状花，全为筒状两
性花，花冠长 4 ~ 5 mm，冠檐 4 裂；花药基
部钝，顶端有椭圆形附器，花丝上部增宽。花
期 8—9 月，果期 9—10 月。

生　　境　生于湿草地、河岸及浅水滩等处，
常聚集成片生长。

分　　布　黑龙江黑河市区、嫩江、孙吴、伊
春市区、铁力、勃利、甘南、龙江、齐齐哈尔

▲ 狼杷草幼株

▲ 狼杷草瘦果

▲ 狼杷草果实

▲ 狼杷草花序（侧）

市区、富裕、富锦、尚志、五常、海林、林口、宁安、东宁、绥芬河、穆棱、木兰、延寿、密山、虎林、饶河、宝清、桦南、汤原、方正、巴彦、安达、杜尔伯特、大庆市区、肇东、肇源等地。吉林长白山各地。辽宁本溪、桓仁、凤城、抚顺、清原、西丰、沈阳市区、新民、锦州、葫芦岛、建平、喀左、凌源等地。内蒙古额尔古纳、陈巴尔虎旗、牙克石、鄂伦春旗、鄂温克旗、新巴尔虎左旗、新巴尔虎右旗、科尔沁右翼前旗、扎赉特旗、科尔沁右翼中旗、扎鲁特旗、突泉、科尔沁左翼后旗、科尔沁左翼中旗、奈曼旗、克什克腾旗、巴林左旗、巴林右旗、喀喇沁旗、翁牛特旗、阿鲁科尔沁旗、宁城、东乌珠穆沁旗、西乌珠穆沁旗、正蓝旗、正镶白旗、太仆寺旗、多伦、镶黄旗等地。全国绝大部分地区。朝鲜、日本、蒙古、俄罗斯（西伯利亚）。

采　制　夏、秋季采收全草，除去杂质，洗净，切段，晒干。夏、秋季采挖根，除去泥土，洗净，切段，晒干。

性味功效　全草：味苦、甘，性平。有清热解毒、养阴敛汗、透汗发表、利尿的功效。根：味苦、甘，性平。有清热解毒、止泻的功效。

主治用法　全草：用于感冒、气管炎、扁桃体炎、咽喉炎、肺结核、盗汗、肠炎、泄泻、痢疾、痔疮、湿疹、闭经、小儿疳满、疖肿、湿疹及丹毒等。水煎服。外用治疗皮癣疮疡，用鲜草捣烂敷或将鲜草搅汁敷患处。根：用于泄泻、盗汗、丹毒等。水煎服。

用　量　全草：10 ~ 25 g（鲜品 50 ~ 100 g）。外用适量。根：10 ~ 25 g。用量不能超过 25 g，多则具有麻醉性。

附　方

（1）治盗汗：狼杷草根 15 g。煮汁服。

（2）治气管炎、肺结核：鲜狼杷草50 g。水煎服。

（3）治肠炎、痢疾：狼杷草15～25 g。水煎服（大连民间方）。

（4）治咽喉肿痛：鲜狼杷草25～50 g。加冰糖炖服。

（5）治湿疹：鲜狼杷草叶适量。捣烂绞汁涂抹。

（6）治皮癣：狼杷草叶适量。研末，醋调涂。

◎参考文献◎

[1] 江苏新医学院.中药大辞典（下册）[M].上海：上海科学技术出版社，1977:1901-1902.

[2] 朱有昌.东北药用植物 [M].哈尔滨：黑龙江科学技术出版社，1989:1145-1147.

[3]《全国中草药汇编》编写组.全国中草药汇编（上册）[M].北京：人民卫生出版社，1975:698.

▲ 狼杷草植株

▲ 狼杷草幼株

▲ 狼杷草花序

▼ 羽叶鬼针草花序

▼ 羽叶鬼针草瘦果

羽叶鬼针草 *Bidens maximowicziana* Oett.

别　　名　鬼针草

药用部位　菊科羽叶鬼针草的全草。

原植物　一年生草本。茎直立,高 15 ～ 70 cm。茎中部叶具柄,柄长 1.5 ～ 3.0 cm,叶片长 5 ～ 11 cm,三出复叶状分裂或羽状分裂,侧生裂片 1 ～ 3 对,疏离,通常条形至条状披针形,先端渐尖,边缘具稀疏内弯的粗锯齿,顶生裂片较大,狭披针形。头状花序单生茎端及枝端,开花时直径约 1 cm,高 0.5 cm,果时直径达 1.5 ～ 2.0 cm,高 7 ～ 10 mm;外层总苞片叶状,8 ～ 10,条状披针形,长 1.5 ～ 3.0 cm,边缘具疏齿及缘毛,内层苞片膜质,披针形,果时长约 6 mm,先端短渐尖,淡褐色,具黄色边缘;托片条形,边缘透明,果时长约 6 mm;舌状花缺,盘花两性,长约 2.5 mm,花冠管细窄,长约 1 mm,冠檐壶状,4 齿裂;花药基部 2 裂,顶端有椭圆形附器。花期 8—9 月,果期 9—10 月。

生　　境　生于沟边、路旁及河边湿地等处。

分　　布　黑龙江黑河市区、嫩江、孙吴、伊春市区、铁力、勃利、甘南、龙江、齐齐哈尔市区、富裕、富锦、尚志、五常、海林、林口、宁安、东宁、绥芬河、穆棱、木兰、延寿、密山、虎林、饶河、宝清、桦南、汤原、方正、巴彦、安达、杜尔伯

▲ 羽叶鬼针草植株

▲ 羽叶鬼针草花序（侧）

▼ 羽叶鬼针草果实

特、大庆市区、肇东、肇源等地。吉林长白山各地。内蒙古额尔古纳、陈巴尔虎旗、阿尔山等地。朝鲜、俄罗斯（西伯利亚）、日本。

采　制　夏、秋季采收全草，除去杂质，洗净，鲜用或晒干。

性味功效　味苦，性平。有行气止痛、止血、止汗的功效。

主治用法　用于感冒、牙痛、气管炎、腹泻、痢疾、盗汗等。水煎服。

用　量　15 ~ 25 g。

◎参考文献◎

［1］中国药材公司 . 中国中药资源志要 [M]. 北京：科学出版社，1994:1265.

［2］江纪武 . 药用植物辞典 [M]. 天津：天津科学技术出版社，2005:107.

大狼杷草 *Bidens frondosa* L.

别　　名　大狼把草

俗　　名　小鬼叉　锅叉子草　后
老婆针　刺老婆针

药用部位　菊科大狼杷草的干燥
全草。

原 植 物　一年生草本。茎直立,
分枝, 高 20 ～ 120 cm, 被疏
毛或无毛, 常带紫色。叶对生,
具柄, 为一回羽状复叶, 小叶
3 ～ 5, 披针形, 长 3 ～ 10 cm,
宽 1 ～ 3 cm, 先端渐尖, 边缘
有粗锯齿, 通常背面被稀疏短柔
毛, 至少顶生者具明显的柄。头
状花序单生茎端和枝端, 连同总
苞苞片, 直径 12 ～ 25 mm, 高
约 12 mm; 总苞钟状或半球形,
外层苞片 5 ～ 10, 通常 8, 披
针形或匙状倒披针形, 叶状, 边
缘有缘毛, 内层苞片长圆形, 长
5 ～ 9 mm, 膜质, 具淡黄色边
缘, 无舌状花或舌状花不发育,
极不明显, 筒状花两性, 花冠长
约 3 mm, 冠檐 5 裂。瘦果扁平,
狭楔形, 长 5 ～ 10 mm, 近无毛
或是糙伏毛, 顶端芒刺 2, 长约
2.5 mm, 有倒刺毛。花期 8—9 月;
果期 9—10 月。

生　　境　生于湿草地、河岸及
浅水滩等处, 常聚集成片生长。

分　　布　吉林长白山各地。辽
宁本溪、桓仁、凤城、抚顺、清原、
西丰、沈阳、新民、锦州等地。

采　　制　夏、秋季采收全草, 除去杂质, 洗净, 切段, 晒干。

性味功效　味苦, 性平。有清热解毒的功效。

主治用法　用于体虚乏力、盗汗、咯血、痢疾、疳积、丹毒等。水煎服。

用　　量　15 ～ 30 g。

◎参考文献◎

[1] 江纪武 . 药用植物辞典 [M]. 天津: 天津科学技术出版社,
2005:107.

[2] 中国药材公司 . 中国中药资源志要 [M]. 北京: 科学出版社,
1994:1265.

▲大狼杷草幼株

▲大狼杷草花序

大狼杷草花序（背）

▲ 大狼杷草植株

鳢肠属 *Eclipta* L.

鳢肠 *Eclipta prostrata*（L.）L.

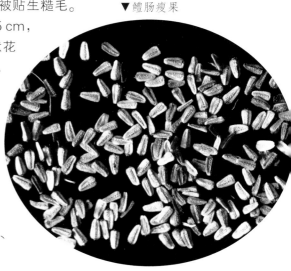

▼鳢肠瘦果

别　　名	墨药　旱莲草　墨旱莲

俗　　名	墨草　墨汁草　墨斗草　野向日葵　乌心草

药用部位	菊科鳢肠的全草（入药称"旱莲草"）。

原植物　一年生草本。茎斜升或平卧，高达60 cm，通常自基部分枝，被贴生糙毛。叶长圆状披针形或披针形，有极短的柄，长3～10 cm，宽0.5～2.5 cm，顶端尖或渐尖，边缘有细锯齿或有时仅波状，两面被密硬糙毛。头状花序直径6～8 mm，有长2～4 cm的细花序梗；总苞球状钟形，总苞片5～6个排成2层，长圆形或长圆状披针形，外层较内层稍短，背面及边缘被白色短伏毛；外围的雌花2层，舌状，长2～3 mm，舌片短，顶端2浅裂或全缘，中央的两性花多数，花冠管状，白色，长约1.5 mm，顶端4齿裂；花柱分枝钝，有乳头状突起；花托凸，有披针形或线形的托片。花期7—8月，果期8—9月。

生　　境　生于田间、路旁及水边湿地等处。

分　　布　吉林磐石、辉南、梅河口、集安等地。辽宁大连、东港、盘锦等地。全国绝大部分地区（除黑龙江、内蒙古等省区外）。朝鲜、俄罗斯（西伯利亚中东部）。全球热带和亚热带地区。

▲ 鳢肠花序

▲ 鳢肠果实

▼ 鳢肠花序（侧）

采　　制　夏、秋季花开时采收全草，切段，洗净，鲜用或晒干。

性味功效　味甘、酸，性寒。有清热解毒、凉血止血、滋补肾肝的功效。

主治用法　用于血热出血、吐血、咯血、衄血、尿血、便血、血痢、刀伤出血、功能性子宫出血、慢性肝炎、肝肾阴虚、头晕目眩、腰痛、肠炎、神经衰弱、小儿疳积、肾虚耳鸣、须发早白、带下、脚癣、湿疹及阴部湿痒等。水煎服，熬膏、捣汁或入丸、散。外用鲜草捣烂敷或将鲜草搅汁敷患处或捣绒塞鼻。脾肾虚寒、大便溏泻者不宜服。

用　　量　15～50 g。鲜品加倍。外用适量。

附　　方

（1）治功能性子宫出血：鲜旱莲草、鲜仙鹤草各50 g，血余炭、槟榔炭各5 g（研粉）。将前二味药煎水，冲后二味药粉待冷服。

（2）治衄血、咯血：旱莲草50 g，荷叶25 g，干侧柏叶15 g。水煎，分3次服。

（3）治胃及十二指肠溃疡、出血：旱莲草、灯芯草各50 g。水煎服。

（4）治水田皮炎：旱莲草适量。捣烂外搽手脚，搽至皮肤稍发黑色，等干后即可下水劳动。每天上工前后各搽1次即可预防。已发病者2～3 d可治愈。

（5）治咳嗽、咯血：鲜旱莲草100 g。捣绞汁，开水冲服。

（6）治赤白带下：旱莲草50 g，同汤或肉汤煎服。

（7）治齿槽脓肿，扁桃体周围脓肿已破、流脓不净：旱莲草25 g，天花粉20 g，土贝母15 g。水煎服。

（8）治痢疾：旱莲草200 g，糖50 g。水煎温服，服用1剂后开始见效，继服3～4剂多可治愈，无副作用。

附　　注　本品为《中华人民共和国药典》（2020年版）收录的药材。

◎参考文献◎

［1］江苏新医学院.中药大辞典（下册）[M].上海：上海科学技术出版社，1977:2615-2617.

［2］朱有昌.东北药用植物[M].哈尔滨：黑龙江科学技术出版社，1989:1169-1171.

［3］《全国中草药汇编》编写组.全国中草药汇编(上册)[M].北京：人民卫生出版社，1975:453-454.

▲ 粗毛牛膝菊群落

▲ 粗毛牛膝菊花（侧）

牛膝菊属 *Galinsogo* Ruiz. et Pav.

粗毛牛膝菊 *Galinsoga quadriradiata* Ruiz et Pav.

别　　名	辣子草

别　　名　辣子草

俗　　名　兔耳草

药用部位　菊科粗毛牛膝菊的全草及花序（入药称"向阳花"）。

原 植 物　一年生草本，高 10 ～ 80 cm。茎直立。叶对生，卵形或长椭圆状卵形，长 1.5 ～ 5.5 cm，宽 0.6 ～ 3.5 cm，基部圆形，顶端渐尖或钝，基出三脉或不明显五出脉；向上及花序下部的叶渐小，通常披针形；全部茎叶两面粗涩。头状花序半球形，有长花梗，多数在茎枝顶端排成疏松的伞房花序，花序直径约 3 cm；总苞半球形或宽钟状，宽 3 ～ 6 mm；总苞片 1 ～ 2 层，约 5 个，外层短，内层卵形或卵圆形，长 3 mm，顶端圆钝，白色，膜质；舌状花 4 ～ 5，舌片白色，顶端 3 齿裂，筒部细管状，外面被稠密白色短柔毛；管状花花冠长约 1 mm，黄色，下部被稠密的白色短柔毛。花期 7—9 月，果期 8—10 月。

生　　境　生于田间、路旁、山坡及住宅附近等处，常聚集成片生长。

分　　布　黑龙江哈尔滨、牡丹江、大庆、齐齐哈尔等地。吉林长白山各地。辽宁沈阳、大连、丹东、本溪、锦州、营口、鞍山、铁岭等地。内蒙古通辽、赤峰等地。浙江、江西、四川、贵州、云南。南美洲。

采　制 夏、秋季采收全草，除去杂质，切段，洗净，晒干。秋季采摘花序，除去杂质，洗净，晒干。

性味功效 全草：味淡，性平。有消炎、消肿、止血的功效。花序：味辛、微苦、涩，性平。有清肝明目的功效。

主治用法 全草：用于乳蛾、咽喉痛、扁桃体炎、急性黄疸型肝炎、外伤出血等。水煎服。外用研末患处。花序：用于夜盲症、视力模糊、结膜炎、白内障等。水煎服。

用　量 全草：50 ~ 100 g。外用适量。花序：15 ~ 25 g。

◎参考文献◎

［1］江苏新医学院.中药大辞典（上册）[M].上海：上海科学技术出版社，1977:930.

［2］江苏新医学院.中药大辞典（下册）[M].上海：上海科学技术出版社，1977:2571−2572.

［3］朱有昌.东北药用植物[M].哈尔滨：黑龙江科学技术出版社，1989:1177−1179.

［4］中国药材公司.中国中药资源志要[M].北京：科学出版社，1994:1297.

▲粗毛牛膝菊植株

▲粗毛牛膝菊花序

▲粗毛牛膝菊幼苗

▲ 菊芋居群

▼ 菊芋幼株

▲ 市场上的菊芋块茎（腌制）

向日葵属 *Helianthus* L.

菊芋 *Helianthus tuberosus* L.

俗　　名　洋姜　鬼子姜　洋地梨儿
药用部位　菊科菊芋的块茎及茎叶。
原 植 物　多年生草本，高 1～3 m，有块状的地下茎及纤维状根。茎直立，有分枝，被白色短糙毛或刚毛。下部叶对生，

市场上的菊芋小块茎

▲菊芋花序

▼菊芋块茎（小块茎）

卵圆形或卵状椭圆形，长10～16 cm，宽3～6 cm，有长柄，边缘有粗锯齿，有离基三出脉，上面被白色短粗毛，下面被柔毛；上部叶互生，长椭圆形至阔披针形，基部渐狭，下延成短翅状，顶端渐尖，短尾状。头状花序较大，少数或多数，单生于枝端，有1～2个线状披针形的苞叶，直立，直径2～5 cm，总苞片多层，披针形，顶端长渐尖；托片长圆形；舌状花通常12～20个，舌片黄色，开展，长椭圆形，长1.7～3.0 cm；管状花花冠黄色，长6 mm。花期8—9月，果期9—10月。

生　境　生于山地林缘、荒地、山坡、农田及住宅附近等处，常聚集成片生长。

▼菊芋块茎（大块茎）

▼市场上的菊芋大块茎（皮淡褐色）

▲市场上的菊芋大块茎（皮灰白色）

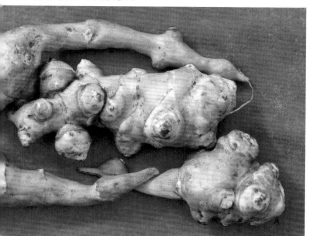

▲ 菊芋花序（背）

▲ 菊芋瘦果

▲ 菊芋果实

分　　布　黑龙江哈尔滨、牡丹江、鹤岗、双鸭山、七台河、鸡西等地。吉林省各地。辽宁各地。内蒙古科尔沁右翼中旗、科尔沁左翼后旗、科尔沁左翼中旗、奈曼旗等地。

采　　制　春、秋季采挖块茎，除去泥土，洗净，晒干。夏、秋季采收茎叶，除去杂质，切段，洗净，晒干。

性味功效　味甘，性凉。有清热凉血、活血消肿、利尿、接骨的功效。

主治用法　用于热病、肠热下血、跌打损伤、骨折、消渴等。水煎服。外用鲜品捣烂敷患处。

用　　量　10～20 g。外用适量。

◎参考文献◎

［1］中国药材公司.中国中药资源志要 [M].北京：科学出版社，1994:1301-1302.

［2］江纪武.药用植物辞典 [M].天津：天津科学技术出版社，2005:382.

▲ 菊芋植株（小块茎）

▲黑心金光菊居群

▲黑心金光菊果实

金光菊属 *Rudbeckia* L.

黑心金光菊 *Rudbeckia hirta* L.

别　　　名	黑眼菊
药用部位	菊科黑心金光菊的花序。
原 植 物	一年或二年生草本，高30～100 cm。

全株被粗刺毛，下部叶长卵圆形，顶端尖或渐尖，
基部楔状下延，有三出脉，边缘有细锯齿，有具
翅的柄，长8～12 cm；上部叶长圆披针形，
顶端渐尖，边缘有细至粗的疏锯齿或全缘，长
3～5 cm，宽1.0～1.5 cm，两面被白色密刺毛。
头状花序直径5～7 cm，有长花序梗；总苞片
外层长圆形，长12～17 mm；内层较短，披针

▲黑心金光菊幼株

▲ 黑心金光菊群落

▼ 黑心金光菊花序（背）

状线形，顶端钝，全部被白色刺毛；花托圆锥形；托片线形，对折呈龙骨瓣状，长约 5 mm，边缘有纤毛；舌状花鲜黄色；舌片长圆形，通常 10 ~ 14 个，长 20 ~ 40 mm，顶端有 2 ~ 3 个不整齐短齿；管状花暗褐色或暗紫色。花期 7—8 月，果期 8—9 月。

生　境　生于林缘、路旁、荒地、农田及住宅附近，常聚集成片生长。

分　布　黑龙江哈尔滨、牡丹江、鹤岗、双鸭山、七台河、鸡西等地。吉林省各地。辽宁各地。内蒙古扎赉特旗、科尔沁右翼中旗、科尔沁左翼后旗、科尔沁左翼中旗、奈曼旗等地。

采　制　秋季采摘花序，除去杂质，洗净，阴干。

性味功效　有清热解毒的功效。

用　量　适量。

▲黑心金光菊花序

▲黑心金光菊花序（重瓣）

▼黑心金光菊花序

▲黑心金光菊花序（半展开）

◎参考文献◎

［1］江纪武．药用植物辞典［M］.
　　天津：天津科学技术出版
　　社，2005:702.

▲ 黑心金光菊植株

豨莶属 *Siegesbeckia* L.

腺梗豨莶 *Siegesbeckia pubescens* Makino

别　　名	毛豨莶　豨莶草　猪膏草　豨莶
俗　　名	黏苍子　黏不沾　黏不扎　黏糊草　黏不住　黏苍子　黏抓草
药用部位	菊科腺梗豨莶的干燥全草。

▼ 腺梗豨莶瘦果

原 植 物　一年生草本。粗壮，高 30 ~ 110 cm。基部叶花期枯萎；中部叶卵圆形或卵形，长 3.5 ~ 12.0 cm，宽 1.8 ~ 6.0 cm，基部下延成具翼而长 1 ~ 3 cm 的柄，边缘有尖头状粗齿；上部叶渐小；全部叶基出 3 脉，侧脉和网脉明显，两面被平伏短柔毛。头状花序直径 18 ~ 22 mm，排列成松散的圆锥花序；花梗较长，密生紫褐色头状具柄腺毛和长柔毛；总苞宽钟状；总苞片 2 层，叶质，背面密生紫褐色头状具柄腺毛，外层线状匙形，长 7 ~ 14 mm，内层卵状长圆形，长 3.5 mm；舌状花花冠管部长 1.0 ~ 1.2 mm，舌片先端 2 ~ 3 齿裂；两性管状花长约 2.5 mm，冠檐钟状，先端 4 ~ 5 裂。花期 8—9 月，果期 9—10 月。

生　　境　生于田边、路旁、山坡及村旁等处，常聚集成片生长。

▲腺梗豨莶花序

分　　布　黑龙江勃利、尚志、五常、海林、林口、宁安、东宁、绥芬河、穆棱、木兰、延寿、密山、虎林、饶河、宝清、桦南、汤原、方正各地。吉林长白山各地及长春。辽宁本溪、桓仁、宽甸、凤城、抚顺、清原、西丰、沈阳、鞍山市区、岫岩、庄河、瓦房店、大连市区、阜新、北镇、建昌等地。内蒙古科尔沁左翼后旗、喀喇沁旗、宁城等地。河北、河南、江苏、浙江、安徽、江西、山西、陕西、湖北、四川、贵州、甘肃、云南、西藏。朝鲜、俄罗斯、日本。

采　　制　夏、秋季花期前后采收全草，切段，洗净，鲜用或晒干。

性味功效　味苦，性寒。有小毒。有祛风湿、利筋骨、通络、降血压的功效。

▼腺梗豨莶幼苗

主治用法　用于四肢麻痹、筋骨疼痛、腰膝无力、疟疾、湿疮瘙痒、急性肝炎、高血压、神经衰弱、疔疮肿毒、外伤出血及毒蛇咬伤等。水煎服，捣汁或入丸、散。外用捣敷、研末撒或煎水熏洗。根入药，可治疗风湿顽痹、头风、带下病、烧烫伤等。果实入药，可治疗蛔虫。

用　　量　15 ~ 20 g（大剂量：50 ~ 100 g）。外用适量。

附　　方

（1）治风湿性关节炎：腺梗豨莶、防风、老鹳草、白术、薏米、骨碎补各25 g，秦艽、苍术、五加皮各20 g，羌活、独活各15 g。水煎服，每日1剂，分3次空腹服，高热者勿用。又方：腺梗豨莶适量。用黄酒拌匀，蒸熟晒干研末，

▲ 腺梗豨莶植株

▲腺梗豨莶幼株

▼腺梗豨莶花序（侧）

蜜丸重 10 g，每次 1 丸，日服 2 次。

（2）治急性黄疸型传染性肝炎：普通型：腺梗豨莶 50 g，山栀子 15 g，车前草、广金钱草各 25 g。加水 1000 ml，煎至 300 ml，分 2 次服，每日 1 剂。重型（接近肝坏死）：腺梗豨莶、地耳草各 100 ~ 200 g，黑栀子 15 g，车前草、广金钱草各 25 g，一点红 50 g。加水 3000 ml，煎至 300 ~ 400 ml，分 2 次服，每日 1 剂。

（3）治疟疾：腺梗豨莶 50 g。水煎 2 次分服，每日 1 剂，连服 3 d。

（4）治风湿性关节炎、类风湿性关节炎、中风后遗症、半身不遂：腺梗豨莶草适量。水煎浓汁加红糖适量熬膏，每服 10 ml（一汤匙），每日 2 次。

（5）治中风后遗症、四肢麻木：腺梗豨莶草 25 g，防风、五加皮各 15 g，红花 5 g。水煎，分 2 次服。

（6）治痈肿疼痛：腺梗豨莶草 50 g，乳香、白矾少许。研末，每服 10 g，热酒调下，每日 3 次。

（7）治蛔虫：腺梗豨莶果实 15 ~ 25 g。早饭后（吃半饱）水煎服。或用毛梗豨莶草果实 15 ~ 25 g，槟榔 15 g。煎浓汁，早饭后（吃半饱）一次服用，连服 2 d。

（8）治火烧伤、烫伤：腺梗豨莶草鲜根适量。洗净，捣细，调花生油或麻油外敷。

（9）治疔毒恶疮：腺梗豨莶草 50 g，紫花地丁 50 g。煎水，趁热外洗患处。

附 注 本品为《中华人民共和国药典》（2020 年版）收录的药材。

◎参考文献◎

［1］江苏新医学院 . 中药大辞典（下册）[M]. 上海：上海科学技术出版社，1977:2548-2550.

［2］朱有昌 . 东北药用植物 [M]. 哈尔滨：黑龙江科学技术出版社，1989:1216-1218.

［3］《全国中草药汇编》编写组 . 全国中草药汇编（上册）[M]. 北京：人民卫生出版社，1975:901-903.

▲ 毛梗豨莶花序（侧）

毛梗豨莶 *Siegesbeckia glabrescens* Makino

别　　名	光豨莶
俗　　名	黏苍子　黏不沾　黏不扎　黏糊草
药用部位	菊科毛梗豨莶的干燥全草。

原 植 物　一年生草本。茎较细弱，高 30 ~ 80 cm，上部毛较密。基部叶花期枯萎；中部叶卵圆形，长 2.5 ~ 11.0 cm，宽 1.5 ~ 7.0 cm，基部有时下延成具翼的长 0.5 ~ 6.0 cm 的柄，边缘有规则的齿；

▲ 毛梗豨莶花序

上部叶渐小，卵状披针形，长 1 cm，宽 0.5 cm；全部叶两面被柔毛，基出三脉。头状花序直径 10 ~ 18 mm，花梗纤细，疏生平伏短柔毛；总苞钟状；总苞片 2 层，叶质，背面密被紫褐色头状具柄腺毛；外层苞片 5，线状匙形，长 6 ~ 9 mm，内层苞片倒卵状长圆形，长 3 mm；托片倒卵状长圆形，背面疏被头状具柄腺毛；雌花花冠的管部长约 0.8 mm，两性花花冠上部钟状，顶端 4 ~ 5 齿裂。花期 8—9 月，果期 9—10 月。

生　　境	生于路边、旷野荒草地及山坡灌丛中。
分　　布	黑龙江尚志、五常、宁安、东宁、密山等地。吉林蛟河、通化、辉南等地。辽宁本溪、桓仁、宽甸、岫岩、庄河等地。内蒙古科尔沁右翼中旗、扎赉特旗等地。河北、河南、江苏、浙江、安徽、江西、湖北、四川、广东、云南、西藏。朝鲜、俄罗斯、日本。
采　　制	夏、秋季花期前后采收全草，切段，洗净，鲜用或晒干。
性味功效	味苦，性寒。有小毒。有祛风湿、利筋骨、通络、降血压的功效。
主治用法	用于四肢麻痹、筋骨疼痛、腰膝无力、疟疾、湿疮瘙痒、急性肝炎、高血压、神经衰弱、疔疮肿毒、外伤出血及毒蛇咬伤等。水煎服，捣汁或入丸、散。外用捣敷、研末撒或煎水熏洗。根入药，可治疗风湿顽痹、

▲毛梗豨莶植株

头风、带下病、烧烫伤等。果实入药，可治疗蛔虫。

用　　量　15～20g（大剂量：50～100g）。外用适量。

附　　方　同腺梗豨莶。

附　　注　本品为《中华人民共和国药典》（2020年版）收录的药材。

◎参考文献◎

[1] 江苏新医学院. 中药大辞典（下册）[M]. 上海：上海科学技术出版社，1977:2548-2550.

[2]《全国中草药汇编》编写组. 全国中草药汇编（上册）[M]. 北京：人民卫生出版社，1975:901-903.

[3] 中国药材公司. 中国中药资源志要 [M]. 北京：科学出版社，1994:1346.

松香草属 Siliphium L.

串叶松香草 Siliphium perfoliatum L.

药用部位 菊科串叶松香草的根。

原 植 物 多年生草本，高 1 ~ 3 m。根块状。茎粗壮，四棱，单一或上部分枝。无毛，稀有毛。叶对生，质薄，卵形或三角状卵形，长 15 ~ 30 cm，宽 15 ~ 20 cm。茎下部叶基部骤然收缩至柄，边缘具粗齿，两面被糙毛或背面被柔毛；中部叶及上部叶基部合生成杯状，抱茎，具齿或全缘。头状花序或数个腋生，直径 7.0 ~ 7.5 cm，花序梗长；总苞半球形，长 15 ~ 25 mm，总苞片数层，覆瓦状排列，近等长或外部较长，卵形或近椭圆形，开展或直立；边花 20 ~ 30，雌性，花冠舌状，长 2.5 cm，结实；中央花多数，两性，花冠管状，先端 5 齿裂，花柱不分枝，不结实。花期 7—8 月，果期 8—9 月。

生 境 生于林缘、路旁、田间、荒地及住宅附近等处。

分 布 吉林通化、集安、临江、长白等地。辽宁新宾、康平、新民、岫岩、辽阳、阜新、义县等地。朝鲜。北美洲。

采 制 春、秋季采挖根，除去泥土，洗净，晒干。

▲串叶松香草幼株

主治用法 用于感冒。

用　　量 适量。

◎参考文献◎

［1］江纪武.药用植物辞典[M].天津：天津科学技术出版社，
　　　2005:751.

▼串叶松香草花序（背）

▼串叶松香草果实

串叶松香草花序

▲串叶松香草植株

▲苍耳幼株

苍耳属 *Xanthium* L.

苍耳 *Xanthium strumarium* L.

别 名	卷耳
俗 名	老苍子 胡苍子 苍子 老苍子草
药用部位	菊科苍耳的果实、根、茎叶及花序。

原 植 物 一年生草本,高 20 ~ 90 cm。叶三角状卵形或心形,长 4 ~ 9 cm,宽 5 ~ 10 cm,近全缘,基部与叶柄连接处成相等的楔形,有三基出脉,侧脉弧形;叶柄长 3 ~ 11 cm。雄性的头状花序球形,

▼苍耳种子

直径 4 ~ 6 mm,总苞片长圆状披针形;花托柱状,托片倒披针形,有多数的雄花,花冠钟形,管部上端有 5 宽裂片;花药长圆状线形;雌性的头状花序椭圆形,外层总苞片小,披针形,长约 3 mm,内层总苞片结合成囊状,宽卵形或椭圆形,连同喙部长 12 ~ 15 mm,宽 4 ~ 7 mm,外面有疏生的具钩状的刺,刺极细而直,常有腺点;喙锥形,长 1.5 ~ 2.5 mm,少有结合而成 1 个喙。花期 8—9 月,果期 9—10 月。

生 境 生于田边、田间、路旁、荒地、山坡及村旁等处。

分 布 东北地区各地。全国绝大部分地区。朝鲜、俄罗斯(西伯利亚)、蒙古、日本。

▲ 苍耳居群

采　制　秋季采摘果实，除去杂质，生用或炒黄用。春、秋季采挖根，去除泥土，洗净，晒干。夏、秋季采收茎叶，洗净，晒干或阴干。夏、秋季采收花序，除去杂质，晒干或阴干。

性味功效　果实：味甘，性温。有毒。有散风通窍、祛风湿、止痛、杀虫的功效。根：性温。有清热解毒、降压止痢的功效。茎叶：味苦、辛，性寒。有小毒。有祛风散热、解毒杀虫的功效。花序：有止痢、止痒的功效。

主治用法　果实：用于风寒头痛、鼻塞不通、慢性鼻窦炎、副鼻窦炎、疟疾、牙痛、风湿痹痛、四肢挛痛、皮肤瘙痒、疥癞及淋巴结结核等。水煎服或入丸、散。根：用于疔疮、痈疽、丹毒、高血压、痢疾等。水煎服，捣汁或熬膏。外用煎水洗或熬膏涂。茎叶：用于头风头痛、头晕、中风、疯癫、湿痹拘挛、下痢赤白、痔瘘、疔肿、目赤、目翳、热毒疮痒、麻风、子宫出血及皮肤瘙痒等。水煎服，捣汁、熬膏或入丸、散。外用捣敷，烧存性研末调敷或煎水洗。花序：用于白痢、白癜顽痒等。水煎服。外用捣烂敷患处。

▲ 苍耳果实

用　量　果实：7.5 ～ 15.0 g。根：3 ～ 9 g（鲜品 25 ～ 50 g）。茎叶：10 ～ 20 g。外用适量。花序：3 ～ 10 g。外用适量。

附　方

（1）治深部脓肿：苍耳草 100 g。水煎服。如发热加鸭跖草 100 g。

（2）治慢性鼻炎、鼻窦炎：（苍耳子散）苍耳子 20 g，辛夷、白芷各 15 g，薄荷 7.5 g，葱白 3 根，茶叶一撮。水煎服。又方：取苍耳子 30 ～ 40 个，轻轻捣破，放入清洁小铝杯中，加麻油 50 g，文火煮开，去掉苍耳，待冷后，倒入小瓶中备用。用时以棉签饱蘸药油涂鼻腔，每日 2 ～ 3 次，两周为一个疗程。

▲ 苍耳花序

▼ 苍耳幼苗

（3）治疟疾：鲜苍耳150 g，洗净捣烂，加水煎15 min去渣，打鸡蛋2～3个于药液中，煮成溏心蛋（蛋黄未全熟），于发作前吃蛋，1次未愈，可继续服用。

（4）治流行性腮腺炎：苍耳子、马蓝、金银花、板蓝根各25 g，防风、蒲黄各10 g。每日1剂，分2次煎服。

（5）治功能性子宫出血：苍耳草50 g（鲜品100 g）。水煎服。每日1剂。轻者服3～5 d，重者7～10 d。

（6）治痢疾：苍耳全草（立秋至白露采者为优）100 g。加水800～1000 ml，煎至500～600 ml，每日3次服完。

（7）治顽固性湿疹：鲜苍耳草150 g，白矾3 g。煎浓汁至500 ml，每日3次，每次服10 ml。同时，用上药液搽患部，每日3次。

（8）治赤白下痢：苍耳草不拘多少。洗净，加水煮烂，去滓，入蜜，用武火熬成膏。每服1～2匙，白汤下。又方：苍耳全草（立秋至白露采者为优）100 g，加水800～1000 ml，煎至500～600 ml，每日3次服完。

（9）治疔疮恶毒：苍耳子25 g。微炒为末，黄酒冲服。同时用鸡子清涂患处，疔根拔出。

（10）治风疹（荨麻疹）及遍身湿痒：苍耳全草。煎汤外洗。或用苍耳子、地肤子各15 g。水煎服。

（11）治下肢溃疡：苍耳子炒黄研末100～200 g，生猪板油200～300 g。共捣如糊状。用时先用石灰水（石灰250 g，加开水4 L冲泡，静置1 h吸取上清液）洗净创面，揩干后涂上药膏，外用绷带包扎。冬季5～7 d，夏季3 d换药一次。

（12）治眩晕或头痛：苍耳仁150 g，天麻、白菊花各15 g。水煎服。

附　注

（1）本品为《中华人民共和国药典》（2020年版）收录的药材。

（2）苍耳茎中的蠹虫入药，可治疗疔肿、痔疮等。

（3）苍耳果实的毒性很强。人若误食苍耳子10枚以上就会发生中毒，其症状是四肢乏力、精神萎靡、头痛、头昏、惊厥、食欲不振、恶心、呕吐、便秘、腹泻、烦躁不安、心律失常、心音微弱、黄疸、肝脏肿大等，严重者可因肝肾功能衰竭和呼吸麻痹而导致死亡。

◎参考文献◎

［1］江苏新医学院.中药大辞典（上册）[M].上海：上海科学技术出版社，1977:1069-1073.

［2］朱有昌.东北药用植物[M].哈尔滨：黑龙江科学技术出版社，1989:1229-1231.

［3］《全国中草药汇编》编写组.全国中草药汇编（上册）[M].北京：人民卫生出版社，1975:442-444.

▲苍耳植株

▲ 蒙古苍耳群落

蒙古苍耳 *Xanthium mongolicum* Kitag.

俗　　　名	老苍子　胡苍子　苍子　老苍子草
药用部位	菊科蒙古苍耳的果实。

▼ 蒙古苍耳幼株

原 植 物　一年生草本，高达1m以上。茎有纵沟，被短糙伏毛。叶互生，具长柄，宽卵状三角形或心形，长5～9cm，宽4～8cm，3～5浅裂，基部与叶柄连接处成相等的楔形，边缘有不规则的粗锯齿，具三基出脉，叶脉两面微凸，密被糙伏毛，侧脉弧形而直达叶缘，上面绿色，下面苍白色，叶柄长4～9cm。具瘦果的总苞成熟时变坚硬，椭圆形，绿色或黄褐色，连喙长18～20mm，宽8～10mm，两端稍缩小成宽楔形，顶端具1或2个锥状的喙，喙直而粗，锐尖，外面具较疏的总苞刺，刺长2.0～5.5mm，直立，向上部渐狭，基部增粗，直径约1mm，顶端具细倒钩。花期7—8月，果期8—9月。

生　　　境　生于干旱山坡及沙质荒地等处。

分　　　布　黑龙江呼玛、泰来、杜尔伯特、肇东、肇源等地。吉林延吉、龙井等地。辽宁彰武。内蒙古陈巴尔虎旗、新巴尔虎左旗、新巴尔虎右旗、鄂温克旗、扎鲁特旗、科尔沁左翼后旗、翁牛特旗等地。河北。俄罗斯、蒙古。

▲蒙古苍耳植株

▲蒙古苍耳花序

▼蒙古苍耳果实

采　制　秋季采摘果实，除去杂质，生用或炒黄用。

性味功效　味辛，性温。有小毒。有散风通窍、透疹止痒的功效。

主治用法　用于鼻渊、头痛、外感风寒、麻疹、鼻窦炎、风湿痹痛、皮肤湿疹、瘙痒等。水煎服。外用熬水洗患处。

用　量　6～9g。外用适量。

◎参考文献◎

[1] 中国药材公司.中国中药资源志要[M].北京：科学出版社，1994:1355-1356.

[2] 江纪武.药用植物辞典[M].天津：天津科学技术出版社，2005:863.

蓍属 Achillea L.

齿叶蓍 *Achillea acuminata*（Ledeb.）Sch. -Bip.

别　　名　单叶蓍

药用部位　菊科齿叶蓍的带花全草。

原 植 物　多年生草本。茎高 30 ~ 100 cm。基部和下部叶花期凋落，中部叶披针形或条状披针形，长 3 ~ 8 cm，宽 4 ~ 7 mm，顶端渐尖，基部稍狭，边缘具整齐上弯的重小锯齿，齿端具软骨质小尖。头状花序排成疏伞房状；总苞半球形，被长柔毛；总苞片 3 层，覆瓦状排列，外层较短，卵状矩圆形，先端急尖，内层矩圆形，顶端圆形，中部淡黄绿色，边缘宽膜质，淡黄色或淡褐色，被较密的长柔毛，托片与总苞片相似，上部和顶端有黄色长柔毛；边缘具舌状花 14；舌片白色，长 7 mm，宽 5 mm，顶端 3 圆齿，管部极短，长约 1 mm，翅状压扁；两性管状花长约 3 mm，白色。花期 7—8 月，果期 8—9 月。

▲ 齿叶蓍植株

▼ 齿叶蓍花序

▲ 齿叶蓍群落

▼齿叶蓍花序（背）

生　　境　生于山坡下湿地、草甸及林缘等处。

分　　布　黑龙江塔河、呼玛、黑河、嘉荫、伊春市区、萝北等地。吉林长白、抚松、安图、和龙等地。内蒙古额尔古纳、根河、鄂温克旗、阿尔山、科尔沁右翼前旗、东乌珠穆沁旗、西乌珠穆沁旗等地。陕西、宁夏、甘肃、青海。朝鲜、俄罗斯（西伯利亚）、蒙古、日本。

采　　制　夏、秋季采收带花全草，除去杂质，切段，洗净，鲜用或晒干。

性味功效　有活血祛风、止痛解毒、止血消肿的功效。

用　　量　适量。

◎参考文献◎

［1］中国药材公司.中国中药资源志要 [M].北京：科学出版社，1994:1238.

［2］江纪武.药用植物辞典 [M].天津：天津科学技术出版社，2005:7.

高山蓍 *Achillea alpina* L.

▲高山蓍花序（背）

▼高山蓍幼苗

| 别　　名 | 蓍 蓍草 一枝蒿 |

俗　　名 鸡冠子菜 千锯草 锯草 蜈蚣草 羽衣草 蚰蜒草 锯齿草 小叶草

药用部位 菊科高山蓍的带花全草。

原植物 多年生草本，具短根状茎。茎高 30 ~ 80 cm。叶无柄，条状披针形，长6 ~ 10 cm，宽 7 ~ 15 mm，篦齿状羽状浅裂至深裂，基部裂片抱茎。头状花序多数，集成伞房状；总苞宽矩圆形或近球形，直径 4 ~ 7 mm；总苞片 3 层，覆瓦状排列，宽披针形至长椭圆形，长 2 ~ 4 mm，宽 1.2 ~ 2.0 mm，中间草质，绿色，有凸起的中肋，边缘膜质，褐色，疏生长柔毛；托片和内层总苞片相似；边缘舌状花 6 ~ 8，长 4.0 ~ 4.5 mm，舌片白色，宽椭圆形，长 2.0 ~ 2.5 mm，顶端 3 浅齿，管部翅状压扁，长 1.5 ~ 2.5 mm，无腺点；管状花白色，长 2.5 ~ 3.0 mm，冠檐 5 裂，管部压扁。花期 7—8 月，果期 8—9 月。

生　　境 生于山坡草地、灌丛间及林缘等处。

分　　布 黑龙江呼玛、黑河市区、嫩江、孙吴、伊春市区、铁力、勃利、甘南、龙江、齐齐哈尔市区、富裕、富锦、尚志、五常、海林、林口、宁安、东宁、绥芬河、穆棱、木兰、友谊、延寿、密山、虎林、饶河、宝清、桦南、汤原、方正、巴彦、安达、杜尔伯特、大庆市区、肇东、肇源等地。吉林长白山各地及洮南、扶余、长岭等地。辽宁桓仁、西丰、沈阳市区、新民、鞍山、彰武等地。内蒙古额尔古纳、根河、牙克石、鄂温克旗、阿尔山、科尔沁右翼前旗、科尔沁右翼中旗、扎鲁特旗、扎赉特旗、科尔沁左翼后旗、阿鲁科尔沁旗、克什克腾旗、翁牛特旗、巴林右旗、巴林左旗、东乌珠穆沁旗、西乌珠穆沁旗等地。河北、山西、宁夏、甘

▲高山蓍花序

▲高山蓍瘦果

▲高山蓍幼株

▼高山蓍果实

肃。朝鲜、俄罗斯（西伯利亚）、蒙古、日本。

采　制　夏、秋季采收带花全草，除去杂质，切段，洗净，鲜用或晒干。

性味功效　味辛、苦，性微温。有小毒。有清热解毒、解毒消肿、祛风止痛的功效。

主治用法　用于扁桃体炎、风湿关节痛、牙痛、经闭腹痛、胃痛、肠炎、痢疾、泄泻、阑尾炎、肾盂肾炎、盆腔炎、毒蛇咬伤、痈疖肿毒、跌打损伤及外伤出血等。水煎服或研粉吞服。外用鲜草捣烂敷患处或泡酒涂搽。

用　量　2.5～5.0 g。研粉：1～3 g。外用适量。

附　方

（1）治胃痛：高山蓍1.5 g。嚼服。

（2）治跌打肿痛：鲜高山蓍、生姜各适量。加酒炖热，搽患处。

（3）治急性乳腺炎、急性扁桃体炎：高山蓍草适量。研粉，每次服1 g，每日3次，温开水送服。

（4）治风火牙痛：鲜高山蓍草适量。捣烂，揉擦太阳穴；如痛不止，再取叶含塞于痛处。

（5）治蛇咬伤：高山蓍草鲜茎叶一把。捣烂，从患处上部向下推，直到伤处，敷伤口周围，并可止血。

（6）治重伤：高山蓍草10 g，法半夏15 g，生白芷15 g。各药研成细末，混合。

（7）治头风、年久头风痛：高山蓍草适量。捣绒绞汁，滴耳心。

（8）治经闭腹痛：高山蓍草叶15～25 g。水煎服。

附　注　本品为《中华人民共和国药典》（2020年版）收录的药材。

◎参考文献◎

［1］江苏新医学院.中药大辞典（上册）[M].上海：上海科学技术出版社，1977:5-6.

［2］朱有昌.东北药用植物[M].哈尔滨：黑龙江科学技术出版社，1989:1103-1105.

［3］《全国中草药汇编》编写组.全国中草药汇编（上册）[M].北京：人民卫生出版社，1975:875-876.

市场上的高山蓍植株（干）

▲ 高山蓍植株

各论　7-321

▲ 短瓣蓍群落

短瓣蓍 *Achillea ptarmicoides* Maxim.

俗 名	鸡冠子菜 千锯草 锯草 蜈蚣草 羽衣草 蚰蜒草 锯齿草

▼ 短瓣蓍果实

药用部位 菊科短瓣蓍的带花全草。

原植物 多年生草本，具短的根状茎。茎直立，高 70 ~ 100 cm。叶无柄，条形至条状披针形，长 6 ~ 8 cm，篦齿状羽状深裂或近全裂；裂片条形，急尖，宽约 1 mm，叶轴宽 1.5 ~ 2.0 mm；下部叶近花期凋落，上部叶向上渐小。头状花序矩圆形，长 5 ~ 6 mm，多数头状花序集成伞房状；总苞钟状，淡黄绿色；总苞片 3 层，覆瓦状排列，外层卵形，中层椭圆形，内层矩圆形；托片与内层总苞片相似；边花 6 ~ 8，长 2.8 mm；舌片淡

▲ 短瓣蓍植株

黄白色，广椭圆形，长 0.8 ~ 1.5 mm，多少卷曲，顶端具深浅不一的 3 圆齿，管部翅状压扁；管状花白色，长约 2.2 mm，顶端 5 齿，管部压扁，具腺点。花期 7—8 月，果期 8—9 月。

生　　境　生于河谷草甸、山坡路旁及灌丛间。

分　　布　黑龙江塔河、呼玛、黑河市区、嫩江、孙吴、伊春市区、铁力、勃利、甘南、龙江、齐齐哈尔市区、富裕、富锦、尚志、五常、海林、林口、宁安、东宁、绥芬河、穆棱、木兰、友谊、延寿、密山、虎林、饶河、宝清、桦南、汤原、方正、巴彦等地。吉林长白、抚松、安图、和龙、汪清、龙井、珲春、辉南、通化等地。辽宁各地。内蒙古额尔古纳、陈巴尔虎旗、牙克石、鄂温克旗、阿尔山、新巴尔虎左旗、新巴尔虎右旗、科尔沁右翼前旗、扎赉特旗、科尔沁右翼中旗、扎鲁特旗、突泉、科尔沁左翼后旗、科尔沁左翼中旗、奈曼旗、克什克腾旗、巴林左旗、巴林右旗、喀喇沁旗、翁牛特旗、阿鲁科尔沁旗、宁城、东乌珠穆沁旗、西乌珠穆沁旗、正蓝旗、正镶白旗、太仆寺旗、多伦、镶黄旗等地。河北。朝鲜、俄罗斯（西伯利亚）、蒙古、日本。

采　　制　夏、秋季采收带花全草，除去杂质，切段，洗净，鲜用或晒干。

▼ 短瓣蓍瘦果

▲ 短瓣蓍花序

▼ 短瓣蓍花序（侧）

性味功效　有解毒消肿、解毒消肿、活血止血、健胃的功效。

主治用法　用于风湿、跌打损伤、肠炎、痈疮肿毒等。水煎服。外用捣烂敷患处或水煎洗。

用　　量　适量。

◎参考文献◎

［1］中国药材公司．中国中药资源志要 [M]．北京：科学出版社，1994:1239.

［2］江纪武．药用植物辞典 [M]．天津：天津科学技术出版社，2005:8.

蓍 *Achillea millefolium* L.

▲蓍花序

别　　名	千叶蓍　欧蓍
俗　　名	斩龙剑　穿龙草
药用部位	菊科蓍的带花全草（入药称"锯草"）。

原 植 物　多年生草本，具细的匍匐根状茎。茎高 40 ~ 100 cm。叶无柄，披针形、矩圆状披针形或近条形，长 5 ~ 7 cm，宽 1.0 ~ 1.5 cm，二至三回羽状全裂，叶轴宽 1.5 ~ 2.0 mm。头状花序多数，密集成复伞房状；总苞矩圆形或近卵形，长约 4 mm，宽约 3 mm；总苞片 3 层，覆瓦状排列，椭圆形至矩圆形，长 1.5 ~ 3.0 mm，宽 1.0 ~ 1.3 mm，背中间绿色，中脉凸起，边缘膜质，棕色或淡黄色；托片矩圆状椭圆形，膜质，上部被短柔毛；边花 5；舌片近圆形，白色、粉红色或淡紫红色，长 1.5 ~ 3.0 mm，宽 2.0 ~ 2.5 mm，顶端 2 ~ 3 齿；盘花两性，管状，黄色，长 2.2 ~ 3.0 mm，5 齿裂，外面具腺点。花期 7—8 月，果期 8—9 月。

生　　境　生于荒坡、湿草地、铁路沿线、河岸砂质和石质地带，以及沟谷等处。

分　　布　吉林集安。辽宁大连。内蒙古额尔古纳、牙克石等地。河北、陕西、宁夏、甘肃、新疆。蒙古、伊朗、俄罗斯（西伯利亚）。欧洲、非洲。

采　　制　夏、秋季采收带花全草，除去杂质，切段，洗净，鲜用或晒干。

性味功效　味甘、苦、辛，性寒。有小毒。有清热解毒、和血调经、止血止痛的功效。

主治用法　用于风湿疼痛、牙痛、经闭腹痛、痈疖肿毒、胃炎、肠炎、痢疾、跌打损伤、痔疮出血、月经不调、外伤出血及跌打损伤。水煎服或浸酒内服。外用鲜草捣烂敷患处。

用　　量　5 ~ 15 g。外用适量。

附　　方

▼蓍花序（背）

（1）治胃痛：锯草全草 1.5 g。嚼服。

（2）治跌打肿痛：锯草鲜草、生姜各适量。加酒炖热搽患处。

（3）治急性乳腺炎、急性扁桃体炎：锯草全草适量。研粉，每次服 1 g，每日 3 次，温开水送服。

◎参考文献◎

[1] 江苏新医学院.中药大辞典（下册）[M].上海：上海科学技术出版社，1977:1722-1723.

[2] 朱有昌.东北药用植物 [M].哈尔滨：黑龙江科学技术出版社，1989:1105-1106.

[3]《全国中草药汇编》编写组.全国中草药汇编（上册）[M].北京：人民卫生出版社，1975:875-876.

▲ 蓍群落

▲ 蓍植株

▲ 蓍花序（花粉红色）

▲ 亚洲蓍花序（粉色）

亚洲蓍花序（淡粉色）▶

▼ 亚洲蓍幼苗

亚洲蓍 *Achillea asiatica* Serg.

药用部位　菊科亚洲蓍的带花全草。
原 植 物　多年生草本。茎高 18 ~ 60 cm，具细条纹。
叶条状矩圆形，二至三回羽状全裂；中上部叶无柄，
长 1 ~ 6 cm，宽 3 ~ 12 mm；下部叶有柄或近无柄，
长 7 ~ 18 cm。头状花序多数，密集成伞房花序；
总苞矩圆形，长 4 ~ 5 mm，宽 2.5 ~ 3.0 mm；总
苞片 3 ~ 4 层，覆瓦状排列，卵形、矩圆形至披针形，
长 1.5 ~ 4.0 mm，宽 0.8 ~ 1.5 mm，顶端钝，背
部中间黄绿色，中脉凸起；托片矩圆状披针形，膜质；

舌状花 5，长 4 mm，管部略扁，具黄色腺点；舌片粉红色或淡紫红色，少有变白色，半椭圆形或近圆形，长 2.0～2.5 mm，顶端近截形，具 3 圆齿；管状花长 3 mm，5 齿裂，具腺点。花期 7—8 月，果期 8—9 月。

▼ 亚洲蓍幼株

生　境　生于山坡、草地、河边、草场及林缘湿地等处。

分　布　黑龙江省漠河、塔河、呼中、呼玛、黑河、伊春、穆棱等地。内蒙古额尔古纳、根河、牙克石、扎兰屯、阿尔山、科尔沁右翼前旗、克什克腾旗、翁牛特旗、东乌珠穆沁旗、西乌珠穆沁旗等地。河北。俄罗斯（西伯利亚）、蒙古。亚洲（中部）。

采　制　夏、秋季采收带花全草，除去杂质，切段，洗净，鲜用或晒干。

性味功效　有解毒消肿、活血止血、健胃的功效。

▲ 亚洲蓍植株

▼ 亚洲蓍群落

主治用法 用于风湿、跌打损伤、肠炎、痈疮肿毒等。水煎服。外用捣烂敷患处或水煎洗。
用　　量 适量。

◎参考文献◎

[1] 中国药材公司.中国中药资源志要 [M].北京：科学出版社，1994:1238.

[2] 江纪武.药用植物辞典 [M].天津：天津科学技术出版社，2005:7-8.

▲亚洲蓍花序（背）

▲亚洲蓍果实

▼亚洲蓍花序（浅粉色）

▲ 大籽蒿瘦果

▼ 大籽蒿幼株（后期）　　　　　　　▲ 大籽蒿群落

蒿属 *Artemisia* L.

大籽蒿 *Artemisia sieversiana* Ehrhart et Willd.

别　　名	蓬蒿　白蒿
俗　　名	山蒿子　大白蒿子　大白蒿　臭蒿子　大根蒿
药用部位	菊科大籽蒿的带花全草及花蕾。
原 植 物	一、二年生草本。茎纵棱明显，高 50 ~ 150 cm。下部与中部叶宽卵形，长 4 ~ 13 cm，宽 3 ~ 15 cm，二至三回羽状全裂，小裂片线形或线状披针形，长 2 ~ 10 mm，宽 1 ~ 2 mm，基部有小型羽状分裂的假托叶；上部叶及苞片叶羽状全裂或不分裂。头状花序大，多数，半球形或近球形，直径 3 ~ 6 mm，基部常有线形的小苞叶，在分枝上排成总状花序或复总状花序，而在茎上组成开展或略狭窄的圆锥花序；总苞片 3 ~ 4

▲大籽蒿植株

▲ 大籽蒿幼苗

层，近等长，外层、中层总苞片长卵形或椭圆形，内层长椭圆形，膜质；花序托凸起，半球形；雌花 2 ~ 3 层，具花 20 ~ 30，花冠狭圆锥状，檐部具 2 ~ 4 裂齿，花柱线形；两性花多层，具花 80 ~ 120，花冠管状，花柱与花冠等长。花期 8—9 月，果期 9—10 月。

生　境　生于山坡、草地、田野、路旁及住宅附近，常聚集成片生长。

分　布　黑龙江孙吴、伊春市区、铁力、勃利、甘南、龙江、齐齐哈尔市区、富裕、富锦、尚志、五常、海林、林口、宁安、东宁、绥芬河、穆棱、木兰、友谊、延寿、密山、虎林、饶河、宝清、桦南、汤原、方正、巴彦等地。吉林省各地。辽宁各地。内蒙古额尔古纳、根河、阿尔山、陈巴尔虎旗、牙克石、鄂伦春旗、鄂温克旗、新巴尔虎左旗、新巴尔虎右旗、科尔沁右翼前旗、扎赉特旗、科尔沁右翼中旗、扎鲁特旗、突泉县、科尔沁左翼后旗、科尔沁左翼中旗、奈曼旗、克什克腾旗、巴林左旗、巴林右旗、喀喇沁旗、翁牛特旗、阿鲁科尔沁旗、宁城、东乌珠穆沁旗、西乌珠穆沁旗、正蓝旗、正镶白旗、太仆寺旗、多伦、镶黄旗等地。河北、山西、陕西、宁夏、甘肃、青海、新疆、四川、贵州、云南、西藏等。朝鲜、俄罗斯、蒙古、日本、阿富汗、巴基斯坦、印度。

采　制　夏、秋季采收全草，除去杂质，切段，洗净，晒干。初花期采摘花蕾，除去杂质，阴干。

▲ 大籽蒿果实

▲ 大籽蒿幼株（前期）

性味功效 味苦，性凉。有消炎止痛、清热解毒、祛风的功效。

主治用法 用于痈肿疔毒、皮肤湿疹、宫颈糜烂、黄水疮、感冒头痛、风寒湿痹、黄疸、热痢及疥癞恶疮等。水煎服。外用鲜草捣烂敷患处。

用　　量 10～15 g。外用适量。

附　　方

（1）治黄水疮、皮肤湿疹、宫颈糜烂：大籽蒿花蕾适量。水煎洗患处。

（2）治急性菌痢：大籽蒿鲜草100 g（干草50 g）。水煎，分2～3次服用，每日1剂，5～7 d为一个疗程。

（3）治痈肿疔毒：大籽蒿花蕾15～25 g。水煎服。

（4）治感冒头痛：大籽蒿花蕾100 g，酒500 ml。每服1盅（哈尔滨苏侨民间方）。

◎参考文献◎

［1］江苏新医学院.中药大辞典（上册）[M].上海：上海科学技术出版社，1977:690-691.

［2］朱有昌.东北药用植物 [M].哈尔滨：黑龙江科学技术出版社，1989:1131-1133.

［3］中国药材公司.中国中药资源志要 [M].北京：科学出版社，1994:1257.

▼ 大籽蒿花序

▼ 大籽蒿花序（侧）

▲冷蒿群落

冷蒿 *Artemisia frigida* Willd.

别　　名	白蒿　小白蒿
俗　　名	兔毛蒿
药用部位	菊科冷蒿的带花全草。

原 植 物　一年生草本，有时略呈半灌木状。茎直立，高 30 ～ 70 cm。茎、枝、叶及总苞片背面密被淡灰黄色或灰白色茸毛。茎下部叶与营养枝叶长圆形或倒卵状长圆形，长 0.8 ～ 1.5 cm，二至三回羽状全裂，中部叶长圆形或倒卵状长圆形，长 0.5 ～ 0.7 cm，一至二回羽状全裂；上部叶与苞片叶羽状全裂或 3 ～ 5 全裂。头状花序半球形，直径 2 ～ 4 mm，在茎上排成总状花序；总苞片 3 ～ 4 层，外层、中层总苞片卵形或长卵形，有绿色中肋，内层总苞片长卵形或椭圆形；花序托有白色托毛；具雌花 8 ～ 13，花冠狭管状，檐部具 2 ～ 3 裂齿，花柱伸出花冠外；具两性花 20 ～ 30，花冠管状。花期 7—8 月，果期 8—9 月。

▼冷蒿幼株

生　　境　生于草原、荒漠草原、干燥山坡、路旁、砾质旷地、固定沙丘及高山草甸上。

分　　布　黑龙江泰来、杜尔伯特、大庆市区、肇东、肇源、肇州、林甸等地。吉林镇赉、通榆、洮南、长岭、大安、前郭、

▲冷蒿植株

▼冷蒿花序

双辽、乾安等地。辽宁彰武。内蒙古额尔古纳、陈巴尔虎旗、牙克石、鄂伦春旗、鄂温克旗、新巴尔虎左旗、新巴尔虎右旗、科尔沁右翼前旗、扎赉特旗、科尔沁右翼中旗、扎鲁特旗、突泉、科尔沁左翼后旗、科尔沁左翼中旗、奈曼旗、克什克腾旗、巴林左旗、巴林右旗、喀喇沁旗、翁牛特旗、阿鲁科尔沁旗、宁城、东乌珠穆沁旗、西乌珠穆沁旗、正蓝旗、正镶白旗、太仆寺旗、多伦、镶黄旗等地。河北、山西、陕西、宁夏、甘肃、青海、新疆、西藏。俄罗斯（西伯利亚、欧洲部分）、蒙古、土耳其、伊朗、加拿大、美国。亚洲（中部）。

采 制 夏、秋季花蕾期采收全草，除去杂质，切段，洗净，晒干。

性味功效 味辛，性温。有燥湿、杀虫、止痛、消炎、镇咳的功效。

主治用法 用于胆囊炎、蛔虫病、蛲虫病、鼻出血、月经不调、外伤出血、肺热咯血、肝热、各种肿块、关节肿痛等。水煎服。外用鲜草捣烂敷患处。

用 量 10～15 g。外用适量。

附 方

（1）治胆囊炎：冷蒿 25 g，香附子、羊蹄草、问荆、车前草各 15 g，甘草 10 g。水煎服，每日 2 次。

（2）驱蛔虫、蛲虫：冷蒿 25 g，蒲公英根 50 g。水煎服。早晚空腹各 1 次。

附 注 民间中药"茵陈"代用品。

◎参考文献◎

［1］朱有昌.东北药用植物 [M].哈尔滨：黑龙江科学技术出版社，1989:1120-1121.

［2］中国药材公司.中国中药资源志要 [M].北京：科学出版社，1994:1251.

［3］江纪武.药用植物辞典 [M].天津：天津科学技术出版社，2005:74.

▲ 白山蒿群落

▼ 白山蒿花序（侧）

▲ 白山蒿幼株

白山蒿 *Artemisia lagocephala*（Fisch. ex Bess.）DC.

俗　　名　狭叶蒿　石艾

药用部位　菊科白山蒿的叶。

原植物　半灌木状草本。茎丛生，高 40 ~ 80 cm。叶厚纸质，叶面暗绿色；茎下部、中部及营养枝上的叶匙形、长椭圆状倒披针形或披针形，长 3 ~ 6 cm，宽 0.3 ~ 1.0 cm，下部叶先端通常有 3 ~ 5浅的圆裂齿。头状花序大，半球形或近球形，直径 4 ~ 6 mm，有短梗，下垂或斜展；总苞片 3 ~ 4 层，外层总苞片卵形，中、内层总苞片椭圆形，边缘膜质；花序托凸起，半球形，具托毛；具雌花 7 ~ 10，花冠狭管状或狭圆锥状，具腺点，檐部具 3 ~ 4 裂齿，

▲ 白山蒿植株

▲ 白山蒿花

▼ 白山蒿花序

外面被短柔毛或无毛，花柱线形，伸出花冠外，先端 2 ~ 3 叉；具两性花 30 ~ 80，花冠管状，具腺点，檐部外面有短柔毛。花期 7—8 月，果期 8—9 月。

生　　境　生于山坡、砾质坡地、山脊或林缘、路旁及森林草原等处。

分　　布　黑龙江呼玛、塔河、呼中、黑河市区、伊春、逊克、尚志等地。吉林长白、抚松、安图。内蒙古额尔古纳、根河、牙克石等地。朝鲜、俄罗斯（西伯利亚）。

采　　制　夏季开花前采摘叶，除去杂质，洗净，晒干。

性味功效　有镇咳、祛痰、平喘、消炎、抗过敏的功效。

主治用法　用于慢性支气管炎（尤其对喘息型慢性支气管炎远期疗效较佳）。水煎服。

用　　量　适量。

◎ 参考文献 ◎

［1］朱有昌. 东北药用植物 [M]. 哈尔滨：黑龙江科学技术出版社，1989:1126–1128.

［2］中国药材公司.中国中药资源志要[M].北京:科学出版社，1994:1253.

［3］江纪武. 药用植物辞典 [M]. 天津：天津科学技术出版社，2005:75.

青蒿 *Artemisia carvifolia* Buch.-Ham.

别　　名	草蒿　邪蒿
俗　　名	香蒿　臭蒿
药用部位	菊科青蒿的全草及果实。

原 植 物　一年生草本。植株有香气。茎单生，高30～150 cm。基生叶与茎下部叶三回栉齿状羽状分裂，有长叶柄，花期叶凋谢；中部叶长圆形，长5～15 cm，宽2.0～5.5 cm。头状花序半球形或近半球形，直径3.5～4.0 mm，具短梗，下垂，基部有线形的小苞叶，在分枝上排成穗状花序式的总状花序；总苞片3～4层，外层总苞片狭小，中层总苞片稍大，边宽膜质，内层总苞片半膜质或膜质；花序托球形；花淡黄色；具雌花10～20，花冠狭管状，檐部具2裂齿，花柱伸出花冠管外；具两性花30～40，花冠管状，花药线形，上端附属物尖，长三角形，基部圆钝。花期8—9月，果期9—10月。

生　　境　生于湿润的河岸边沙地、山谷、林缘、路旁等处，常聚集成片生长。

分　　布　黑龙江安达。吉林白山市区、通化、梅河口、集安、柳河、辉南、抚松、靖宇、长白等地。辽宁大连、抚顺、沈阳、丹东市区、营口、桓仁、宽甸等地。内蒙古科尔沁左翼后旗。河北、山东、江苏、安徽、浙江、江西、福建、河南、陕西、湖北、湖南、广东、广西、四川、贵州、云南等。朝鲜、日本、越南、缅甸、印度、尼泊尔。

采　　制　春、夏季采收全草，除去杂质，切段，洗净，鲜用或晒干。秋季采收果穗，打下果实，晒干。

性味功效　全草：味苦、微辛，性寒。有清热凉血、清胆除疟、退虚热、解暑、祛风止痒的功效。果实：味甘，性凉。有清热明目、杀虫的功效。

主治用法　全草：用于骨蒸盗汗、中暑、疟疾、黄疸、痢疾、阑尾炎、牙痛、衄血、便血、荨麻疹、皮肤瘙痒、丹毒、脂溢性皮炎、疮痈、烫伤、蜂螫等。水煎服，或入丸、散。外用鲜草捣烂敷患处。血虚者、孕妇、产妇及胃寒腹泻者禁服。果实：用于结核病潮热、痢疾、恶疮、疥癣及风疹等。水煎服或研末。外用熬水洗患处。根：用于劳热骨蒸、关节酸痛及大便下血等。茎内蠹虫：用于急慢惊风。

用　　量　全草：7.5～15.0 g。外用适量。果实：5～10 g。外用适量。

附　　方

（1）治疟疾：鲜青蒿50 g。水煎服，每日1剂。又方：青蒿叶适量。晒干研末，每日用5 g，发疟前4 h服用，连服5 d，每日1次。鲜青蒿适量。捣汁，日服1次，每次服5 ml。

（2）治中暑：鲜青蒿25～50g。
开水泡服，或捣烂取汁，冷开水冲服。

（3）治夏季暑热外感：青蒿15 g，薄荷5 g。水煎服。

（4）治皮肤瘙痒、荨麻疹、脂溢性皮炎：鲜青蒿5 kg。洗净，切碎，放入锅内，加水10 L，煎至3.0～3.5 L，每500 ml 药液加冰片5 g（先用乙醇溶化）。用棉球蘸药液涂患处，每日3～4次。

◎参考文献◎

［1］江苏新医学院. 中药大辞典（上册）[M]. 上海：上海科学技术出版社，1977:1228–1229，1242，1244–1245.

［2］朱有昌. 东北药用植物 [M]. 哈尔滨：黑龙江科学技术出版社，1989:1113–1114.

［3］中国药材公司. 中国中药资源志要 [M]. 北京：科学出版社，1994:1250.

▲青蒿植株

黄花蒿 *Artemisia annua* L.

别　　名　草蒿　青蒿

俗　　名　臭蒿　黄蒿　臭青蒿　黄蒿子　草蒿　香蒿　细叶蒿

药用部位　菊科黄花蒿的全草及果实。

原 植 物　一年生草本。植株有浓烈的挥发性香气。茎单生，高100～200 cm。叶纸质；茎下部叶宽卵形或三角状卵形，长3～7 cm，宽2～6 cm，三至四回栉齿状羽状深裂，每侧有裂片5～10，裂片长椭圆状卵形，叶柄长1～2 cm，基部有半抱茎的假托叶；上部叶与苞片叶一至二回栉齿状羽状深裂。头状花序球形，有短梗，下垂或倾斜，基部有线形的小苞叶，在分枝上排成总状或复总状花序；总苞片3～4层，花序托凸起，半球形；花深黄色，具雌花10～18，花冠狭管状，檐部具2～3裂齿，花柱线形，先端2叉；具两性花10～30，花冠管状，花药线形，上端附属物尖。花期8—9月，果期9—10月。

生　　境　生于山坡、林缘、撂荒地及沙质河岸沟地等处。

分　　布　东北地区。全国绝大部分地区。蒙古、朝鲜、俄罗斯（西伯利亚）、印度。欧洲、美洲。

采　　制　秋季花盛开时采收全草，除去老茎，切段，阴干。秋季采收果实，除去杂质，阴干。

性味功效　味苦，性寒。有清热凉血、截疟、退虚热、解暑的功效。果实：味辛，性凉。有开胃、下气的功效。

主治用法　全草：用于肺痨热、扁桃体炎、疟疾、伤暑低热无汗、小儿惊风、泄泻、便血、衄血、产褥热、恶疮疥癣、烫伤、皮肤瘙痒、荨麻疹及脂溢性皮炎等。水煎服。外用捣汁敷患处或煎汤洗患处。果实：用于盗汗。

▲黄花蒿幼株（前期）

▲ 黄花蒿幼株（后期）

用　　量　全草：5～15 g。外用适量。果实：
5～15 g。

附　　方

（1）治疟疾：鲜黄花蒿 50 g。水煎服，每日
1 剂。又方：黄花蒿叶适量。晒干研末，每日
用 5 g，发疟前 4 h 服用，连服 5 d，每日 1 次。
或鲜黄花蒿适量。捣汁，日服 1 次，每次服
5 g。

（2）治中暑：黄花蒿 50～100 g。开水泡服，
或捣烂取汁，冷开水冲服。

（3）治夏令感冒：黄花蒿 15 g，薄荷 5 g。
水煎服。

（4）治皮肤瘙痒、荨麻疹、脂溢性皮炎：鲜
黄花蒿 5 kg。洗净，切碎，放入锅内，加水
10 L，煎至 3.0～3.5 kg，每升药液加冰片 2.5 g
（先用酒精溶化）。用棉球蘸药液涂患处，每
日 3～4 次。

附　　注　本品为《中华人民共和国药典》
（2020 年版）收录的药材。

◎参考文献◎

［1］江苏新医学院. 中药大辞典（上册）
　　 [M]. 上海：上海科学技术出版社，
　　 1977:1228-1229，1242，2072.

［2］朱有昌. 东北药用植物 [M]. 哈尔滨：黑
　　 龙江科学技术出版社，1989:1111-1113.

▲ 黄花蒿幼苗（前期）

▲ 黄花蒿幼苗（后期）

黄花蒿植株

▲ 山蒿植株

▲ 山蒿花序

山蒿 *Artemisia brachyloba* Franch.

别　　名	岩蒿
俗　　名	骆驼蒿

药用部位　菊科山蒿的带花全草（入药称"岩蒿"）。

原 植 物　半灌木状草本。茎丛生，高 30 ~ 60 cm，稍纤细。基生叶卵形或宽卵形，二至三回羽状全裂，花期凋谢；茎下部与中部叶宽卵形或卵形，长 2 ~ 4 cm，二回羽状全裂，每侧裂片 3 ~ 4，裂片长椭圆形或长圆形，长 1.0 ~ 1.5 cm，再次羽状全裂，每侧具小裂片 2 ~ 5，小裂片狭线形或狭线状披针形，长 3 ~ 8 mm。头状花序直径 2.5 ~ 3.5 mm；苞片线形；总苞片 3 层，外层总苞片卵形或长卵形，中、内层总苞片长椭圆形或椭圆状卵形；具雌花 10 ~ 15，花冠狭管状，檐部具 2 ~ 4 裂齿；具两性花 20 ~ 25，花冠管状，花药线形，花柱先端 2 叉，叉端斜叉开或略外弯。花期 7—8 月，果期 8—9 月。

生　　境　生于阳坡草地、砾质坡地、半荒漠草原、戈壁及岩石缝中。

分　　布　辽宁建平、建昌、彰武等地。内蒙古科尔沁右翼前旗、扎赉特旗、科尔沁右翼中旗、扎鲁特旗、突泉、科尔沁左翼后旗、科尔沁左翼中旗、奈曼旗、克什克腾旗、巴林左旗、巴林右旗、喀喇沁旗、翁牛特旗、阿鲁科尔沁旗、东乌珠穆沁旗、西乌珠穆沁旗、正蓝旗、正镶白旗、太仆寺旗、镶黄旗等地。河北、山西、甘肃。蒙古。

采　　制　夏、秋季花蕾期采收全草，除去杂质，切段，洗净，晒干。

性味功效　味苦、辛，性平。有清热燥湿、杀虫排脓的功效。

主治用法　用于胆囊炎、偏头痛、咽喉痛、风湿关节痛等。水煎服。外用鲜草捣烂敷患处。年老体弱者及孕妇忌服。

用　　量　膏：2.5 ~ 5.0 g。炭：5 ~ 15 g。外用适量。

▲山蒿群落

附 方 治偏头痛、咽喉肿痛：白附子、葶苈子、岩蒿膏各等量，共研细末为丸，百草霜为衣如绿豆大。每晚 1.5 ~ 2.5 g，温开水送服。

◎参考文献◎

［1］江苏新医学院.中药大辞典（上册）[M].上海：上海科学技术出版社，1977:1344.

［2］朱有昌.东北药用植物 [M].哈尔滨：黑龙江科学技术出版社，1989:1117−1118.

［3］中国药材公司.中国中药资源志要 [M].北京：科学出版社，1994:1249.

▲ 白莲蒿植株

▼ 白莲蒿果实

白莲蒿 *Artemisia sacrorum* Ledeb.

别　　名	万年蒿
俗　　名	铁杆蒿　柏叶蒿　黑蒿
药用部位	菊科白莲蒿的全草。

原 植 物　半灌木状草本，高 50 ～ 150 cm。茎下部与中部叶长卵形、三角状卵形或长椭圆状卵形，长 2 ～ 10 cm，二至三回栉齿状羽状分裂，第一回全裂，每侧有裂片 3 ～ 5，裂片椭圆形或长椭圆形，每裂片再次羽状全裂，小裂片栉齿状披针形或线状披针形；上部叶略小，一至二回栉齿状羽状分裂。头状花序近球形，下垂，直径 2 ～ 4 mm；总苞片 3 ～ 4 层，外层总苞片披针形或长椭圆形，中、内层总苞片椭圆形；具雌花 10 ～ 12，花冠狭管状或狭圆锥状，花柱线形，伸出花冠外，先端 2 叉；具两性花 20 ～ 40，花冠管状，花药椭圆状披针形，花柱与花冠管近等长，先端 2 叉。花期 8—9 月，果期 9—10 月。

生　　境　生于山坡、草地、田野、路旁及住宅附近，常聚集成片生长。

分　　布　黑龙江五大连池、伊春市区、铁力、勃利、甘南、龙江、齐齐哈尔市区、富裕、富锦、尚志、五常、海林、林口、宁安、东宁、绥芬河、穆棱、木兰、友谊、延寿、密山、虎林、饶河、宝清、桦南、汤原、方正、巴彦等地。吉林省各地。辽宁各地。内蒙古额尔古纳、牙克石、鄂温克旗、科尔沁右翼前旗、扎鲁特旗、突泉、科尔沁左翼后旗、科尔沁左翼中旗、奈曼旗、克什克腾旗、巴林左旗、巴林右旗、喀喇沁旗、翁牛特旗、阿鲁科尔沁旗、东乌珠穆沁旗、西乌珠穆沁旗、正蓝旗、正镶白旗、太仆寺旗、镶黄旗等地。全国绝大部分地区（除高寒山区外）。朝鲜、日本、蒙古、俄罗斯、阿富汗、巴基斯坦、印度。

采　制　夏、秋季花蕾期采收全草，除去杂质，切段，洗净，晒干。

性味功效　味苦、辛，性平。有清热解毒、凉血止血、利胆退黄、除暑气、杀虫的功效。

主治用法　用于黄疸型肝炎、风湿性关节炎、肠痈、阑尾炎、小儿惊风、阴虚潮热、肺热咳嗽、创伤出血、疔疮、蜂螫等。水煎服。外用捣烂或研末敷患处。

用　量　15～20 g。外用适量。

附　方

（1）治风湿性关节炎：鲜白莲蒿250 g，切碎，白酒500 ml，浸泡1周，每次服1酒盅，每日2次。

（2）治急、慢性肝炎：鲜白莲蒿1.5 kg，鲜益母草500 g，加水煎煮，过滤，浓缩成膏，每服15 g，每日2次。

◎参考文献◎

［1］朱有昌.东北药用植物[M].哈尔滨：黑龙江科学技术出版社，1989:1121-1123.

［2］中国药材公司.中国中药资源志要[M].北京：科学出版社，1994:1256.

［3］江纪武.药用植物辞典[M].天津：天津科学技术出版社，2005:76.

▲ 白莲蒿幼株

▼ 白莲蒿瘦果　　▼ 白莲蒿叶

▲ 毛莲蒿植株

毛莲蒿 *Artemisia vestita* Wall. ex Bess.

俗　　名　铁杆蒿

药用部位　菊科毛莲蒿的全草（入药称"结血蒿"）。

▲ 毛莲蒿花序

原植物　半灌木状草本。植株有浓烈的香气。茎直立，多数，丛生，高 50 ~ 120 cm；茎下部与中部叶卵形、椭圆状卵形或近圆形，长 2.0 ~ 7.5 cm，宽 1.5 ~ 4.0 cm，二至三回栉齿状的羽状分裂，第一回全裂或深裂，每侧有裂片 4 ~ 6，第二回为深裂，小裂片小；上部叶小。头状花序多数，下垂，直径 2.5 ~ 4.0 mm，基部有线形小苞叶，在茎的分枝上排成总状花序；总苞片 3 ~ 4 层，内、外层近等长，外层总苞片卵状披针形或长卵形，中层、内层总苞片卵形；具雌花 6 ~ 10，花冠狭管状，檐部具 2 裂齿，花柱伸出花冠外，先端 2 叉；具两性花

13 ～ 20，花冠管状，花药线形。花期8—9月，果期9—10月。

生　境　生于山坡、草地、灌丛及林缘等处。

分　布　吉林长白。辽宁凌源、建平、北镇、阜新、锦州、盖州、法库等地。内蒙古扎鲁特旗、科尔沁左翼后旗等地。河北、河南、山东、江苏、陕西、湖北、广西、四川、贵州、云南、宁夏、甘肃、青海、新疆、西藏。朝鲜、俄罗斯、印度、巴基斯坦、尼泊尔。

采　制　夏、秋季花蕾期采收全草，除去杂质，切段，洗净，晒干。

性味功效　味苦，性寒。有清虚热、健胃、利湿、祛风止痒的功效。

主治用法　用于瘟疫内热、四肢酸痛、骨蒸发热。水煎服。

用　量　10 ～ 15 g。

◎参考文献◎

［1］江苏新医学院.中药大辞典（下册）[M].上海：上海科学技术出版社，1977:1753-1754.

［2］中国药材公司.中国中药资源志要[M].北京：科学出版社，1994:1258.

［3］江纪武.药用植物辞典[M].天津：天津科学技术出版社，2005:77.

▼ 毛莲蒿幼株

▲毛莲蒿总花序

▲ 裂叶蒿群落

▼ 裂叶蒿花序

裂叶蒿 *Artemisia tanacetifolia* L.

别　　名　条蒿　深山菊蒿　菊叶蒿

药用部位　菊科裂叶蒿的全草。

原植物　多年生草本。主根细。茎高 50 ~ 90 cm，具纵棱。茎下部与中部叶椭圆状长圆形或长卵形，长 3 ~ 12 cm，二至三回栉齿状的羽状分裂，第一回全裂，每侧有裂片 6 ~ 8，裂片椭圆形或椭圆状长圆形，叶柄长 3 ~ 12 cm，基部有小型的假托叶；上部叶一至二回栉齿状羽状全裂；苞片为线形或线状披针形。头状花序球形或半球形，直径 2.0 ~ 3.5 mm，下垂；总苞片 3 层，内、外层近等长，外层总苞片狭卵形或椭圆状卵形，中层总苞片卵形，内层总苞片近膜质；具雌花 8 ~ 15，花冠狭管状；具两性花 30 ~ 40，花冠管状，花药披针形，上端附属物尖，花柱先端 2 叉。花期 7—8 月，果期 8—9 月。

生　　境　生于草原、草甸、林缘、疏林中及灌丛等处。

分　　布　黑龙江呼玛、嫩江、黑河市区、龙江、肇东、安达、五大连池等地。吉林通榆、镇赉、洮南、长岭等地。辽宁彰武。内蒙古额尔古纳、根河、陈巴尔虎旗、牙克石、鄂伦春旗、鄂温克旗、新巴尔虎左旗、新巴尔虎右旗、科尔沁右翼前旗、扎鲁特旗、突泉、科尔沁左翼后旗、科尔沁左翼中旗、奈曼旗、克什克腾旗、巴林左旗、巴林右旗、喀喇沁旗、翁牛特旗、阿鲁科尔沁旗、东乌珠穆沁旗、西乌珠穆沁旗、正蓝旗、正镶白旗、太仆寺旗、镶黄旗等地。河北、山西、陕西、宁夏、甘肃。朝鲜、俄罗斯(亚洲中部、西伯利亚及欧洲部分)、蒙古。欧洲、北美洲。

采 制 夏、秋季花蕾期采收全草,除去杂质,切段,洗净,晒干。

性味功效 有清肝利胆、消肿解毒的功效。

主治用法 用于肝炎、胆囊炎等。水煎服。

用 量 10 ~ 15 g。

◎参考文献◎

[1] 中国药材公司.中国中药资源志要[M].北京:科学出版社,1994:1257.

[2] 江纪武.药用植物辞典[M].天津:天津科学技术出版社,2005:77.

▲ 裂叶蒿幼苗

▼ 裂叶蒿幼株

林艾蒿 *Artemisia viridissima*（Komar.）Pamp

药用部位 菊科林艾蒿的叶。

原植物 多年生草本。茎高 80 ~ 140 cm。叶近无柄；下部与中部叶椭圆状披针形或披针形，长 8 ~ 13 cm，宽 2 ~ 3 cm，边具细而密的锯齿，基部渐狭小，假托叶；上部叶与苞片叶小。头状花序宽卵形或卵钟形，直径 2 ~ 3 mm，具短梗及小苞叶，下垂；总苞片 3 层，外层总苞片略短小，外层、中层总苞片卵形或长卵形，淡黄绿色，具绿色中肋，边宽膜质，内层总苞片长卵形或长卵状倒披针形；具雌花 3 ~ 5，花冠狭管状，檐部具 2 裂齿，花柱伸出花冠外，先端 2 叉；具两性花 8 ~ 12，花冠管状，花药先端附属物尖，花柱与花冠近等长，先端 2 叉，

▲林艾蒿花序

叉端截形，具睫毛。花期 7—8 月，果期 9—10 月。

生 境 生于山坡、林缘及路旁等处。

分 布 吉林长白、抚松、安图、临江、和龙等地。朝鲜。

采 制 夏季开花前采摘叶，除去杂质，洗净，晒干。

性味功效 味甘，性平。有消炎止痛、清热解毒、祛风的功效。

主治用法 用于胸腹胀满等。水煎服。

用 量 10 ~ 15 g。

◎参考文献◎

[1] 江纪武. 药用植物辞典 [M]. 天津：天津科学技术出版社，2005:77.

▲林艾蒿植株

莍蒿 *Artemisia keiskeana* Miq.

别　　名　莍芦

俗　　名　臭蒿

药用部位　菊科莍蒿的干燥全草（入药称"莍蒿蒿"）及果实（入药称"莍蒿子"）。

原植物　半灌木状草本。茎常成丛，高30～100 cm。基生叶呈莲座状排列，倒卵形或宽楔形，长3～8 cm，宽1.5～4.5 cm，中部以上边缘具数枚粗而尖的浅锯齿；中部叶长4.5～6.5 cm，宽1.5～4.0 cm，先端钝尖；上部叶小，卵形或椭圆形。头状花序近球形，直径3.0～3.5 mm，具细梗，梗长1.5～2.0 mm，在分枝上排成总状或复总状花序，花后头状花序下垂；总苞片3～4层，外层总苞片小，中、内层总苞片椭圆形或长卵形；花序托小，半球形；具雌花6～10，花冠狭圆锥状，檐部具2裂齿；具两性花13～18，花冠管状，花药线形，先端附属物尖，花柱略短于花冠。花期7—8月，果期9—10月。

生　　境　生于山坡、灌丛、草地及疏林下等处。

分　　布　黑龙江伊春、萝北、鸡西、密山、虎林、东宁、尚志、海林、五常、宁安等地。吉林长白山各地。辽宁丹东市区、凤城、东港、桓仁、清原、西丰、岫岩、大连等地。河北、山东。朝鲜、俄罗斯（西伯利亚中东部）、日本。

采　　制　夏、秋季花蕾期采收全草，切段，洗净，晒干。秋季采摘果实，除去杂质，晒干。

▼ 莍蒿花序（侧）

▲ 莔蒿植株

▲ 菴藺幼株

性味功效　全草：味辛、苦，性温。有行瘀、祛湿的功效。果实：味苦、辛，性微温。有行瘀、祛湿的功效。

主治用法　全草：用于风寒湿痹、跌打损伤、妇女血瘀经闭、产后停瘀腹痛及阳痿等。水煎服，研末或捣汁饮。
果实：用于风寒湿痹、跌打损伤、血瘀经闭及产后停瘀腹痛等。水煎服，研末入丸、散或捣汁敷。

用　　量　全草：25 ~ 50 g。外用适量。果实：7.5 ~ 15.0 g。

附　　方

（1）治诸瘀血不散而成痈：生菴藺蒿。捣取汁 600 g 服之。

（2）治疗风湿关节痛：菴藺 25 ~ 50 g。水煎服。

（3）治阳痿：菴藺子 10 ~ 15 g。水煎服。

（4）治产后腹痛：菴藺子、桃仁（汤浸，去皮、尖、双仁、麸，炒微黄）各 25 g。上药捣罗为末，炼蜜和丸，如梧桐子大。不计时候，以热汤下 20 丸。

（5）治产后血痛：菴藺子 50 g，水 600 mg，童子小便 2 杯。煎饮。

◎参考文献◎

［1］江苏新医学院. 中药大辞典（下册）[M]. 上海：上海科学技术出版社，1977:1995-1996.

［2］朱有昌. 东北药用植物 [M]. 哈尔滨：黑龙江科学技术出版社，1989:1125-1126.

［3］钱信忠. 中国本草彩色图鉴（第四卷）[M]. 北京：人民卫生出版社，2003:382-383.

▲ 菴藺幼苗

▲ 蒌蒿花序

蒌蒿 *Artemisia selengensis* Turcz.

别　　名 水蒿　蒌　狭叶艾　柳蒿

俗　　名 三叉蒿　野蒿　柳蒿芽　尖叶蒿　白蒿　大杆蒿

药用部位 菊科蒌蒿的全草。

原 植 物 多年生草本。植株具清香气味，高 60 ～ 150 cm。茎下部叶宽卵形或卵形，长 8 ～ 12 cm，宽 6 ～ 10 cm，近呈掌状或指状，5 或 3 全裂或深裂，长 5 ～ 8 cm，宽 3 ～ 5 mm；中部叶近呈掌状，5 深裂或为指状 3 深裂；上部叶与苞片叶指状 3 深裂。头状花序多数，长圆形或宽卵形，直径 2.0 ～ 2.5 mm，在分枝上排成密穗状花序；总苞片 3 ～ 4 层，外层总苞片略短，中、内层总苞片略长，长卵形或卵状匙形；具雌花 8 ～ 12，花冠狭管状，檐部具一浅裂，花柱细长，2 叉；具两性花 10 ～ 15，花冠管状，花药线形，先端附属物尖，花柱先端微叉开，叉端截形，

▲ 市场上的蒌蒿幼株

有睫毛。花期8—9月，果期9—10月。

生　境　生于河岸水边及湿草甸等处。

分　布　黑龙江各地。吉林省各地。辽宁宽甸、桓仁、新宾、清原等地。内蒙古额尔古纳、牙克石、鄂伦春旗、扎兰屯、鄂温克旗、新巴尔虎左旗、新巴尔虎右旗、科尔沁右翼前旗、扎赉特旗、科尔沁右翼中旗、扎鲁特旗、突泉、科尔沁左翼后旗、科尔沁左翼中旗、奈曼旗、克什克腾旗、巴林左旗、巴林右旗、喀喇沁旗、翁牛特旗、阿鲁科尔沁旗、宁城、东乌珠穆沁旗、西乌珠穆沁旗、正蓝旗、正镶白旗、太仆寺旗、多伦、镶黄旗等地。河北、山东、江苏、安徽、江西、河南、山西、陕西、湖北、湖南、广东、四川、甘肃、贵州、云南等。朝鲜、俄罗斯（西伯利亚）、蒙古。

采　制　夏、秋季花蕾期采收全草，除去杂质，切段，洗净，鲜用或晒干。

性味功效　味苦、辛，性温。有破血通经、敛疮消肿的功效。

主治用法　用于黄疸、产后瘀积、胸腹胀痛、跌打损伤、瘀血肿痛、内伤出血、痈毒焮肿及河豚中毒。水煎服或做散及酒。生用或酒炒用。

用　量　9～15 g。

▼萎蒿果实

▲萎蒿总花序

▲ 萎蒿植株

▲萎蒿花序（侧）

▼萎蒿幼株

▲萎蒿幼苗

◎参考文献◎

［1］江苏新医学院.中药大辞典（下册）[M].上海：上海科学技术出版社，1977:2321-2322.

［2］朱有昌.东北药用植物[M].哈尔滨：黑龙江科学技术出版社，1989:1130-1131.

［3］中国药材公司.中国中药资源志要[M].北京：科学出版社，1994:1257.

矮蒿 *Artemisia lancea* Van

| 别　　名 | 牛尾蒿　野艾蒿 |

别　名 牛尾蒿　野艾蒿

药用部位 菊科矮蒿的叶。

原植物 多年生草本。茎高80～150 cm。基生叶与茎下部叶卵圆形，长3～6 cm，宽2.5～5.0 cm，二回羽状全裂，每侧有裂片3～4，中部裂片再次羽状深裂，每侧具小裂片2～3；中部叶长卵形或椭圆状卵形，长1.5～3.0 cm，宽1.0～2.5 cm；上部叶与苞片叶5或3全裂或不分裂。头状花序多数，直径1.0～1.5 mm；总苞片3层，覆瓦状排列，外层总苞片小，狭卵形，中、内层总苞片长卵形或倒披针形；具雌花1～3，花冠狭管状，檐部紫红色，花柱细长，伸出花冠外，先端2叉；具两性花2～5，花冠长管状，檐部紫红色，花药线形，花柱先端2叉，有睫毛。花期8—9月，果期9—10月。

生　境 生于林缘、路旁、荒坡及疏林下。

分　布 吉林延吉、龙井、辉南等地。辽宁抚顺、铁岭、鞍山、海城、长海、大连市区、营口、北镇等地。河北、山西、陕西、甘肃、山东、江苏、浙江、安徽、江西、福建、台湾、河南、湖北、湖南、广东、广西、四川、云南、贵州等。朝鲜、俄罗斯（西伯利亚）、日本、印度。

采　制 夏季开花前采摘叶，除去杂质，洗净，晒干。

性味功效 味苦、辛，性温。有小毒。有散寒止痛、温经止血的功效。

主治用法 用于小腹冷痛、月经不调、冷宫不孕、吐血、崩漏、妊娠下血、皮肤瘙痒。水煎服。外用熬水清洗患处。根：用于淋病。

用　量 3～10 g。外用适量。

附　注 可做艾和茵陈代用品。

◎参考文献◎

［1］中国药材公司. 中国中药资源志要[M]. 北京：科学出版社，1994:1253.

［2］江纪武. 药用植物辞典[M]. 天津：天津科学技术出版社，2005:75.

▲矮蒿果穗

▲矮蒿

蒙古蒿 *Artemisia mongolica* （Fisch. ex Bess.）Nakai

别　　名　蒙蒿

俗　　名　艾叶

药用部位　菊科蒙古蒿的茎叶。

原 植 物　多年生草本。茎少数或单生，高40～120 cm。叶纸质或薄纸质；下部叶卵形或宽卵形，二回羽状全裂或深裂；中部叶卵形、近圆形或椭圆状卵形，长3～9 cm，宽4～6 cm，一至二回羽状分裂，第一回全裂；上部叶与苞片叶卵形或长卵形。头状花序多数，椭圆形，直径1.5～2.0 mm，有线形小苞叶，在分枝上排成密集的穗状花序，并在茎上组成狭窄或中等开展的圆锥花序；总苞片3～4层，覆瓦状排列，外层总苞片较小，卵形或狭卵形，中层总苞片长卵形或椭圆形，内层总苞片椭圆形；雌花5～10，花冠狭管状，檐部具2裂齿，花柱伸出花冠外，先端2叉；两性花8～15，花冠管状，花药线形，先端附属物尖，长三角形，基部圆钝，花柱与花冠近等长。瘦果小，长圆状倒卵形。花期8—9月，果期9—10月。

生　　境　生于山坡、灌丛、河湖岸边及路旁等处。

▲ 蒙古蒿总花序

分　　布　黑龙江哈尔滨、肇东、肇源、塔源、泰康等地。吉林通榆、镇赉、洮南、前郭、大安、长岭、蛟河、集安等地。内蒙古额尔古纳、根河、阿尔山、科尔沁右翼前旗、科尔沁右翼中旗、扎鲁特旗、阿鲁科尔沁旗、巴林左旗、巴林右旗、克什克腾旗、东乌珠穆沁旗、西乌珠穆沁旗等地。河北、河南、山东、江苏、安徽、江西、福建、台湾、山西、陕西、湖北、湖南、四川、广东、贵州、宁夏、甘肃、青海、新疆。朝鲜、俄罗斯（西伯利亚）、蒙古、日本。

采　　制　夏、秋季采收茎叶，除去杂质，切段，洗净，晒干。

性味功效　有散寒除湿、温经止血、消热凉血、解暑的功效。

用　　量　适量。

附　　注　在东北个别市县，有人用它做"艾蒿"的代用品。

◎参考文献◎

［1］中国药材公司. 中国中药资源志要 [M]. 北京：科学出版社，1994:1254-1255.

［2］江纪武. 药用植物辞典 [M]. 天津：天津科学技术出版社，2005:75.

▲ 蒙古蒿植株

▲ 蒙古蒿花序

艾 *Artemisia argyi* Levl. et Vant.

别 名	艾蒿 家艾
俗 名	艾叶 白艾 艾蒿叶
药用部位	菊科艾的叶及果实。

原 植 物 多年生草本或略呈半灌木状。植株有浓烈香气。茎高 80 ～ 150 cm；茎、枝均被灰色蛛丝状柔毛。茎下部叶近圆形或宽卵形，羽状深裂，每侧具裂片 2 ～ 3；中部叶卵形、三角状卵形或近菱形；上部叶与苞片叶羽状半裂、浅裂或 3 深裂或 3 浅裂。头状花序椭圆形，直径 2.5 ～ 3.5 mm；总苞片 3 ～ 4 层，覆瓦状排列，外层总苞片小，草质，卵形或狭卵形，中层总苞片较外层长，长卵形，内层总苞片质薄，具雌花 6 ～ 10，花冠狭管状，檐部具 2 裂齿；具两性花 8 ～ 12，花冠管状或高脚杯状，檐部紫色，花药狭线形，先端附属物尖，花柱先端 2 叉，有睫毛。花期 8—9 月，果期 9—10 月。

▼ 艾花序

生 境 生于山野、路旁、荒地及林缘等处。

分 布 东北地区。全国绝大部分地区（除极干旱地区外）。朝鲜、俄罗斯（西伯利亚）、蒙古、日本。

采 制 夏、秋季花未开前采摘叶，除去杂质，晒干或阴干，生用或炒炭用。秋季采摘果实，除去杂质，晒干。

性味功效 叶：味苦、辛，性温。有小毒。有温经止血、散寒止痛、平喘、化痰、止咳、安胎的功效。果实：味苦、辛，性温。有明目、壮阳的功效。

主治用法 叶：用于月经不调、通经、虚寒崩漏下血、宫冷带下、脾胃冷痛、不孕、胎动不安、先兆流产、吐血、衄血、功能性子宫出血、久痢、急性尿道感染、膀胱炎、疟疾、皮肤瘙痒、湿疹、脚气、疥癣、冻伤等。水煎服。外供针灸用或熏洗。果实：用于一切冷气。水煎服或研末为丸。

用 量 叶：5 ～ 15 g。外用适量。果实：2.5 ～ 7.5 g。

附 方

（1）治功能性子宫出血、腹痛：艾叶炭 10 g，香附、白芍各 20 g，当归、延胡索各 15 g。水煎服。又方：鲜艾根 150 g，切碎炒焦，醋水各半共 2 碗，煎取大半碗服。

（2）治先兆流产：艾叶炭 10 g，菟丝子、桑寄生各 25 g，当归 15 g。水煎服。

（3）治皮肤瘙痒：艾叶 50 g，花椒 15 g，地肤子、白鲜皮各 25 g，水煎熏洗。或用艾叶适量，煎汤外洗，每日 1 ～ 2 次。

（4）治功能性子宫出血、产后出血：艾叶炭 50 g，蒲黄、蒲公英各 25 g。每日 1 剂，煎服 2 次。又方：艾叶炭 100 g，研末，每服 10 g，米汤（大米或小米）调服，每日 2 次。

（5）治痛经：艾叶、干姜、香附各 10 g。水煎服。

（6）治全身瘙痒起红点：柳树皮、艾蒿、花椒、白菜根、食盐各等量。煎水外洗，有良效（鸡西民间方）。

（7）治肠炎、急性尿道感染、膀胱炎：艾叶 10 g，辣蓼 10 g，车前 80 g。水煎服，每日 1 剂，早晚各服 1 次。

▲艾植株

▲ 艾幼株

（8）治盗汗不止：熟艾10 g，白茯神15 g，乌梅3个，水一碗。煎八分，临卧温服。

（9）治湿疹：艾叶炭、枯矾、黄檗各等量。共研细末，用芝麻油调膏，外敷。

（10）治妇女白带：艾叶25 g，煎汤去渣，再放入2个鸡蛋，煮后吃蛋喝汤，连服5 d。

（11）治寻常疣：采鲜艾叶擦拭局部，每日数次。一般经3～10 d，疣即自行脱落。

附　注

（1）本品为《中华人民共和国药典》（2020年版）收录的药材。

（2）本品叶捣烂如绒，制成艾卷、艾柱，可做灸法之用。

◎参考文献◎

［1］江苏新医学院.中药大辞典（上册）[M].上海：上海科学技术出版社，1977:559-562.

［2］朱有昌.东北药用植物[M].哈尔滨：黑龙江科学技术出版社，1989:1114-1117.

［3］《全国中草药汇编》编写组.全国中草药汇编（上册）[M].北京：人民卫生出版社，1975:271-272.

▲ 市场上的艾幼株

▲ 市场上的艾叶

宽叶山蒿 *Artemisia stolonifera*（Maxim.）Kom.

俗　名　野艾　艾叶

药用部位　菊林宽叶山蒿的全草。

原植物　多年生草本。茎高 50 ~ 120 cm。基生叶、茎下部叶与营养枝叶椭圆形或椭圆状倒卵形，不分裂，边缘具疏裂齿或疏锯齿；中部叶长 6 ~ 12 cm，宽 4 ~ 7 cm，全缘或中部以上边缘具 2 ~ 3 浅裂齿或深裂齿；苞片叶全缘。头状花序多数，长圆形或宽卵形，直径 3 ~ 4 mm；总苞片 3 ~ 4 层，外层总苞片较短，中层总苞片倒卵形或长卵形，内层总苞片长卵形或匙形；花序托圆锥形，凸起；具雌花 10 ~ 12，花冠狭管状，檐部有 2 ~ 3 裂齿，花柱细长，伸出花冠外，先端 2 叉，叉端尖；具两性花 12 ~ 15，花冠管状或高脚杯状，花药线形，先端附属物尖，花柱先端 2 叉。花期 8—9 月，果期 9—10 月。

生　境　生于林缘、疏林下、路旁及荒地与沟谷等处。

分　布　黑龙江塔河、伊春市区、铁力、勃利、甘南、龙江、齐齐哈尔市区、富裕、富锦、尚志、五常、海林、林口、宁安、东宁、绥芬河、穆棱、木兰、友谊、延寿、密山、虎林、

▲宽叶山蒿花序（侧）

饶河、宝清、桦南、汤原、方正、巴彦等地。
吉林长白山各地。辽宁桓仁、凤城、新宾、西
丰、鞍山、北镇等地。内蒙古额尔古纳、根河、
牙克石、鄂温克旗、阿尔山、科尔沁右翼前旗、
克什克腾旗等地。河北、山西、山东、江苏、
安徽、浙江、湖北等。朝鲜、日本、俄罗斯（西
伯利亚中东部）。

采　　制　夏、秋季花蕾期采收全草，除去杂
质，切段，洗净，晒干。

主治用法　用于黄疸性肝炎、小便不利等。水
煎服。

用　　量　适量。

◎参考文献◎

［1］江纪武. 药用植物辞典 [M]. 天津：天津
　　　科学技术出版社，2005:77.

◀宽叶山蒿幼株（后期）

▲ 宽叶山蒿植株

▲ 盐蒿群落

▼ 盐蒿果实

盐蒿 *Artemisia halodendron* Turcz. ex Bess

别　　名	差巴嘎蒿　差不嘎蒿
俗　　名	沙蒿
药用部位	菊科盐蒿的嫩枝及叶。

原 植 物　半灌木。主根、侧根均木质。茎直立或斜向上长，高
50～80 cm，纵棱明显，上部红褐色，下部茶褐色。叶质稍厚；
茎下部叶与营养枝叶宽卵形或近圆形，长 3～6 cm，宽 3～6 cm，
二回羽状全裂，每侧有裂片 2～4，基部裂片最长，再次羽状全
裂，每侧具小裂片 1～2，小裂片狭线形，长 1～2 cm，叶柄长
1.5～4.0 cm。头状花序多数，卵球形，直径 2.5～4.0 mm，直立，
基部有小苞叶，在分枝上端排成复总状花序；总苞片 3～4 层，覆
瓦状排列，外层总苞片小，卵形，中层总苞片椭圆形，内层总苞片
长椭圆形或长圆形；具雌花 4～8，花冠狭圆锥状或狭管状，花柱
线形，先端 2 叉；具两性花 8～15，不孕育，花冠管状，花药线形，
花柱短，2 裂，不叉开。瘦果长卵形或倒卵状椭圆形。花期 7—8 月，
果期 9—10 月。

生　　境　生于流动、半流动或固定的沙丘上，也见于荒漠草原、
草原、森林草原、砾质坡地等处。

| 分　　布 | 黑龙江杜尔伯特。吉林洮南、通榆、镇赉等地。辽宁彰武。内蒙古满洲里、额尔古纳、牙克石、鄂温克旗、新巴尔虎左旗、新巴尔虎右旗、科尔沁右翼中旗、扎鲁特旗、奈曼旗、敖汉旗、科尔沁左翼后旗、阿鲁科尔沁旗、巴林左旗、克什克腾旗、翁牛特旗等地。河北、山西、陕西、宁夏、甘肃、新疆等。俄罗斯（西伯利亚）、蒙古。 |

分　　布　黑龙江杜尔伯特。吉林洮南、通榆、镇赉等地。辽宁彰武。内蒙古满洲里、额尔古纳、牙克石、鄂温克旗、新巴尔虎左旗、新巴尔虎右旗、科尔沁右翼中旗、扎鲁特旗、奈曼旗、敖汉旗、科尔沁左翼后旗、阿鲁科尔沁旗、巴林左旗、克什克腾旗、翁牛特旗等地。河北、山西、陕西、宁夏、甘肃、新疆等。俄罗斯（西伯利亚）、蒙古。

采　　制　夏、秋季采收嫩枝及叶，除去杂质，随采随用。

性味功效　味辛，性温。有止咳、祛痰、平喘、解表、祛湿的功效。

主治用法　用于慢性气管炎、支气管哮喘等。水煎服。

用　　量　适量。

◎参考文献◎

［1］江纪武. 药用植物辞典 [M]. 天津：天津科学技术出版社，2005:19.

［2］中国药材公司. 中国中药资源志要 [M]. 北京：科学出版社，1994:1306.

▼ 盐蒿植株　　　　　　　　　　　　　　　　　　　　　　　　　▲ 盐蒿果穗

▲ 牡蒿幼苗

牡蒿 *Artemisia japonica* Thunb.

别　　名	齐头蒿
俗　　名	嫩青蒿　虎爪子草
药用部位	菊科牡蒿的全草。

原植物　多年生草本。植株有香气。茎高 50 ～ 130 cm。基生叶与茎下部叶倒卵形或宽匙形，长 4 ～ 7 cm，宽 2 ～ 3 cm；中部叶匙形，长 2.5 ～ 4.5 cm，宽 0.5 ～ 2.0 cm，上端有 3 ～ 5 斜向基部的浅裂片或深裂片，叶基部楔形，渐狭窄，常有小型、线形的假托叶；上部叶小，上端具 3 浅裂或不分裂。头状花序多数，直径 1.5 ～ 2.5 mm，基部具线形的小苞叶；总苞片 3 ～ 4 层，外层总苞片略小，外、中层总苞片卵形或长卵形，内层总苞片长卵形或宽卵形；具雌花 3 ～ 8，花冠狭圆锥状；具两性花 5 ～ 10，不孕育，花冠管状，花药先端附属物尖，花柱短，先端稍膨大，2 裂。花期 8—9 月，果期 9—10 月。

生　　境　生于河岸沙地、山坡砾石地、灌丛及杂木林间等处。

分　　布　黑龙江哈尔滨、大庆、虎林、密山、东宁、饶河等地。吉林通化、白山市区、梅河口、珲春、柳河、集安、安图、辉南、抚松、靖宇、长白、吉林等地。辽宁锦州、葫芦岛、沈阳、丹东市区、大连、抚顺、本溪、凤城、西丰、桓仁、清原、新宾、宽甸等地。内蒙古额尔古纳、牙克石、鄂温克旗、扎鲁特旗、科尔沁左翼后旗、喀喇沁旗等地。河北、山西、山东、江苏、安徽、浙江、江西、福建、台湾、河南、湖北、湖南、陕西、广东、广西、四川、贵州、甘肃、云南、西藏。朝鲜、俄罗斯（西伯利亚中东部）、日本、阿富汗、印度、不丹、尼泊尔、越南、老挝、泰国、缅甸、菲律宾。

采　　制　夏、秋季花蕾期采收全草，除去杂质，切段，洗净，鲜用或晒干。

性味功效　味苦、甘，性寒。有清热凉血、解暑杀虫的功效。

主治用法　用于感冒发热、结核潮热、肺痨潮热、疟疾、中暑、高血压、鼻衄、便血、疥癣、湿疹、外伤出血及疔疮肿毒等。水煎服。外用捣烂敷患处。

根：用于风湿痹痛、寒湿水肿等。

用　　量　7.5～15.0 g，外用适量。

附　　方

（1）治肺结核潮热、低热不退：牡蒿 15 g，地骨皮 25 g。水煎服。

（2）治妇人血崩：牡蒿 50 g，母鸡一只。炖熟后去渣，食鸡肉喝汤。

（3）治喉蛾：牡蒿鲜全草 50～100 g。切碎，水煎服。

（4）治疗疮湿疹：牡蒿适量。煎水洗患处。

（5）治风湿痹痛、头痛：牡蒿根 50 g。水煎服。

（6）治寒湿水肿：牡蒿根 50～100 g。用水一碗煎至半碗，冲黄酒 100 ml 饮服。

▲牡蒿幼株

◎参考文献◎

［1］江苏新医学院．中药大辞典（上册）[M]．上海：上海科学技术出版社，1977:1126–1127.

［2］朱有昌．东北药用植物 [M]．哈尔滨：黑龙江科学技术出版社，1989:1124–1125.

［3］《全国中草药汇编》编写组．全国中草药汇编（上册）[M]．北京：人民卫生出版社，1975:463–464.

▼牡蒿植株

南牡蒿 *Artemisia eriopoda* Bge.

别　　名	牡蒿
俗　　名	一枝蒿　黄蒿　米蒿　拨拉蒿
药用部位	菊科南牡蒿的全草。

原植物　多年生草本，高30～60 cm，具细纵棱。叶纸质；基生叶与茎下部叶近圆形、宽卵形或倒卵形，长4～8 cm，宽2.5～6.0 cm，一至二回大头羽状深裂或全裂或不分裂，裂片倒卵形、近匙形或宽楔形，叶柄长1.5～3.0 cm；中部叶近圆形或宽卵形，一至二回羽状深裂或全裂，每侧有裂片2～3，叶基部宽楔形；上部叶渐小，卵形或长卵形。在茎端、分枝上半部及小枝上排成穗状花序或穗状花序式的总状花序，在茎上组成开展、稍大型的圆锥花序；总苞片3～4层，外层略短小，外、中层总苞片卵形或长卵形；具雌花4～8，花冠狭圆锥状，檐部具2～3裂齿，花柱伸出花冠外，先端2叉，叉端尖；具两性花6～10，花冠管状，花药线形，先端附属物尖，花柱短。瘦果长圆形。花期8—9月，果期9—10月。

生　　境　生于森林草原带及草原带山地，为山地草原常见伴生种。

分　　布　辽宁凤城、庄河、鞍山、盖州、瓦房店、长海、大连市区、葫芦岛、北镇、凌源、喀左、阜新等地。内蒙古鄂伦春旗、宁城、克什克腾旗、翁牛特旗等地。河北、山西、陕西、山东、江苏、安徽、河南、湖北、湖南、四川、云南。朝鲜、蒙古。

采　　制　夏、秋季采收全草，除去杂质，切段，阴干。

性味功效　有疏风清热、除湿止痛的功效。

主治用法　用于风湿关节痛、头痛、水肿、毒蛇咬伤等。水煎服。外用捣烂敷患处。

用　　量　10～15 g。外用适量。

◎参考文献◎

［1］巴根那.中国大兴安岭蒙中药植物资源志 [M].赤峰：内蒙古科学技术出版社，2011:422-423.

［2］中国药材公司.中国中药资源志要 [M].北京：科学出版社，1994:1253.

［3］江纪武.药用植物辞典 [M].天津：天津科学技术出版社，2005:77.

牡蒿植株

▲猪毛蒿花序

猪毛蒿 *Artemisia scoparia* Waldst. et Kit.

别　　名　北茵陈　东北茵陈蒿　白蒿　扫帚艾　滨蒿

俗　　名　黄蒿　黄花蒿　狼尾巴蒿　燎毛蒿　白绵蒿　捂梨蒿　牛毛蒿　小白蒿　白蒿　香蒿　吱啦蒿　山柳蒿　臭蒿　松蒿　米蒿

药用部位　菊科猪毛蒿的幼苗及嫩茎叶。

原 植 物　多年生草本或一、二年生草本。植株有浓烈的香气。茎通常单生，高 40 ~ 100 cm。叶近圆形、长卵形，二至三回羽状全裂；叶长卵形或椭圆形，长 1.5 ~ 3.5 cm，宽 1 ~ 3 cm，二至三回羽状全裂，每侧有裂片 3 ~ 4，再次羽状全裂，每侧具小裂片 1 ~ 2，小裂片狭线形，长 3 ~ 5 mm，宽 0.2 ~ 1.0 mm；中部叶长圆形或长卵形；茎上部叶与分枝上叶及苞片叶 3 ~ 5 全裂或不分裂。头状花序近球形，直径 1 ~ 2 mm，基部有线形的小苞叶，并排成复总状或复穗状花序；总苞片 3 ~ 4 层，外层总苞片草质，中、内层总苞片长卵形或椭圆形；花序托小，凸起；具雌花 5 ~ 7，花冠狭圆锥状或狭管状，冠檐具 2 裂齿，花柱线形，伸出花冠外，先端 2 叉，叉端尖；具两性花 4 ~ 10，花冠管状，花药线形，先端附属物尖，长三角形，花柱短，先端膨大，2 裂，不叉开。瘦果倒卵形或长圆形，褐色。花期 8—9 月；果期 9—10 月。

生　　境　生于山野、路旁、荒地及林缘等处。

分　　布　东北地区。全国各地。朝鲜、日本、伊朗、土耳其、阿富汗、巴基斯坦、印度、俄罗斯。欧洲（东部和中部）。

采　　制　春季采收嫩苗或嫩茎叶，除去老茎和杂质，晒干，揉碎，生用。

性味功效　味苦、辛，性微寒。有清热利湿、利胆退黄的功效。

主治用法　用于胆囊炎、小便色黄不利、湿疮瘙痒、湿温初起、肺脓肿、感冒咳嗽、咽喉肿痛。水煎服。

▲ 猪毛蒿叶

外用煎水敷患处。

附　　方

（1）预防肝炎：猪毛蒿 0.5 kg，加水煎煮 3 次，过滤，3 次滤液合并，浓煎成 500 ml，每服 16 ml，每日 2 次，连服 3 d。

（2）治黄疸型肝炎（热重型）：猪毛蒿 50 g，山栀、生大黄、滑石各 15 g，海金沙、板蓝根各 25 g。水煎服。

（3）治肝细胞性黄疸：猪毛蒿 100 g，蒲公英 50 g，板蓝根 25 g，山栀子 15 g，黄连 5 g。水煎服。若大便秘结可加生大黄 15 g。

（4）治慢性胆囊炎急性发作：猪毛蒿、蒲公英各 50 g，黄芩、山栀子、生大黄、枳壳、海金沙、泽泻各 15 g，郁金 20 g，玄明粉 10 g。水煎服。

（5）治小儿急性传染性肝炎：猪毛蒿 40 g，栀子 15 g，熟大黄 5 g，六曲、麦芽、山楂各 15 g，谷芽 20 g，甘草 10 g。水煎服。又方：猪毛蒿 40 g，栀子 10 g，甘草 15 g，大枣 4 个。水煎服。

（6）治黄疸型传染性肝炎：猪毛蒿 50 ～ 75 g。水煎服，每日 3 次，小儿酌减，疗程平均为 7 d。又方：猪毛蒿 100 g，甘草 50 g，大枣 25 个。加水煎至 160 ml，再加糖浆 40 ml 混合。每次用量 1 ～ 3 岁 12 ml，3 ～ 5 岁 15 ml，5 ～ 10 岁 30 ml，每日 3 次。

附　　注

（1）在东北的个别市县，有人用它做"艾蒿"的代用品。

（2）本品为《中华人民共和国药典》（2020 年版）收录的药材。

▲猪毛蒿幼株

◎参考文献◎

［1］朱有昌.东北药用植物 [M].哈尔滨：黑龙江科学技术出版社，1989:1128-1130.

［2］《全国中草药汇编》编写组.全国中草药汇编（上册）[M].北京：人民卫生出版社，1975:606-608.

［3］中国药材公司.中国中药资源志要 [M].北京：科学出版社，1994:1256-1257.

沙蒿 *Artemisia desertorum* Spreng.

别　　名	漠蒿
俗　　名	薄蒿 草蒿 荒地蒿 荒漠蒿
药用部位	菊科沙蒿的嫩枝叶。

原 植 物 多年生草本。茎单生或少数，高 30 ~ 70 cm。叶纸质；茎下部叶与营养枝叶长圆形或长卵形，长 2 ~ 5 cm，宽 1.5 ~ 4.5 cm，二回羽状全裂或深裂，每侧有裂片 2 ~ 3，裂片椭圆形或长圆形，长 1 ~ 2 cm，宽 0.3 ~ 0.6 cm，每裂片常再 3 ~ 5 深裂或浅裂，小裂片线形、线状披针形或长椭圆形；叶柄基部有线形、半抱茎的假托叶。头状花序多数，卵球形或近球形，直径 2.5 ~ 3.0 mm，在分枝上排成穗状花序式的总状花序或复总状花序，而在茎上组成狭长的扫帚形的圆锥花序；总苞片 3 ~ 4 层，外层总苞片略小，卵形；中层总苞片长卵形；内层总苞片长卵形，半膜质；具雌花 4 ~ 8，花冠狭圆锥状或狭管状，檐部具 2 ~ 3 裂齿，花柱长，伸出花冠外，先端 2 叉；具两性花 5 ~ 10，花冠管状，花药线形，先端附属物尖，长三角形，基部圆钝，花柱短，先端稍膨大。瘦果倒卵形或长圆形。花期 8—9 月，果期 9—10 月。

生　　境 生于草原、草甸、森林草原、高山草原、荒坡、砾质坡地、干河谷、河岸边、林缘及路旁等处。

▲沙蒿植株

分　　布 黑龙江黑河、杜尔伯特、林甸、肇东、肇源、肇州等地。吉林前郭、大安、镇赉、通榆、长岭等地。辽宁彰武。内蒙古额尔古纳、牙克石、根河、鄂伦春旗、鄂温克旗、陈巴尔虎旗、满洲里、科尔沁右翼前旗、扎鲁特旗、巴林右旗、克什克腾旗、翁牛特旗、东乌珠穆沁旗、西乌珠穆沁旗、正蓝旗、正镶白旗、太仆寺旗等地。河北、山西、陕西、宁夏、甘肃、青海、新疆、四川、贵州、云南、西藏。俄罗斯、蒙古、日本、印度、巴基斯坦等。

采　　制 夏、秋季采收嫩枝叶，除去杂质，切段，阴干。

性味功效 有止咳、祛痰、平喘的功效。

主治用法 用于慢性气管炎、哮喘、感冒、风湿性关节炎等。水煎服。

用　　量 适量。

◎参考文献◎

［1］江纪武．药用植物辞典 [M]．天津：天津科学技术出版社，2005:74.

▲ 茵陈蒿群落

茵陈蒿 *Artemisia capillaries* Thunb.

别　　名	白茵陈　东北茵陈蒿　猪毛蒿
俗　　名	吱啦蒿　捂梨蒿　白蒿子　黄蒿　黄花蒿　狼尾巴蒿　燎毛蒿　白绵蒿　牛毛蒿　小白蒿　白蒿　香蒿

山柳蒿　松蒿　臭蒿

药用部位　菊科茵陈蒿的干燥幼苗。

原 植 物　半灌木状草本。植株有浓烈的香气。茎高 40～120 cm，或更长。基生叶密集着生，常呈莲座状，

▼ 市场上的茵陈蒿幼株

叶卵圆形或卵状椭圆形，长 2～5 cm，宽 1.5～3.5 cm，二至三回羽状全裂，每侧有裂片 2～4，每裂片再 3～5 全裂，小裂片狭线形或狭线状披针形；中部叶宽卵形、近圆形或卵圆形，长 2～3 cm，宽 1.5～2.5 cm；上部叶与苞片叶羽状 5 全裂或 3 全裂。头状花序卵球形，直径 1.5～2.0 mm；总苞片 3～4 层，外层总苞片草质，中、内层总苞片椭圆形；具雌花 6～10，花冠狭管状或狭圆锥状，檐部具 2～3 裂齿，花柱细长，伸出花冠外，先端 2 叉；具两性花 3～7，花冠管状，花药线形，花柱短，2 裂。花期 8—9 月，果期 9—10 月。

生　　境　生于山坡、草地、田野、路旁及住宅附近，常成单优势的大面积群落。

分　　布　黑龙江哈尔滨。吉林公主岭、通化、白山市区、梅河口、集安、通榆、抚松、靖宇、柳河、辉南、长白等地。辽宁凌源、葫芦岛市区、营口、大连市区、庄河、丹东市区、开原、朝阳、西丰、建平、建昌、阜新、宽甸各地。内蒙古额尔

古纳、陈巴尔虎旗、牙克石、鄂伦春旗、鄂温克旗、新巴尔虎左旗、新巴尔虎右旗、科尔沁右翼前旗、扎赉特旗、科尔沁右翼中旗、扎鲁特旗、突泉、科尔沁左翼后旗、科尔沁左翼中旗、奈曼旗、克什克腾旗、巴林左旗、巴林右旗、喀喇沁旗、翁牛特旗、阿鲁科尔沁旗、宁城、东乌珠穆沁旗、西乌珠穆沁旗、正蓝旗、正镶白旗、太仆寺旗、多伦、镶黄旗等地。河北、山东、江苏、安徽、浙江、江西、福建、台湾、河南、陕西、湖北、湖南、广东、广西、四川等。朝鲜、俄罗斯（西伯利亚中东部）、蒙古、日本、菲律宾、越南、柬埔寨、马来西亚、印度尼西亚。

采　　制　春季采收幼苗，除去老茎和杂质，晒干，揉碎，生用。

性味功效　味苦、辛，性凉。有清热利湿、利胆退黄的功效。

主治用法　用于黄疸性肝炎、湿热发黄、小便不利、风痒疮疥、湿疮瘙痒、胆囊炎及血压亢进等。水煎服。外用煎水洗。非因湿热引起的黄疸忌服。

用　　量　15～25 g。外用适量。

附　　方

（1）预防肝炎：茵陈蒿 0.5 kg，加水煎煮 3 次，过滤，3 次滤液合并，浓煎成 500 ml，每服 16 ml，每日 2 次，连服 3 d。

（2）治黄疸型肝炎（热重型）：茵陈蒿 50 g，山栀、生大黄、滑石各 15 g，海金沙、板蓝根各 25 g。水煎服。

（3）治肝细胞性黄疸：茵陈蒿 100 g，蒲公英 50 g，板蓝根 25 g，山栀子 15 g，黄连 5 g。水煎服。若大便秘结可加生大黄 15 g。

▲ 茵陈蒿幼株

▼ 茵陈蒿幼苗（前期）

▼ 茵陈蒿幼苗（后期）

▲茵陈蒿植株

（4）治慢性胆囊炎急性发作：茵陈蒿、蒲公英各50g，黄芩、山栀子、生大黄、枳壳、海金沙、泽泻各15g，郁金20g，玄明粉10g。水煎服。

（5）治小儿急性传染性肝炎：茵陈蒿40g，栀子15g，熟大黄5g，六曲、麦芽、山楂各15g，谷芽20g，甘草10g。水煎服。又方：茵陈蒿40g，栀子10g，甘草15g，大枣4个。水煎服。

（6）治黄疸型传染性肝炎：茵陈蒿50～75g。水煎服，每日3次，小儿酌减，疗程平均为7d。又方：茵陈蒿100g，甘草50g，大枣25个，加水煎至160ml，再加糖浆40ml混合。每次用量1～3岁12ml，3～5岁15ml，5～10岁30ml，每日3次。

附　注　本品为《中华人民共和国药典》（2020年版）收录的药材。

▼茵陈蒿果实

◎参考文献◎

［1］江苏新医学院.中药大辞典（下册）[M].上海：上海科学技术出版社，1977：1588-1591.

［2］朱有昌.东北药用植物[M].哈尔滨：黑龙江科学技术出版社，1989：1118-1119.

［3］《全国中草药汇编》编写组.全国中草药汇编（下册）[M].北京：人民卫生出版社，1975：606-608.

石胡荽属 *Centipeda* Lour.

石胡荽 *Centipeda minima*（L.）A. Br. et Aach.

别　　名	鹅不食草　球子草
俗　　名	地胡椒　三牙戟
药用部位	菊科石胡荽的全草（入药称"鹅不食草"）。
原 植 物	一年生小草本。茎多分枝，高 5～20 cm，匍匐状，微被蛛丝状毛或无毛。叶互生，楔状倒披针形，长 7～18 mm，顶端钝，基部楔形，边缘有少数锯齿，无毛或背面微被蛛丝状毛。头状花序小，扁球形，直径约 3 mm，单生于叶腋，无花序梗或极短；总苞半球形；总苞片 2 层，椭圆状披针形，绿色，边缘透明膜质，外层较大；边缘花雌性，多层，花冠细管状，长约 0.2 mm，淡绿黄色，顶端 2～3 微裂；盘花两性，花冠管状，长约 0.5 mm，顶端 4 深裂，淡紫红色，下部有明显的狭管。瘦果椭圆形，长约 1 mm，具 4 棱，棱上有长毛，无冠状冠毛。花期 8—9 月，果期 9—10 月。
生　　境	生于杂草地、耕地及阴湿地等处。
分　　布	黑龙江哈尔滨、齐齐哈尔等地。吉林长白山各地。辽宁抚顺、本溪、桓仁等地。河北、河南、山东、湖南、湖北、江苏、浙江、安徽、江西、四川、贵州、福建、台湾、广东、广西。朝鲜、日本、蒙古、俄罗斯（西伯利亚）。
采　　制	夏、秋季采收全草，切段，洗净，鲜用或晒干。
性味功效	味辛，性温。有通窍散寒、祛风利湿、散瘀消肿、去翳止痛的功效。
主治用法	用于感冒鼻塞、过敏性鼻炎、慢性鼻炎、目翳涩痒、咽喉肿痛、百日咳、慢性支气管炎、耳聋、蛔虫病、痢疾、疳泻、疟疾、镰疮、疥癣、风湿腰腿痛、筋骨疼痛、毒蛇咬伤及跌打损伤。水煎服。入丸、散。外用捣烂塞鼻、研末搐鼻或捣烂敷患处。
用　　量	7.5～15.0 g（鲜品 15～25 g）。外用适量。
附　　方	（1）治鼻炎：20% 鹅不食草液，0.25% 氯霉素，联合滴鼻，每日 2～3 次。 （2）治过敏性鼻炎：鹅不食草 30 g，加水适量，捣烂绞汁，过滤后加水至 100 ml，另加入盐酸本海拉明 0.1 g，盐酸麻黄素 0.5 g，氯化钠 1 g，滴鼻，

▲石胡荽植株

▼石胡荽花序

每日 3 ～ 4 次。

（3）治萎缩性鼻炎：鹅不食草粉 5 g，液状石蜡 100 ml，搅匀滴鼻，每次每侧鼻腔 2 ～ 3 滴，每日 3 次，以愈为度。

（4）治百日咳：鹅不食草鲜品 250 g，制成煎液 500 ml，再加入等量糖浆，按患儿年龄大小，每日用 20 ～ 40 ml，4 次分服。又方：取鹅不食草鲜品 250 g，制成煎液 500 ml，再加入糖浆至 1 000 ml。1 ～ 4 岁 3 ～ 10 ml，5 ～ 8 岁 11 ～ 20 ml，每日 3 次。另方：鲜鹅不食草 250 g，加水 1 000 ml，煎至 500 ml，过滤，再加水 700 ml，煎至 500 ml，混合浓缩至 500 ml，过滤候冷，加入质量分数为 2% 的苯甲酸和矫味剂备用。1 岁以下，每次服 3 ～ 4 ml；1 ～ 2 岁，每次 5 ～ 7 ml；3 ～ 4 岁，每次 8 ～ 10 ml；5 ～ 6 岁，每次 11 ～ 15 ml；7 ～ 8 岁，每次 16 ～ 20 ml。每日 3 次。

（5）治不完全性蛔虫性肠梗阻：鹅不食草全草 50 g，雄黄 20 g，研成细末，过 100 ～ 200 目筛，和匀，做成水丸。小儿每次 0.3 ～ 0.5 g，成人每次 1 ～ 2 g，早晚各服 1 次，一般连服 2 ～ 3 d。一般在服药 2 ～ 4 次后开始排虫，服药后，除个别病人胃区有烧灼感外，一般无特殊不良反应。

（6）治湿毒胫疮（臁疮）：鹅不食草全草适量，晒干研末，每以 25 g，加汞粉 2.5 g，桐油调作隔纸膏，周围缝定，以茶洗净患处，缚上膏药，即出黄水。

（7）治跌打肿痛：鹅不食草鲜草适量，捣烂，炒热，敷患处。

（8）治软组织损伤：将鹅不食草全草研成粉末，成人每次用 10 ～ 15 g（小儿减半），以黄酒 300 ～ 400 ml（不饮酒者用酒水各半）、红糖 50 ～ 100 g 同煮（沸后密盖勿令泄气），过滤后温服；药渣趁热敷于患部。亦可用粉剂每日 5 ～ 10 g，或以鲜草 50 ～ 100 g 捣汁，分 3 次以温酒冲服。治疗胸、背及腰部等软组织损伤（包括跌伤、打伤、扭伤等）均有效。除胃痛患者服酒煮剂间有疼痛外，一般无不良反应。

附 注　本品为《中华人民共和国药典》（2020 年版）收录的药材。

◎参考文献◎

［1］江苏新医学院. 中药大辞典（下册）[M]. 上海：上海科学技术出版社，1977:2400-2401.

［2］朱有昌. 东北药用植物 [M]. 哈尔滨：黑龙江科学技术出版社，1989:1154-1155.

［3］《全国中草药汇编》编写组. 全国中草药汇编（上册）[M]. 北京：人民卫生出版社，1975:858-859.

小滨菊属 *Leucanthemella* Tzvel.

小滨菊 *Leucanthemella linearis*（Matsum.）Tzvel.

别　　名	线叶菊
药用部位	菊科小滨菊的干燥花序。

原 植 物　多年生沼生植物，高 25～90 cm，有长地下匍匐茎。茎直立，常簇生，不分枝或自中部分枝，有短柔毛至无毛。基生叶和下部茎叶花期枯落，全形椭圆形或披针形，长 5～8 cm，自中部以下羽状深裂，侧裂片 3 对、2 对或 1 对；全部侧裂和顶裂片线形，宽约 3 mm，全缘；上部茎叶通常不分裂；全部叶无柄，上面及边缘粗涩，有皮刺状乳突，无腺点，下面有明显腺点。头状花序单生茎顶，或 2～8 个头状花序在茎枝顶端排成不规则的伞房花序；总苞碟状，直径 10～15 mm；外层总苞片线状披针形，内层总苞片长椭圆形；舌状花白色，舌片长 10～20 mm，顶端有 2～3 齿。花期 8—9 月，果期 9—10 月。

生　　境　生于湿地、水甸及沼泽地上。

分　　布　吉林蛟河、靖宇、柳河、辉南、安图、和龙、抚松、临江等地。辽宁彰武。内蒙古额尔古纳、翁牛特旗等地。朝鲜、俄罗斯、日本。

采　　制　秋季采摘花序，除去杂质，阴干或蒸后晾干。

性味功效　有解热、消肿、散瘀的功效。

用　　量　适量。

◎参考文献◎

［1］中国药材公司.中国中药资源志要 [M].北京：科学出版社，1994:1314.
［2］江纪武.药用植物辞典 [M].天津：天津科学技术出版社，2005:455.

▲ 小滨菊花序（侧）

▲ 小滨菊花序

▲ 小滨菊花序（背）

▲小滨菊植株

▲ 野菊植株

菊属 *Chrysanthemum* L.

野菊 *Chrysanthemum indicum* Thunb

▼ 野菊花序（背）

别　　名	少花野菊
俗　　名	野菊花　山黄菊　黄菊花　野黄菊　九月菊　野黄菊花
药用部位	菊科野菊的干燥花序、全草及根。

原 植 物　多年生草本，高 0.25 ~ 1.00 m，有地下长或短的匍匐茎。茎枝被稀疏的毛，基生叶和下部叶花期脱落。中部茎叶卵形、长卵形或椭圆状卵形，长 3 ~ 10 cm，宽 2 ~ 7 cm，羽状半裂、浅裂，叶柄长 1 ~ 2 cm，两面同色或几同色，淡绿色，或干后两面成橄榄色，有稀疏的短柔毛，或下面的毛稍多。头状花序，直径 1.5 ~ 2.5 cm，多数在茎枝顶端排成疏松的伞房圆锥花序或少数在茎顶排成伞房花序；总苞片约 5 层，外层卵形或卵状三角形，长 2.5 ~ 3.0 mm，中层卵形，内层长椭圆形，长 11 mm，全部苞片边缘白色或褐色宽膜质，顶端钝或圆；舌状花黄色，舌片长 10 ~ 13 mm。花期 8—9 月，果期 9—10 月。

▲ 野菊花序

生　境　生于山坡草地、灌丛、河边水湿地、田边及路旁等处。

分　布　吉林通化、临江、集安等地。辽宁抚顺、宽甸、凤城、桓仁、沈阳市区、铁岭、兴城、锦州、北镇、阜新、法库等地。全国绝大部分地区。朝鲜、日本、蒙古、俄罗斯（西伯利亚）。

采　制　秋季采摘花序，除去杂质，阴干或蒸后晾干。夏、秋季采收全草，切段，晒干。春、秋季采挖根，除去泥土，洗净，晒干。

性味功效　花序：味苦、辛，性凉。有清热解毒、疏肝明目、降血压的功效。根及全草：味苦、辛，性寒。有清热解毒的功效。

主治用法　花序：用于感冒、肺炎、高血压、肝炎、丹毒、胃肠炎、泄泻、痈疖疗疮、毒蛇咬伤、流脑、湿疹、天疱疮等。水煎服。阳虚、胃寒、气虚头痛、血虚目花者忌服。外用水煎洗、漱口或鲜品捣敷。根及全草：用于感冒、高血压、肝炎、泻泄、痈肿疗疮、目赤、瘰疬、天疱疮、湿疹、腮腺炎及毒蛇咬伤等。水煎服或捣汁。外用水煎洗、鲜品捣敷或塞鼻。

用　量　野菊花序10～20 g（鲜品50～100 g）。外用适量。根及全草10～20 g（鲜品50～100 g）。外用适量。

附　方

（1）治湿疹、皮炎：野菊全草0.5 kg，加水1 000 ml，煎至500 ml，过滤后湿敷患处。

（2）治感冒：野菊、木棉花、岗梅根、东风橘、五指柑（黄荆）叶各25 g，玉叶金花5 g。水煎服，连服3 d。

（3）预防流行性感冒：野菊茎叶、鱼腥草、金银藤各50 g。加水500 ml，煎至200 ml，每服20～40 ml，每日3次。

（4）治疗疮：野菊根、菖蒲根、生姜各50 g。水煎，水酒兑服。

（5）治痈疽疗肿、一切无名肿毒：野菊花连茎叶捣烂，酒煎，热服取汗，以渣敷之。或用野菊花茎叶、苍耳草各一握，共捣，入酒1碗，绞汁服，取汗，以滓敷之。亦可用野菊花或连茎叶一起，30g，水煎服。

（6）治高血压、头涨痛、眩晕：野菊花、黄芩、夏枯草各15g。水煎服。

（7）治天疱疮、皮肤湿疹：野菊根、枣木，煎汤洗之。又方：野菊花、苦参各25g，煎汤外洗患处，每日2次。

（8）治胃肠炎、肠鸣泄泻腹痛：干野菊花15～20g。煎汤。每日2～3次内服。

（9）治一切痈疽脓肿、耳鼻咽喉口腔诸阳证脓肿：野菊花、蒲公英各80g，紫花地丁、连翘、石斛各50g，水煎，一日3次分服。

附　注　本品为《中华人民共和国药典》（2020年版）收录的药材。

◎参考文献◎

[1] 江苏新医学院.中药大辞典（下册）[M].上海：上海科学技术出版社，1977:2128-2129，2144-2145.

[2] 朱有昌.东北药用植物[M].哈尔滨：黑龙江科学技术出版社，1989:1156-1158.

[3] 《全国中草药汇编》编写组.全国中草药汇编（上册）[M].北京：人民卫生出版社，1975:789-790.

▲野菊总花序

▼野菊瘦果

▼野菊果实

▼ 市场上的甘菊花序（干）

▲ 甘菊植株

▼ 市场上的甘菊花序（鲜）

甘菊 *Chrysanthemum lavandulifolium*（Fisch. ex Trautv.）Makino

别　名	岩香菊　香叶菊　少花野菊
俗　名	野菊花
药用部位	菊科甘菊的干燥花序、全草及根（入药称"岩香菊"）。
原植物	多年生草本，高 0.3 ~ 1.5 m，有地下匍匐茎。茎直立，自中部以上多分枝或仅上部伞房状花序分枝；茎枝有稀疏的柔毛，但上部及花序梗上的毛稍多。基部和下部叶花期脱落，中部茎叶卵形、宽卵形或椭圆状卵形，长 2 ~ 5 cm，宽 1.5 ~ 4.5 cm，二回羽状分裂，一回全裂或几全裂，二回为半裂或浅裂，一回侧裂片 2 ~ 4 对。中部茎叶叶柄长 0.5 ~ 1.0 cm。头状花序直径 10 ~ 20 mm；总苞碟形，直径 5 ~ 7 mm；总苞片约 5 层；外层线形或线状长圆形，长 2.5 mm，中、内层卵形，全部苞片顶端圆形，边缘白色或浅褐色膜质；舌状花黄色，舌片椭圆形，长 5.0 ~ 7.5 mm。花期 8—9 月，果期 9—10 月。
生　境	生于山坡、岩石上、河谷、河岸及荒地等处。

分　布　吉林集安。辽宁凌海、朝阳、锦州市区、北镇、庄河、抚顺、鞍山、阜新、建平、建昌、桓仁、宽甸等地。内蒙古科尔沁左翼后旗、宁城、敖汉旗等地。河北、山东、山西、江西、江苏、浙江、四川、湖北、陕西、甘肃、青海、云南、新疆。朝鲜、俄罗斯（西伯利亚中东部）。

采　制　秋季采摘花序，除去杂质，阴干或蒸后晾干。夏、秋季采收全草，切段，晒干。春、秋季采挖根，除去泥土，洗净，晒干。

性味功效　花序：味苦、辛，性凉。有清热解毒、疏肝明目、降血压的功效。根及全草：味苦、辛，性寒。有清热解毒的功效。

▲甘菊花序（淡黄色）

▼甘野菊植株

▲ 甘菊幼株

主治用法 花序：用于感冒、肺炎、高血压、肝炎、丹毒、胃肠炎、泄泻、痈疖疔疮、毒蛇咬伤、流脑、湿疹、天疱疮等。水煎服。阳虚、胃寒、气虚头痛、血虚目花者忌服。外用水煎洗、漱口或鲜品捣敷。根及全草：用于感冒、高血压、肝炎、泻泄、痈肿疔疮、痈肿、疔疮、目赤、瘰疬、天疱疮、湿疹、腮腺炎及毒蛇咬伤等。水煎服或捣汁。外用水煎洗，鲜品捣敷或塞鼻。

用　　量 花序 10 ~ 20 g（鲜品 50 ~ 100 g）。外用适量。根及全草 10 ~ 20 g（鲜品 50 ~ 100 g）。外用适量。

附　　注 在东北尚有 1 变种：

甘野菊 var. *seticuspe*（Maxim.）Shin，叶大而质薄，两面无毛或几无毛。分布于吉林通化、辽宁锦州、沈阳市区、铁岭、抚顺、凤城、丹东市区、鞍山、本溪、清原、宽甸、西丰、法库等地。河北、陕西、甘肃、湖北、湖南、江西、四川、云南。日本。其他与原种同。

◎参考文献◎

［1］江苏新医学院. 中药大辞典（下册）[M]. 上海：上海科学技术出版社，1977:2128－2129.

［2］钱信忠. 中国本草彩色图鉴（第四卷）[M]. 北京：人民卫生出版社，2003:449－451.

［3］江纪武. 药用植物辞典 [M]. 天津：天津科学技术出版社，2005:252.

▲ 甘菊花序（背）

▲ 甘菊花序

▲小红菊植株

小红菊 *Chrysanthemum chanetii* H. Lév.

药用部位 菊科小红菊的干燥花序。

原植物 多年生草本，高 15 ～ 60 cm。茎自基部或中部分枝，中部茎叶肾形、半圆形、近圆形或宽卵形，长 2 ～ 5 cm，宽略等于长，通常 3 ～ 5 掌状或掌式羽状浅裂或半裂。根生叶及下部茎叶与茎中部叶同形，但较小；上部茎叶椭圆形或长椭圆形，接花序下部的叶长椭圆形或宽线形，羽裂、齿裂或不裂。头状花序直径 2.5 ～ 5.0 cm，3 ～ 12 个排成疏松伞房花序；总苞碟形，直径 8 ～ 15 mm；总苞片 4 ～ 5 层，外层宽线形，边缘繸状撕裂，外面有稀疏的长柔毛，中、内层渐短，全部苞片边缘白色或褐色膜质；舌状花白色、粉红色或紫色，舌片长 1.2 ～ 2.2 cm，顶端 2 ～ 3 齿裂。花期 7—8 月，果期 9—10 月。

生　境 生于山坡林缘、灌丛、河滩及沟边等处。

分　布 黑龙江阿城、伊春、密山、勃利等地。吉林安图。辽宁凌源、朝阳、大连市区、庄河、瓦房店、凤城、本溪、鞍山市区、海城、建平、建昌、绥中、岫岩、桓仁、新宾等地。内蒙古扎兰屯、科尔沁右翼前旗、科尔沁右翼中旗、扎鲁特旗、突泉、阿鲁科尔沁旗、翁牛特旗、克什克腾旗、东乌珠穆沁旗、西乌珠穆沁旗等地。河北、山东、山西、陕西、甘肃、青海。朝鲜、俄罗斯（西伯利亚）。

▲小红菊花序（背）

▼小红菊幼株

▲小红菊群落

▼小红菊花序

▲小红菊瘦果

采　　制　秋季采摘花序，除去杂质，阴干或蒸后晾干。

性味功效　有清热解毒、消肿的功效。

主治用法　用于外感风热、咽喉痛、疮疡肿毒等。水煎服。外用水煎洗或鲜品捣敷。

用　　量　适量。

◎参考文献◎

[1] 中国药材公司.中国中药资源志要 [M].北京：
　　科学出版社，1994:1285-1286.

[2] 江纪武.药用植物辞典 [M].天津：天津科学技
　　术出版社，2005:252.

▲ 楔叶菊植株

▼ 楔叶菊花序（背）

楔叶菊 *Chrysanthemum naktongense* Nakai

药用部位 菊科楔叶菊的干燥花序。

原植物 多年生草本，高 10 ~ 50 cm。茎直立。中部茎叶长椭圆形、椭圆形或卵形，长 1 ~ 3 cm，掌式羽状或羽状 3 ~ 7 浅裂、半裂或深裂；基生叶和下部茎叶与中部茎叶同形，但较小；上部茎叶倒卵形、倒披针形或长倒披针形，3 ~ 5 裂或不裂；全部茎叶基部楔形或宽楔形。头状花序直径 3.5 ~ 5.0 cm，2 ~ 9 个在茎枝顶端排成疏松伞房花序，极少单生；总苞碟状，直径 10 ~ 15 mm，总苞片 5 层，外层线形或线状披针形，长 4 ~ 6 mm，顶端圆形膜质扩大，中、内层椭圆形或长椭圆形，长 4.5 ~ 6.0 mm，边缘及顶端白色或褐色膜质；舌状花白色、粉红色或淡紫色，舌片长 1.0 ~ 1.5 cm。花期 7—8 月，果期 9—10 月。

▲楔叶菊花序

生　　境　生于草原、山坡林缘、灌丛、河滩及沟边等处。
分　　布　黑龙江呼玛、塔河、呼中、新林、伊春等地。内蒙古额尔古纳、鄂温克旗、新巴尔虎左旗、

▼楔叶菊幼株

科尔沁右翼前旗、扎鲁特旗、克什克腾旗等地。河北。俄罗斯（西伯利亚中东部）。

采　　制　秋季采摘花序，除去杂质，阴干或蒸后晾干。

性味功效　有清热解毒的功效。

用　　量　适量。

◎参考文献◎

[1] 江纪武. 药用植物辞典 [M]. 天津：天津科学技术出版社，2005:252.

▲楔叶菊植株（侧）

▲ 紫花野菊花序（背）

紫花野菊 *Chrysanthemum zawadskii* Herbich

別　名　山菊

药用部位　菊科紫花野菊的花序及叶。

原植物　多年生草本，高15～50cm。中下部茎叶卵形、宽卵形、宽卵状三角形或近菱形，长1.5～4.0cm，宽1.0～3.5cm，二回羽状分裂；一回为几全裂，侧裂片2～3对；二回为深裂或半裂，二回裂片三角形或斜三角形，宽达3mm，顶端短尖，上部茎叶小，长椭圆形，羽状深裂，或宽线形而不裂；中下部茎叶有长1～4cm的叶柄。头状花序直径1.5～4.5cm，总苞浅碟状；总苞片4层，外层线形或线状披针形；中、内层椭圆形或长椭圆形，长3～7mm；全部苞片边缘白色或褐色膜质，仅外层外面有稀疏短柔毛；舌状花白色或紫红色，舌片长10～20mm，顶端全缘或微凹。花期7—8月，果期9—10月。

生　境　生于林间草地、林下、林缘及山顶砬子上。

分　布　吉林临江、通化、集安等地。辽宁丹东市区、本溪、宽甸、桓仁等地。内蒙古海拉尔、额尔古纳、根河、牙克石、鄂温克旗、新巴尔虎右旗、阿荣旗、克什克腾旗、翁牛特旗、东乌珠穆沁旗、西乌珠穆沁旗等地。河北、安徽、山西、陕西、甘肃。朝鲜、俄罗斯、蒙古。欧洲。

采　制　秋季采摘花序，除去杂质，洗净，晒干。夏、秋季采摘叶，除去杂质，洗净，晒干。

性味功效　有清热解毒、降血压的功效。

用　量　适量。

▲ 紫花野菊花序

◎参考文献◎

[1] 中国药材公司.中国中药资源志要[M].北京：科学出版社，1994:1287.

[2] 江纪武.药用植物辞典[M].天津：天津科学技术出版社，2005:252.

◀ 紫花野菊植株

▲小山菊植株（花粉色）

▼小山菊植株（花粉紫色）

▲小山菊幼株（前期）

小山菊 *Chrysanthemum oreastrum* Hance

别　　名　毛山菊　高山札菊

药用部位　菊科小山菊的花序及叶。

原 植 物　多年生草本，高 3 ~ 45 cm，有地下匍匐根状茎。茎单生。基生及中部茎叶菱形、扇形或近肾形，长 0.5 ~ 2.5 cm，宽 0.5 ~ 3.0 cm，二回掌状或掌式羽状分裂，一二回全部全裂；上部叶与茎中部叶同形，但

较小，最上部及接花序下部的叶羽裂或 3 裂；末回裂片线形或宽线形，宽 0.5 ~ 2.0 mm；全部叶有柄。头状花序直径 2 ~ 4 cm，单生茎顶，极少茎生 2 ~ 3 个头状花序的；总苞浅碟状，直径 1.5 ~ 3.5 cm；总苞片 4 层，外层线形、长椭圆形或卵形，中、

▼小山菊幼株（后期）

▲小山菊花序（背）

▲小山菊群落

▼小山菊植株（花白色）

▲ 小山菊植株（花淡粉色）

内层长卵形、倒披针形；全部苞片边缘棕褐色或黑褐色宽膜质；舌状花白色、粉红色，舌片顶端3齿或微凹。花期7—8月，果期8—9月。

生　境　生于亚高山草地和高山苔原带多砾石地上。

▼ 小山菊花序

分　布　吉林长白、抚松、安图、抚松等地。内蒙古东乌珠穆沁旗、西乌珠穆沁旗等地。河北、山西。朝鲜。

采　制　秋季采摘花序，除去杂质，洗净，晒干。夏、秋季采摘叶，除去杂质，洗净，晒干。

性味功效　有清热解毒、降血压的功效。

用　量　适量。

◎参考文献◎

［1］中国药材公司. 中国中药资源志要 [M]. 北京：科学出版社，1994:1287.

▲ 线叶菊群落

线叶菊属 *Filifolium* Kitam.

线叶菊 *Filifolium sibiricum*（L.）Kitam.

别　　名　兔毛蒿　西伯利亚艾菊

俗　　名　兔子蹲　兔子腿　油蒿　骆驼毛草　兔子腿

药用部位　菊科线叶菊的全草（入药称"兔毛蒿"）。

原植物　多年生草本。茎丛生，高20～60 cm，不分枝或上部稍分枝，分枝斜生，无毛，有条纹。基生叶有长柄，倒卵形或矩圆形，长20 cm，宽5～6 cm；茎生叶较小，互生；全部叶二至三回羽状全裂；末次裂片丝形，长达4 cm，宽达1 mm，无毛，有白色乳头状小凸起。头状花序在茎枝

▲ 线叶菊果实　　　　　　　　　　▼ 线叶菊花序

▲ 线叶菊幼株

顶端排成伞房花序，花梗长1～11 mm；总苞球形或半球形，直径4～5 mm，无毛；总苞片3层，卵形至宽卵形，边缘膜质，顶端圆形，背部厚硬，黄褐色；具边花约6，花冠筒状，压扁，顶端稍狭，具2～4齿，有腺点；盘花多数，花冠管状，黄色，长约2.5 mm，顶端5裂齿。花期7—8月，果期8—9月。

生　境　生于干山坡、多石质地、草原、固定沙丘及盐碱地上。

分　布　黑龙江呼玛、黑河市区、嫩江、五大连池、克山、克东、泰来、大庆市区、肇东、肇源、肇州、杜尔伯特、林甸等地。吉林通榆、镇赉、长岭、洮南、前郭、大安、双辽、乾安、梨树、公主岭、延吉、龙井等地。辽宁法库、西丰、昌图、凌源、建平、阜新等地。内蒙古额尔古纳、根河、牙克石、阿尔山、科尔沁右翼前旗、扎赉特旗、科尔沁右翼中旗、扎鲁特旗、突泉、科尔沁左翼后旗、科尔沁左翼中旗、奈曼旗、克什克腾旗、巴林左旗、巴林右旗、喀喇沁旗、翁牛特旗、阿鲁科尔沁旗、宁城、东乌珠穆沁旗、西乌珠穆沁旗、正蓝旗、正镶白旗、太仆寺旗、多伦、镶黄旗等地。河北、山西。朝鲜、俄罗斯（西伯利亚）、日本。

采　制　夏、秋季采收全草，切段，晒干。

性味功效　味苦，性凉。有清热解毒、调经、止血、安神的功效。

主治用法　用于传染病高热、心悸、失眠、神经衰弱、带下病、疖肿疮痈、下肢慢性溃疡、中耳炎、化脓性感染。水煎服。外用研末调敷。

用　量　6～15 g。外用适量。

▲ 线叶菊总花序（背）

▼ 线叶菊总花序

◎参考文献◎

[1] 朱有昌. 东北药用植物 [M]. 哈尔滨：黑龙江科学技术出版社，1989:1176-1177.

[2] 钱信忠. 中国本草彩色图鉴（第三卷）[M]. 北京：人民卫生出版社，2003:321-322.

[3] 中国药材公司. 中国中药资源志要 [M]. 北京：科学出版社，1994:1297.

▲ 线叶菊植株

▲ 同花母菊居群

母菊属 *Matricaria* L.

同花母菊 *Matricaria matricarioides*（Less.）Porter ex Britton

别　　名	香甘菊
药用部位	菊科同花母菊的种子。
原 植 物	一年生草本。茎高 5 ~ 30 cm，直立或斜升，无毛，上部分枝，有时在花序下被疏短柔毛。叶矩圆形或倒披针形，长 2 ~ 3 cm，宽 0.8 ~ 1.0 cm，二回羽状全裂；无叶柄，基部稍抱茎，两面无毛，裂片多数，条形，末次裂片短条形，宽约 0.5 mm。头状花序同型，直径 0.5 ~ 1.0 cm，生于茎枝顶端，梗长 0.5 ~ 1.0 cm；总苞片 3 层，近等长，矩圆形，有白色透明的膜质边缘，顶端钝；花托卵状圆锥形；全部小花管状，淡绿色，花冠长约 1.5 mm，冠檐 4 裂。瘦果矩圆形，淡褐色，背凸起，腹面有 2 ~ 3 条白色细肋，两侧面各有 1 条红色条纹；冠毛极短，冠状，有微齿，白色。花期 7—8 月，果期 8—9 月。
生　　境	生于山坡、林缘、路旁及住宅附近，常聚集成片生长。
分　　布	黑龙江伊春、尚志、虎林、哈尔滨市区等地。吉

▲ 同花母菊花序（侧）

▲ 同花母菊植株

林长白山各地。辽宁宽甸、桓仁等地。内蒙古牙克石。朝鲜、日本、俄罗斯。欧洲、北美洲。

采　制　秋季采摘成熟果实，晒干，打下种子。

主治用法　用于发热、胃痛、消化不良、疖疮等。水煎服。

▼ 同花母菊花序

用　量　适量。

附　注　花序入药，有驱虫、解表的功效。

◎参考文献◎

［1］中国药材公司.中国中药资源志要 [M].北京：科学出版社，1994:1319.

［2］江纪武.药用植物辞典 [M].天津：天津科学技术出版社，2005:504.

▲ 栉叶蒿叶

▼ 栉叶蒿幼株

栉叶蒿属 *Neopallasia* Poljak.

栉叶蒿 *Neopallasia pectinata*（Pall.）Poljak.

别　　名　篦齿蒿

药用部位　菊科栉叶蒿的全草。

原 植 物　一年生草本。茎高 12 ~ 40 cm，常带淡紫色。叶长圆状椭圆形，栉齿状羽状全裂，裂片线状钻形，单一或有 1 ~ 2 同形的小齿，无毛，有时具腺点，无柄，羽轴向基部逐渐膨大；下部和中部茎生叶长 1.5 ~ 3.0 cm，宽 0.5 ~ 1.0 cm，或更小，长 0.3 ~ 1.0 cm；上部和花序下的叶变短小。头状花序卵形或狭卵形，长 3 ~ 5 mm，单生或数个集生于叶腋；总苞片宽卵形，有宽的膜质边缘，外层稍短，有时上半部叶质化，内层较狭；边缘具雌性花 3 ~ 4，能育，花冠狭管状；具两性中心花 9 ~ 16，有 4 ~ 8 着生于花托下部，能育，其余不育，全部两性花花冠 5 裂，有时带粉红色。花期 7—8 月，果期 8—9 月。

生　　境　生于固定沙丘、沙质草地、干山坡、杂木林缘及河谷砾石地等处。

分　　布　黑龙江大庆市区、肇源、肇州、杜尔伯特等地。吉林通榆、镇赉、长岭、洮南、汪清等地。辽宁彰武、建平、阜新等地。内蒙古额尔古纳、根河、陈巴尔虎旗、牙克石、鄂伦春旗、鄂温克旗、新巴尔虎左旗、新巴尔虎右旗、阿尔山、科尔沁右翼前旗、扎赉特旗、科尔沁右翼中旗、扎鲁特旗、突泉、科尔沁左翼后旗、科尔沁左翼中旗、奈曼旗、克什克腾旗、巴林左旗、巴林右旗、喀喇沁旗、翁牛特旗、阿鲁科尔沁旗、宁城、东乌珠穆沁旗、西乌珠穆沁旗、正蓝旗、正镶白旗、太仆寺旗、多伦、镶黄旗等地。河北、山西、陕西、四川、云南、甘肃、宁夏、青海、新疆、西藏。俄罗斯（西伯利亚中东部）、蒙古。亚洲（中部）。

采　　制　夏、秋季采收全草，切段，晒干。

性味功效　味苦、涩，性寒。有清肝利胆、消炎止痛的功效。

主治用法　用于急性黄疸型肝炎、头痛头晕、不思饮食、上吐下泻等。水煎服，或研末冲服。

用　　量　3 ~ 5 g。

◎参考文献◎

［1］中国药材公司 . 中国中药资源志要 [M]. 北京：科学出版社，1994:1321.

［2］江纪武 . 药用植物辞典 [M]. 天津：天津科学技术出版社，2005:540.

▲ 栉叶蒿植株

▲ 菊蒿群落

菊蒿属 *Tanacetum* L.

菊蒿 *Tanacetum vulgare* L.

▲ 菊蒿花序（浅黄色）

别　　名　艾菊

药用部位　菊科菊蒿的茎和花序。

原 植 物　多年生草本，高 30 ～ 150 cm。茎仅上部有分枝。茎叶多数，全形椭圆形或椭圆状卵形，长达 25 cm，二回羽状分裂，一回为全裂，侧裂片达 12 对，二回为深裂，二回裂片卵形、线状披针形、斜三角形或长椭圆形，羽轴有节齿，下部茎叶有长柄，中、上部茎叶无柄。头状花序 10 ～ 20，在茎枝顶端排成稠密的伞房或复伞房花序；总苞直径 5 ～ 13 mm；总苞片 3 层，外层卵状披针形，长约 1.5 mm，中、内层披针形或长椭圆形，长 3 ～ 4 mm，全部苞片边缘白色或浅褐色狭膜质，顶端膜质扩大；全部小花管状，边缘雌花比两性花小，冠毛长 0.1 ～ 0.4 mm，冠缘浅齿裂。花期 7—8 月，果期 8—9 月。

生　　境　生于山坡、河滩、草地、丘陵地及桦木林下。

分　　布　黑龙江尚志、富锦、漠河、塔河、呼玛等地。吉林敦化。内蒙古额尔古纳、牙克石、克什克腾旗等地。新疆。朝鲜、日本、蒙古、俄罗斯。亚洲（中部）、欧洲、北美洲。

采　　制　夏、秋季采收茎，切段，晒干。秋季采摘花序，除去杂质，阴干或蒸后晾干。

▲ 菊蒿植株

▲菊蒿果实

▲菊蒿花序（橙色）

性味功效 味酸，性平。有驱虫、利胆退黄的功效。

主治用法 用于胆汁瘀积、黄疸等。水煎服。

用　量 3～6 g。

附　注 该物种为中国植物图谱数据库收录的有毒植物，其毒性为全草有毒。可因误食过量的菊蒿油和用叶子当茶饮用而引起人中毒。牲畜误食也可中毒。人畜中毒症状为震颤、口吐白沫、强烈痉挛、扩瞳、脉搏频数而微弱、呼吸困难，最后心脏停搏而死亡。

◎参考文献◎

［1］中国药材公司.中国中药资源志要[M].北京:科学出版社，1994:1347.

［2］江纪武.药用植物辞典[M].天津:天津科学技术出版社，2005:794.

▼菊蒿花序（黄色）

▲三肋果群落

三肋果属 *Tripleurospermum* Sch. -Bip.

三肋果 *Tripleurospermum limosum*（Maxim.）Pobed.

▲三肋果瘦果

别　　名 幼母菊

药用部位 菊科三肋果全草。

原 植 物 一或二年生草本。茎高 10 ~ 35 cm，有条纹。基部叶花期枯萎；茎下部和中部叶倒披针状矩圆形或矩圆形，长 5.5 ~ 9.5 cm，宽 2.5 ~ 3.0 cm，三回羽状全裂，基部抱茎，裂片狭条形，宽 0.5 mm，两面无毛，上部叶渐小。头状花序异型，直径 1.0 ~ 1.5 cm，花序梗顶端膨大且常疏生柔毛；总苞半球形；总苞片 2 ~ 3 层，外层宽披针形，内层矩圆形，顶端圆形，淡绿色或苍白色，光滑，有宽而亮的白色或稍带褐色的膜质边缘；花托卵状圆锥形；舌状花舌片白色，

▼三肋果花序

▲三肋果植株

短而宽，长 4 ~ 6 mm，宽 1.5 ~ 2.0 mm，管部长约 1 mm，管状花黄色，长约 2 mm，冠檐 5 裂，裂片顶端有红色腺点。花期 6—7 月，果期 7—8 月。

生　境　生于江河湖岸、沙地、草甸以及干旱沙质山坡等处，常成单优势的大面积群落。

▲三肋果植株（侧）

分　布　黑龙江齐齐哈尔、宁安、尚志等地。吉林镇赉。辽宁北镇、沈阳、丹东市区、瓦房店、凤城、长海、宽甸等地。内蒙古扎鲁特旗。华北。朝鲜、俄罗斯（西伯利亚中东部）。

采　制　夏、秋季采收全草，除去杂质，洗净，晒干。

主治用法　用于胃炎。

用　量　适量。

◎参考文献◎

[1] 江纪武.药用植物辞典 [M].天津：天津科学技术出版社，2005:823.

蟹甲草属 *Parasenecio* W. W. Smith et J. Small

耳叶蟹甲草 *Parasenecio auriculatus*（DC.）H. Koyama

别　　名	耳叶兔儿伞
药用部位	菊科耳叶蟹甲草的全草。
原 植 物	多年生草本。茎高 30 ~ 100 cm。基部叶在花期常

▲耳叶蟹甲草总花序

枯萎，茎叶 4 ~ 6，薄纸质，下部茎叶 1 ~ 2，叶片肾形，长 2 ~ 4 cm，宽 4 ~ 7 cm，顶端急收缩成长尖，边缘有不等的大齿，叶柄细，中部茎叶肾形至三角状肾形，长 5 ~ 16 cm，宽 7 ~ 14 cm，叶柄与叶片等长或短于叶片的 2 ~ 4 倍，通常基部扩大成小叶耳，上部叶与中部叶同

▲耳叶蟹甲草植株

▲耳叶蟹甲草幼苗

▲ 耳叶蟹甲草花

形。头状花序较多数；花序梗纤细，长1.5～5.0mm；小苞片长约2mm；总苞圆柱形，紫色或紫绿色至绿色；总苞片5，长圆形，长4～8mm；小花4～7，花冠黄色，长6～8mm，管部与檐部等长或稍短；花药伸出花冠，基部戟形，花柱分枝顶端截形，被乳头状微毛。花期7—8月，果期9月。

生　境　生于林下或林缘等处。

分　布　黑龙江伊春、饶河、尚志、海林等地。吉林安图、长白、抚松、和龙、敦化等地。内蒙古额尔古纳、牙克石、鄂伦春旗、科尔沁右翼前旗、克什克腾旗等地。朝鲜、俄罗斯（西伯利亚中东部）。

采　制　夏、秋季采收全草，洗净，切段，鲜用或晒干。

性味功效　有祛风除湿、舒筋活血的功效。

用　量　适量。

◎参考文献◎

［1］中国药材公司. 中国中药资源志要[M]. 北京：科学出版社，1994:1269.

［2］江纪武. 药用植物辞典[M]. 天津：天津科学技术出版社，2005:127.

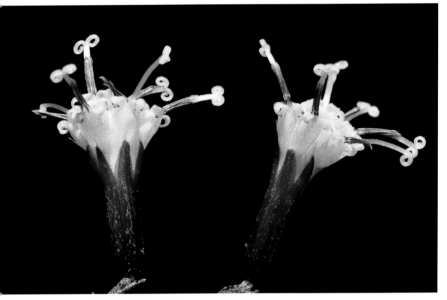

▲ 耳叶蟹甲草花（侧）

▼ 耳叶蟹甲草花序（白色）

▼ 耳叶蟹甲草瘦果

▲ 山尖子花序

▼ 山尖子幼苗

▲ 山尖子果实

山尖子 *Parasenecio hastatus*（L.）H. Koyama

别　名	戟叶兔儿伞
俗　名	山尖菜 三尖菜 山尖子 铧尖草 铧尖子菜 山菠菜 笔管菜
药用部位	菊科山尖子的全草。

原植物　多年生草本。茎高 40 ～ 150 cm。下部叶在花期枯萎凋落，中部叶叶片三角状戟形，长 7 ～ 10 cm，宽 13 ～ 19 cm，叶柄长 4 ～ 5 cm，边缘具不规则的细尖齿，上部叶渐小，基部裂片退化成三角形或近菱形，顶端渐尖，基部截形或宽楔形，最上部叶和苞片披针形至线形。头状花序多数，下垂，花序梗长 4 ～ 20 mm；总苞圆柱形，长 9 ～ 11 mm，宽 5 ～ 8 mm；总苞片 7 ～ 8，线形或披针形，宽约 2 mm，顶端尖，基部有 2 ～ 4 钻形小苞片；具小花 8 ～ 20，花冠淡白色，长 9 ～ 11 mm，管部长 4 mm，檐部窄钟状，裂片披针形，渐尖；花药伸出花冠，基部具长尾，花柱分枝细长，外弯，被乳头状微毛。花期 7—8 月，果期 9 月。

生　　境　生于草地、林缘及灌丛中。

分　　布　黑龙江伊春市区、密山、虎林、饶河、嘉荫、塔河、呼玛、黑河等地。吉林长白山各地及九台、四平等地。辽宁丹东市区、抚顺、鞍山、铁岭、凤城、本溪、宽甸等地。内蒙古呼伦贝尔市区、额尔古纳、根河、牙克石、鄂温克旗、扎鲁特旗、科尔沁右翼前旗、阿鲁科尔沁旗、克什克腾旗、敖汉旗等地。朝鲜、日本、蒙古、俄罗斯（西伯利亚）。

采　　制　夏、秋季采收全草，洗净，切段，鲜用或晒干。

性味功效　味辛，性温。有解毒、消肿、利水的功效。

主治用法　用于伤口化脓、小便不利。水煎服。外用鲜品捣烂敷患处或煎水洗。

用　　量　10 ～ 15 g。外用适量。

◎参考文献◎

［1］朱有昌. 东北药用植物 [M]. 哈尔滨：黑龙江科学技术出版社，1989：1147-1148.

［2］钱信忠. 中国本草彩色图鉴（第一卷）[M]. 北京：人民卫生出版社，2003：195-196.

［3］中国药材公司. 中国中药资源志要 [M]. 北京：科学出版社，1994：1270.

▲山尖子幼株

▲山尖子瘦果　　▼市场上的山尖子幼株

▼山尖子花序（侧）

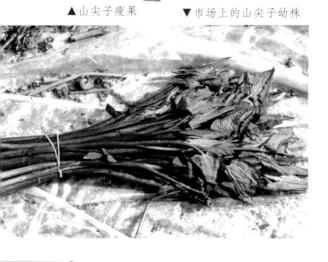

▲山尖子植株

▲合苞橐吾总花序

橐吾属 *Ligularia* Cass.

合苞橐吾 *Ligularia schmidtii*（Maxim.）Makino

药用部位 菊科合苞橐吾的根及根状茎。

原植物 多年生灰绿色草本。茎高 50 ~ 200 cm。丛生叶与茎下部叶具柄，叶片长圆形或宽卵形，长 10 ~ 30 cm，宽 5 ~ 22 cm，边缘具不整齐的波状浅齿，叶脉羽状；茎中上部叶具短柄或无柄，叶片长圆形或卵状长圆形，长达 13 cm，宽至 4 cm，向上渐小。总状花序长 6 ~ 18 cm；苞片和小苞片极小；花序梗长 3 ~ 15 mm；头状花序多数，辐射状；总苞钟状，长 6 ~ 7 mm，宽约 5 mm，总苞片合生，先端具 2 ~ 5 齿；舌状花序 2 ~ 6，黄色，舌片长圆形，长 13 ~ 22 mm，宽 2 ~ 6 mm，先端急尖，管部长 4 ~ 5 mm；管状花多数，长 7 ~ 10 mm，管部长 2 ~ 3 mm，冠毛红褐色，与花冠管部等长。花期 7—8 月，果期 9 月。

生 境 生于山坡草地、灌丛及林下等处。

▲合苞橐吾花序

分 布 吉林汪清、和龙等地。朝鲜、俄罗斯（西伯利亚中东部）。

采 制 秋季采挖根及根状茎，剪去须根，除去泥土，洗净，晒干。

性味功效 有温肺下气、消痰止咳的功效。

用 量 适量。

◎参考文献◎

[1] 江纪武.药用植物辞典 [M].天津：天津科学技术出版社，2005:459.

▲合苞橐吾幼株

▲合苞橐吾花序（侧）

▲合苞橐吾植株

▼ 长白山囊吾花序（背）

▲ 长白山囊吾群落

长白山囊吾 *Ligularia jamesii*（Hemsl.）Kom.

别　　名　单花囊吾　单头囊吾

药用部位　菊科长白山囊吾的根及根状茎。

原 植 物　多年生草本。茎高 30 ～ 60 cm。丛生叶与茎下部叶具柄，柄长达 29 cm，叶片三角状戟形，长 3.5 ～ 9.0 cm，基部宽 7 ～ 10 cm，两侧裂片外展，长达 6 cm，全缘或 2 ～ 3 深裂，叶脉掌式羽状；茎中部叶具短柄，鞘膨大，长达 4 cm，抱茎，叶片卵状箭形；茎上部叶无柄，披针形，苞叶状，多数。头状花序辐射状，单生，直径 5 ～ 7 cm；小苞片线状披针形；总苞宽钟形，长 15 ～ 17 mm，宽至 15 mm，总苞片约 13 个，披针形；舌状花 13 ～ 16，黄色，舌片线状披针形，长达 4 cm，宽 3 ～ 4 mm，2 ～ 3 浅裂，管部长 5 ～ 6 mm；管状花长 10 ～ 11 mm，管部长约 5 mm，冠毛淡黄色，与花冠等长。花期 7—8 月，果期 8—9 月。

生　　境　生于亚高山草地、高山山坡及高山苔原带上，常成单优势的大面积群落。

▲长白山橐吾果实

▼长白山橐吾花序

▲长白山橐吾植株

分　　布　吉林长白、抚松、安图。内蒙古额尔古纳。朝鲜。

采　　制　秋季采挖根及根状茎，剪去须根，除去泥土，洗净，晒干。

▲长白山橐吾幼株

性味功效　味苦，性温。有宣肺利气、镇咳祛痰的功效。

主治用法　用于风寒感冒、支气管炎、咳嗽气喘、咳痰不爽、肺结核、肺虚久咳、痰中带血等。水煎服或入丸、散。

用　　量　7.5 ~ 15.0 g。

◎参考文献◎

[1] 中国药材公司．中国中药资源志要 [M]．北京：科学出版社，1994:1316.

[2] 江纪武．药用植物辞典 [M]．天津：天津科学技术出版社，2005:458.

长白山橐吾瘦果

▲长白山橐吾植株（侧）

▼ 全缘橐吾果实

全缘橐吾 *Ligularia mongolica*（Turcz.）DC.

药用部位 菊科全缘橐吾的根及根状茎。

原植物 多年生灰绿色或蓝绿色草本。茎高 30 ~
110 cm。丛生叶与茎下部叶具柄，柄长达 35 cm，截面
半圆形，基部具狭鞘，叶片卵形或椭圆形，长 6 ~ 25 cm，
宽 4 ~ 12 cm，叶脉羽状；茎中上部叶无柄，长圆形或
卵状披针形，基部半抱茎。总状花序密集，近头状，长
达 16 cm，宽 2 ~ 4 cm；苞片和小苞片线状钻形；头
状花序多数，辐射状；总苞狭钟形或筒形，长 8 ~ 10 mm，

▼ 全缘橐吾幼株

宽 4 ~ 5 mm，总苞片 5 ~ 6，2 层，长圆形，内层边缘膜质；舌状花 1 ~ 4，黄色，舌片长圆形，长 10 ~ 12 mm，宽达 6 m，先端钝圆，管部长约 6 mm；管状花 5 ~ 10，长 8 ~ 10 mm，管部长 4 ~ 5 mm，檐部楔形。花期 7—8 月，果期 8—9 月。

生　境　生于沼泽草甸、山坡、林间及灌丛等处。

分　布　黑龙江呼玛、嫩江、黑河市区、孙吴、伊春、北安、大庆、安达、富裕等地。吉林柳河、辉南、靖宇、临江、集安等地。辽宁建平。内蒙古扎兰屯、科尔沁右翼前旗、扎鲁特旗、阿鲁科尔沁旗、巴林右旗、巴林左旗、翁牛特旗、克什克腾旗、宁城等地。河北、山西等。朝鲜、俄罗斯（西伯利亚中东部）、蒙古。

采 制 秋季采挖根及根状茎，剪去须根，除去泥土，洗净，晒干。

性味功效 有宣肺利气、疏风散寒、发表、镇咳祛痰、除湿利水的功效。

主治用法 用于外感风寒、发热恶寒、无汗、咳嗽多痰、支气管炎等。水煎服。

用 量 适量。

附 注 全草入药，有止血的作用。

◎参考文献◎

[1] 中国药材公司.中国中药资源志要[M].北京:科学出版社，1994:1317.

[2] 江纪武.药用植物辞典[M].天津:天津科学技术出版社，2005:458.

▼全缘橐吾花序

全缘橐吾植株 ▶

▲ 复序橐吾群落

▼ 复序橐吾总花序

▲ 复序橐吾花序

复序橐吾 *Ligularia jaluensis* Kom.

<table>
<tr><td>俗　　名</td><td>马掌菜　马蹄叶　马蹄叶子</td></tr>
<tr><td>药用部位</td><td>菊科复序橐吾的根及根状茎。</td></tr>
<tr><td>原植物</td><td>多年生草本。茎高达 150 cm。丛生叶及茎下</td></tr>
</table>

部叶具柄，柄长达 40 cm，翅狭窄，基部鞘状，叶片三角形或卵状三角形，长 8 ~ 20 cm，基部宽 7 ~ 22 cm，边缘具浅三角状齿，叶脉羽状，在下面突起；茎中上部

▲复序橐吾幼株

▲复序橐吾花序（侧）

▼复序橐吾果实

叶较小，叶片三角形或长圆形。圆锥状总状花序，基部分枝长达22 cm；苞片线形；花序梗长 10 ~ 15 mm，被有节短毛；头状花序多数，辐射状；总苞钟形或杯状，长 10 ~ 11 mm，宽 8 ~ 15 mm，总苞片 8 ~ 12，2 层，长圆形，宽 3 ~ 4 mm，先端急尖，背部黑绿色，内层具宽膜质边缘；舌状花 5 ~ 7，黄色，舌片椭圆形，长13 ~ 18 mm，宽达 6.5 mm；管状花多数，长 8 ~ 9 mm。花期 7—8 月，果期 8—9 月。

生　　境	生于湿草甸、草甸及林间空地等处，常聚集成片生长。
分　　布	黑龙江嫩江。吉林长白、抚松、安图、柳河、临江、靖宇、通化、敦化、汪清等地。辽宁各地。朝鲜、俄罗斯（西伯利亚中东部）。
采　　制	春、秋季采挖根及根状茎，剪去须根，除去泥土，洗净，晒干。
性味功效	味苦，性温。有止咳祛痰、散寒、温肺、下气的功效。
主治用法	用于气管炎、哮喘等。水煎服或入丸、散。
用　　量	7.5 ~ 15.0 g。

◎参考文献◎

［1］江纪武.药用植物辞典 [M].天津：天津科学技术出版社，2005:459.

复序橐吾花序（背）

▲复序橐吾植株

▲ 蹄叶橐吾群落

▼ 多毛蹄叶橐吾总花序

▲ 蹄叶橐吾瘦果

蹄叶橐吾 *Ligularia fischeri*（Ledeb.）Turcz.

别　　名　山紫菀　肾叶橐吾　马蹄紫菀

俗　　名　马掌菜　马蹄叶　马蹄叶子　马蹄草　大叶毛　圆叶菜　驴蹄草
齐心

药用部位　菊科蹄叶橐吾的根及根状茎（入药称"葫芦七"）。

原植物　多年生草本。茎高 80 ～ 200 cm。丛生叶与茎下部叶具柄，柄长 18 ～ 59 cm，基部鞘状，叶片肾形，长 10 ～ 30 cm，宽13 ～ 40 cm，边缘有整齐的锯齿；茎中上部叶较小，具短柄，鞘膨大。总状花序，苞片卵形或卵状披针形，下部长达 6 cm，宽至 2 cm，向上渐小，先端具短尖，边缘有齿；花序梗细，下部长达 9 cm，向上渐短；头状花序多数，辐射状；小苞片狭披针形至线形；总苞钟形，总苞片2 层，长圆形，宽 3 ～ 5 mm；舌状花 5 ～ 9，黄色，舌片长圆形，长15 ～ 25 mm，宽至 8 mm，先端钝圆，管部长 5 ～ 11 mm；管状花多数，长 10 ～ 17 mm，管部长 5 ～ 9 mm，冠毛红褐色。花期 7—8 月，果期 8—9 月。

生　　境　生于水边、草甸子、山坡、灌丛中、林缘及林下等处，常聚集成片生长。

分　　布　黑龙江塔河、呼玛、黑河、伊春市区、铁力、勃利、鹤岗市区、萝北、尚志、五常、海林、林口、宁安、东宁、绥芬河、穆棱、木兰、延寿、密山、虎林、饶河、宝清、桦南、汤原、方正等地。吉林长白山各地。辽宁宽甸、本溪、桓仁、抚顺、清原、新宾、岫岩等地。内蒙古额尔古纳、根河、牙克石、科尔沁右翼前旗、阿尔山、扎鲁特旗、阿鲁科尔沁旗、巴林左旗、巴林右旗、克什克腾旗、东乌珠穆沁旗、西乌珠穆沁旗等地。河北、河南、安徽、浙江、山西、陕西、湖北、湖南、四川、贵州、甘肃。朝鲜、俄罗斯（西伯利亚中东部）、蒙古、日本、尼泊尔、不丹。

采　　制　春、秋季采挖根及根状茎，剪去须根，除去泥土，洗净，晒干。

性味功效　味甘、辛，性温。有理气活血、消肿止痛、止咳祛痰、宣肺平喘的功效。

主治用法　用于感冒风寒、咳嗽痰喘、顿咳、肺痨咯血、支气管炎、百日咳、小便带血、跌打损伤、金刃所伤、劳伤、腰腿痛、黄疸、丹毒等。水煎服或研末冲服。

用　　量　5～15 g。

附　　方

（1）治腰腿痛：葫芦七 100 g。研粉，每次 10 g，每日 2 次，凉开水冲服。

▲ 蹄叶橐吾幼株

▼ 蹄叶橐吾根

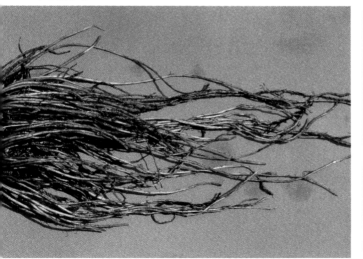

▼ 蹄叶橐吾幼苗

▲ 蹄叶橐吾花序

（2）治肺结核咳嗽：葫芦七、贝母、知母、五味子各 15 g，驴皮胶（烊化）、甘草、桔梗各 10 g。水煎服。

（3）治感冒咳嗽：葫芦七 15 g，苏叶 10 g，杏仁 10 g。水煎，日服 2 次。

（4）治风寒咳嗽：葫芦七 25 g，百部 10 g。共研细末，每次 5 g，日服 2 次。

▼ 蹄叶橐吾花序（背）

（5）治咳嗽、痰中带血：葫芦七 200 g，五味子 100 g。做蜜丸，每次口含化服 15 g，每日 2 次。

<u>附　注</u>　本区尚有 1 变型：

多毛蹄叶橐吾 f. *diabolica* Kitam.，叶背面及总苞片后面密被黄褐色多细胞柔毛，其他与原种同。

◎参考文献◎

［1］江苏新医学院.中药大辞典（下册）[M].上海：上海科学技术出版社，1977:2305-2306.

［2］朱有昌.东北药用植物 [M].哈尔滨：黑龙江科学技术出版社，1989:1198-1200.

［3］《全国中草药汇编》编写组.全国中草药汇编（上册）[M].北京：人民卫生出版社，1975:850.

▲多毛蹄叶橐吾植株

▼橐吾花序　　　▲橐吾总花序

橐吾 *Ligularia sibirica*（L.）Cass.

别　　名　北橐吾　西伯利亚橐吾　箭叶橐吾

俗　　名　马掌菜　马蹄叶　马蹄叶子

药用部位　菊科橐吾的根及根状茎。

原 植 物　多年生草本。丛生叶和茎下部叶具柄，柄长 14～39 cm，基部鞘状，叶片卵状心形、肾状心形或宽心形，长 3.5～20.0 cm，宽 4.5～29.0 cm，边缘具整齐的细齿；茎中部叶与下部同形，具短柄，鞘膨大；最上部叶仅有叶鞘。总状花序；苞片卵形或卵状披针形，下部长达 3 cm，宽 0.8～2.0 cm，向上渐小；花序梗长 4～12 mm；头状花序多数，辐射状；小苞片狭披针形；总苞宽钟形、钟形或钟状陀螺形，基部圆形，总苞片 7～10，2 层，披针形或长圆形，宽 2.0～5.5 mm；舌状花 6～10，黄色，舌片倒披针形或长圆形，长 10～22 mm，宽 3～5 mm，先端钝；管状花多数，长 8～13 mm。花期 7—8 月，果期 8—9 月。

生　　境　生于沼地、湿草地、河边、山坡及林缘等处。

分　　布　黑龙江塔河、呼玛、伊春、海林等地。吉林长白、抚松、安图、柳河、靖宇、通化、和龙、珲春等地。内蒙古额尔古纳、根河、牙克石、鄂温克旗、科尔沁右翼前旗、扎鲁特旗、阿鲁科尔沁旗、巴林左旗、巴林右旗、克什克腾旗、东乌珠穆沁旗、西乌珠穆沁旗等地。河北、安徽、山西、陕西、湖南、四川、贵州、甘肃、云南等。朝鲜、俄罗斯。欧洲。

采　　制　春、秋季采挖根及根状茎，剪去须根，除去泥土，洗净，晒干。

性味功效　有润肺、化痰、定喘、止咳、止血、止痛的功效。

主治用法　用于肺痨、肝炎、高血压、痔疮、黄疸、丹毒、子宫颈溃疡等。水煎服或入丸、散。

用　　量　7.5～15.0 g。

◎参考文献◎

[1] 中国药材公司.中国中药资源志要 [M].北京：科学出版社，1994:1318.

[2] 江纪武.药用植物辞典 [M].天津：天津科学技术出版社，2005:459.

▲橐吾植株

▲ 橐吾群落

▲ 狭苞橐吾群落

▼ 狭苞橐吾花序（侧）

狭苞橐吾 *Ligularia intermedia* Nakai

俗　　名　马掌菜　马蹄叶　马蹄叶子
药用部位　菊科狭苞橐吾的根及根状茎。
原 植 物　多年生草本。茎高达 100 cm。丛生叶与茎下部叶具柄，柄长 16 ~ 43 cm，基部具狭鞘，叶片肾形或心形，长 8 ~ 16 cm，宽 12.0 ~ 23.5 cm，边缘具整齐的有小尖头的三角状齿或小齿，叶脉掌状；茎中上部叶与下部叶同形，较小；茎最上部叶卵状披针形，苞叶状。总状花序长 22 ~ 25 cm；苞片线形或线状披针形；花序梗长 3 ~ 10 mm；头状花序多数，辐射状；小苞片线形；总苞钟形，总苞片长圆形，先端三角状，急尖；舌状花

▲狭苞橐吾总花序

▼狭苞橐吾花序

4 ~ 6，黄色，舌片长圆形，长 17 ~ 20 mm，宽约 3 mm，管部长达 7 mm；管状花 7 ~ 12，伸出总苞，长 10 ~ 11 mm，管部长约 6 mm，基部稍粗，冠毛紫褐色。花期 7—8 月，果期 8—9 月。

生　境　生于水边、山坡、林缘、林下及亚高山草地上，常成单优势的大面积群落。

分　布　黑龙江五常、尚志、海林、勃利等地。吉林长白、抚松、安图、临江、延吉、珲春、龙井等地。辽宁北镇、凌源、朝阳等地。内蒙古宁

城。河北、山西、陕西、湖北、湖南、贵州、甘肃、云南。朝鲜、俄罗斯（西伯利亚中东部）、日本。

采制 春、秋季采挖根及根状茎，剪去须根，除去泥土，洗净，晒干。

性味功效 味苦，性温。有温肺下气、消炎、祛痰止咳平喘、滋阴的功效。

主治用法 用于风寒感冒、咳嗽气喘、虚劳吐脓血、喉痹、小便不利。水煎服或入丸、散。

用量 7.5～15.0 g。

◎参考文献◎

[1] 中国药材公司.中国中药资源志要[M].北京：科学出版社，1994:1316.

[2] 江纪武.药用植物辞典[M].天津：天津科学技术出版社，2005:457.

▲市场上的狭苞橐吾幼株

▲狭苞橐吾幼株

▼狭苞橐吾果实

▼狭苞橐吾幼苗

▲ 狭苞橐吾植株

▲蜂斗菜植株（花期）

▼蜂斗菜植株（果期）

▲蜂斗菜果实

蜂斗菜属 Petasites Mill.

蜂斗菜 Petasites japonicus （Sieb. et Zucc.）Maxim.

药用部位 菊科蜂斗菜的根状茎。

原植物 多年生草本，雌雄异株。雄株花茎在花后高 10 ~ 30 cm，不分枝。基生叶具长柄，叶片圆形或肾状圆形，长宽均 15 ~ 30 cm，不分裂，边缘有细齿，基部深心形；苞叶长圆形或卵状长圆形，长3 ~ 8 cm。头状花序多数，有同形小花；总苞筒状，长 6 mm，基部有披针形苞片；
总苞片 2 层近等长；全部小花
管状，两性，不结实；花冠白
色，长 7.0 ~ 7.5 mm，管部长
4.5 mm，花药基部钝；花柱棒
状增粗，近上端具小环；雌性
花葶高 15 ~ 20 cm，有密苞片；
密伞房状花序，花后排成总状；
头状花序具异形小花；雌花多
数，花冠丝状，长 6.5 mm，顶
端斜截形；花柱明显伸出花冠。
花期 5 月，果期 7 月。

▲ 蜂斗菜总花序

生　境　生于山坡草地、林缘及灌丛等处。

分　布　吉林抚松、靖宇、辉南等地。辽
宁桓仁、宽甸等地。江西、安徽、江苏、山东、
福建、湖北、四川、陕西。朝鲜、俄罗斯（西
伯利亚中东部）、日本。

采　制　春、秋季采挖根状茎，去掉不定根，
切段，洗净，鲜用或晒干。

性味功效　味苦、辛，性凉。有消肿止痛、解
毒祛瘀的功效。

主治用法　用于扁桃体炎、痈肿疔毒、跌打
损伤、毒蛇咬伤等。水煎服或捣汁。外用捣
烂敷患处。

▲ 蜂斗菜花序

用　量　15 ~ 25 g。外用适量。

附　方

（1）治扁桃体炎：蜂斗菜 25 g。水煎，频频
含漱。

（2）治跌打损伤：鲜蜂斗菜 15 ~ 25 g。捣
烂取汁服或水煎服，渣外敷伤处。

▼ 蜂斗菜花序（侧）

◎参考文献◎

［1］江苏新医学院 . 中药大辞典（下册）[M].
　　上海：上海科学技术出版社，1977:2483.

［2］中国药材公司 . 中国中药资源志要 [M].
　　北京：科学出版社，1994:1323.

［3］江纪武 . 药用植物辞典 [M]. 天津：天津
　　科学技术出版社，2005:587.

▼欧洲千里光果实   ▲欧洲千里光花序

千里光属 *Senecio* L.

欧洲千里光 *Senecio vulgaris* L.

药用部位　菊科欧洲千里光的全草。

原植物　一年生草本。茎高 12 ~
45 cm。叶无柄，全形倒披针状匙形或长
圆形，长 3 ~ 11 cm，宽 0.5 ~ 2.0 cm，
羽状浅裂至深裂；侧生裂片 3 ~ 4 对，
长圆形或长圆状披针形，通常具不规则齿，
下部叶基部渐狭成柄状；中部叶基部扩大
且半抱茎；上部叶较小。头状花序无舌状花，
花序梗长 0.5 ~ 2.0 cm，具数个线状钻形
小苞片；总苞钟状，具外层苞片；线状钻形，
通常具黑色长尖头；总苞片 18 ~ 22，线形，
上端变黑色，边缘狭膜质；舌状花缺如，
管状花多数；花冠黄色，长 5 ~ 6 mm，
管部长 3 ~ 4 mm，檐部漏斗状，裂片卵
形，钝；花药基部具短钝耳；花柱分枝，
顶端截形。花期 6—8 月，果期 7—9 月。

▲欧洲千里光花序（侧）

▲欧洲千里光植株（田野型）

生　　境　生于山坡、草地、林缘、路旁、田野及村屯附近，常聚集成片生长。

分　　布　黑龙江呼玛、尚志、海林、萝北、密山、虎林、肇东等地。吉林长白山各地。辽宁沈阳、本溪、桓仁、岫岩、宽甸、长海、大连市区等地。内蒙古额尔古纳、根河、牙克石等地。四川、贵州、云南、西藏。欧亚大陆、非洲（北部）。

采　　制　夏、秋季采收全草，除去杂质，洗净，鲜用或晒干。

性味功效　味苦，性平。有清热解毒、祛瘀消肿的功效。

主治用法　用于口破溃、湿疹、小儿顿咳、无名毒疮、肿瘤等。水煎服。

用　　量　1～3 g。外用适量。

◎参考文献◎

[1] 中国药材公司．中国中药资源志要 [M]．北京：科学出版社，1994:1337．

[2] 江纪武．药用植物辞典 [M]．天津：天津科学技术出版社，2005:745．

▲欧洲千里光植株（沙地型）

▼欧洲千里光幼苗

▼欧洲千里光幼株

▲林荫千里光植株

▼林荫千里光幼株

林荫千里光 *Senecio nemorensis* L.

别　　名　黄菀　森林千里光

药用部位　菊科林荫千里光的干燥全草（入药称"黄菀"）。

原 植 物　多年生草本。茎高达 1 m。中部茎叶多数，近无柄，披针形或长圆状披针形，长 10～18 cm，宽 2.5～4.0 cm，边缘密锯齿，羽状脉，侧脉 7～9 对，上部叶渐小。头状花序具舌状花，花序梗细，具 3～4 小苞片；小苞片线形，长 5～10 mm；总苞近圆柱形，长 6～7 mm，具外层苞片；苞片 4～5，线形；总苞片 12～18，长圆形，长 6～7 mm，宽 1～2 mm；舌状花 8～10，管部长 5 mm；舌片黄色，线状长圆形，长 11～13 mm，宽 2.5～3.0 mm，顶端具 3 细齿，具 4 脉；管状花 15～16，花冠黄色，长 8～9 mm，管部长 3.5～4.0 mm，檐部漏斗状，裂片卵状三角形；花药长约 3 mm；花柱分枝。花期 8—9 月，果期 9—10 月。

▲林荫千里光果实

▲林荫千里光瘦果

生　　境　　生于林下阴湿地、森林草甸、高山岩石缝间及溪流边等处，常聚集成片生长。

分　　布　　黑龙江呼玛、伊春、五大连池、尚志、五常、海林等地。吉林长白、抚松、安图、临江、柳河、靖宇、和龙、敦化等地。内蒙古额尔古纳、根河、牙克石、科尔沁右翼前旗、阿尔山、扎鲁特旗、突泉、克什克腾旗、巴林右旗、阿鲁科尔沁旗、敖汉旗、宁城等地。河北、河南、安徽、浙江、福建、台湾、山东、山西、陕西、湖北、四川、贵州、甘肃、新疆。朝鲜、蒙古、日本、俄罗斯。欧洲。

采　　制　　夏、秋季采收全草，切段，洗净，鲜用或晒干。

性味功效　　味苦、辛，性寒。有清热解毒、凉血消肿的功效。

▲ 林荫千里光花序

▼ 林荫千里光幼苗

主治用法 用于目赤红痛、肠炎、痈疮、肝炎、结膜炎、痢疾等。水煎服。外用鲜草捣烂敷患处。

用　量 10 ~ 20 g。外用适量。

附　方

（1）治肠炎、痈疮：黄菀配鼠麴草（或火绒草）。水煎服。

（2）治肝炎、眼结膜炎：黄菀配龙胆草或獐牙菜。水煎服。

（3）治疮肿：黄菀适量。捣敷。

◎参考文献◎

［1］江苏新医学院. 中药大辞典（下册）[M]. 上海：上海科学技术出版社，1977:2040-2041.

［2］朱有昌. 东北药用植物 [M]. 哈尔滨：黑龙江科学技术出版社，1989:1215-1216.

［3］钱信忠. 中国本草彩色图鉴（第四卷）[M]. 北京：人民卫生出版社，2003:570-571.

▼ 林荫千里光花序（背）

▲ 麻叶千里光群落（林缘型）

▼ 麻叶千里光总花序

麻叶千里光 *Senecio cannabifolius* Less.

别　　名　宽叶返魂草　返魂草
药用部位　菊科麻叶千里光的全草。
原 植 物　多年生根状茎草本。茎高 1～2 m。基生叶和下部茎叶在花期凋萎；中部茎叶具柄，长 11～30 cm，宽 4～15 cm，长圆状披针形，不分裂或羽状分裂成 4～7 裂片，边缘具内弯的尖锯齿；上部叶沿茎上渐小；叶柄短，基部具 2 耳。头状花序辐射状；花序梗细，具 2～3 线形苞片；苞片长 2～3 mm；总苞圆柱状，长 5～6 mm，宽 2～3 mm，具外层苞片；苞片 3～4，线形；总苞片长圆状披针形，长 5 mm；舌状花 8～10，舌片黄色，长约 10 mm，顶端具 3 细齿，具 4 脉；管状花约

▲全叶千里光植株

▲ 麻叶千里光花序

▲ 麻叶千里光果实

▼ 麻叶千里光花序（背）

▲ 麻叶千里光瘦果

21，花冠黄色，长 8 mm，檐部漏斗状；裂片卵状披针形，长 1.5 mm；花药长 2.3 mm，基部短，略钝，戟形。花期 8—9 月，果期 9—10 月。

生　境　生于湿草甸子、林下或林缘等处，常聚集成片生长。

分　布　黑龙江伊春、尚志、桦川、虎林、呼玛等地。吉林长白、抚松、安图、和龙、柳河、临江、靖宇、江源、通化、蛟河、敦化等地。内蒙古额尔古纳、牙克石、鄂伦春旗、阿荣旗、科尔沁右翼前旗、扎鲁特旗、突泉等地。朝鲜、俄罗斯（西伯利亚中东部）、日本。

采　制　秋季采收全草，除去杂质，切段，洗净，晒干。

性味功效　味苦，性平。有清热解毒、散血消肿、下气通经、止血镇痛的功效。

主治用法　用于瘀血胀痛、咳嗽痰喘、跌打损伤、肺源性心脏病、慢性支气管炎、感染性疾病、分娩前镇痛、外伤出血。水煎服。外用研末调敷。

用　量　适量。

附　注　在东北尚有 1 变种：

全叶千里光 var. *integrifolius*（Koidz.）Kitam.，叶不分裂，长圆状披针形，其他同原种。

▲麻叶千里光植株

▲麻叶千里光群落（湿地型）

▲麻叶千里光群落(草甸型)

◎参考文献◎

［1］朱有昌 . 东北药用植物 [M]. 哈尔滨：黑龙江科学技术出版社，1989:1213–1215.

［2］中国药材公司 . 中国中药资源志要 [M]. 北京：科学出版社，1994:1336.

［3］江纪武 . 药用植物辞典 [M]. 天津：天津科学技术出版社，2005:743.

▲ 额河千里光花序

▼ 额河千里光花序（背）

▲ 额河千里光瘦果

额河千里光 *Senecio argunensis* Turcz.

别　　名	羽叶千里光　大蓬蒿
俗　　名	鱼刺菜　山菊
药用部位	菊科额河千里光的全草（入药称"斩龙草"）。
原 植 物	多年生根状茎草本。茎高 30 ~ 80 cm。中部茎叶

较密集，无柄，全形卵状长圆形至长圆形，长 6 ~ 10 cm，
宽 3 ~ 6 cm，羽状全裂至羽状深裂，边缘具 1 ~ 2 齿或狭细裂，
基部具狭耳或撕裂状耳；上部叶渐小，顶端较尖，羽状分裂。
头状花序有舌状花，多数，排列成顶生复伞房花序；花序梗细，
长 1.0 ~ 2.5 cm，有苞片和数个线状钻形小苞片；总苞近钟状，
长 5 ~ 6 mm；苞片约 10，线长 3 ~ 5 mm，总苞片约 13，

▲ 额河千里光幼株

▼ 额河千里光果实

长圆状披针形；舌状花 10 ～ 13，管部长 4 mm；舌片黄色，长圆状线形，长 8 ～ 9 mm；管状花多数，花冠黄色，长 6 mm，管部长 2.0 ～ 2.5 mm；花药线形，花柱顶端截形。花期 8—9 月，果期 9—10 月。

生　　境　生于山坡草地、林缘及灌丛等处。

分　　布　黑龙江伊春市区、铁力、勃利、鹤岗市区、萝北、尚志、五常、海林、林口、宁安、东宁、绥芬河、穆棱、木兰、延寿、密山、虎林、饶河、宝清、桦南、汤原、方正、大庆市区、肇源、肇东、泰来、林甸、杜尔伯特等地。吉林长白山及西部草原各地。辽宁各地。内蒙古额尔古纳、牙克石、莫力达瓦旗、扎兰屯、科尔沁右翼前旗、扎鲁特旗、突泉、克什克腾旗、巴林右旗、阿鲁科尔沁旗、敖汉旗、宁城等地。河北、山西、陕西、湖北、四川、贵州、甘肃、青海。朝鲜、俄罗斯（西伯利亚中东部）、蒙古、日本。欧洲。

采　　制　夏、秋季采收全草，除去杂质，切段，洗净，鲜用或晒干。

性味功效　味微苦，性寒。有毒。有清热解毒的功效。

主治用法　用于咽喉炎、目赤肿痛、痢疾、淋巴结结核、急性结膜炎、湿疹、皮炎、疔疮肿毒、脑炎、贫血、骨髓造血功能障碍、毒蛇咬伤、蜂蝎螫伤等。水煎服。外用鲜草捣烂敷患处或煎水洗。

用　　量　15 ～ 25 g（鲜品 50 g）。外用适量。

附　　方

（1）治毒蛇咬伤：鲜斩龙草 30 g。另用鲜草捣烂敷患处。

（2）治毒蛇咬伤、蝎蜂螫伤：斩龙草鲜茎、根各 100 ～ 150 g。水煎服。另以鲜嫩枝叶 100 ～ 200 g，捣敷患处。

（3）治痈疮红肿、淋巴结结核：斩龙草配薄荷、小毛茛捣敷。

（4）治急性结膜炎、咽喉炎：斩龙草 25 g。水煎服。

（5）治赤痢腹痛：斩龙草配鼠麴草。水煎服。

◎参考文献◎

［1］江苏新医学院．中药大辞典（上册）[M]．上海：上海科学技术出版社，1977:1323-1324.

［2］朱有昌．东北药用植物 [M]．哈尔滨：黑龙江科学技术出版社，1989:1210-1211.

［3］中国药材公司．中国中药资源志要 [M]．北京：科学出版社，1994:1335-1336.

▲额河千里光植株

兔儿伞属 *Syneilesis* Maxim.

兔儿伞 *Syneilesis aconitifolia*（Bge.）Maxim.

别　　名　雨伞菜　帽头菜　一把伞　后老婆伞　黑老婆伞　后老婆帽子　老和尚帽子　无心菜　老道帽

药用部位　菊科兔儿伞的全草及根。

原 植 物　多年生草本。茎高 70 ~ 120 cm。叶通常 2；下部叶具长柄；叶片盾状圆形，直径 20 ~ 30 cm，掌状深裂；裂片 7 ~ 9，每裂片再次 2 ~ 3 浅裂；小裂片线状披针形，边缘具不等长的锐齿；叶柄长 10 ~ 16 cm，无翅，基部抱茎；中部叶较小，直径 12 ~ 24 cm；裂片通常 4 ~ 5；叶柄长 2 ~ 6 cm；其余的叶呈苞片状，披针形，向上渐小，无柄或具短柄。头状花序密集成复伞房状；花序梗长 5 ~ 16 mm，具数枚线形小苞片；总苞筒状，基部有 3 ~ 4 小苞片；总苞片 5，1 层，长圆形；

◀ 兔儿伞根状茎

小花 8～10，花冠淡粉白色，长 10 mm，管部窄，檐部窄钟状，5 裂；花药变紫色，花柱分枝伸长。花期 7—8 月，果期 8—9 月。

生　境　生于山坡、林缘、灌丛、草甸及草原等处，常聚集成片生长。

分　布　黑龙江呼玛、黑河、伊春市区、铁力、勃利、鹤岗市区、萝北、尚志、五常、海林、林口、宁安、东宁、绥芬河、穆棱、木兰、延寿、通河、密山、虎林、饶河、宝清、桦南、汤原、方正、大庆市区、肇源、肇东、泰来、林甸、杜尔伯特、齐齐哈尔市区、富裕等地。吉林省各地。辽宁各地。内蒙古额尔古纳、牙克石、莫力达瓦旗、扎兰屯、科尔沁右翼前旗、扎鲁特旗、突泉、克什克腾旗、巴林右旗、阿鲁科尔沁旗、敖汉旗、宁城、东乌珠穆沁旗、西乌珠穆沁旗、正蓝旗、正镶白旗、太仆寺旗、多伦、镶黄旗等地。河北、河南、江苏、安徽、浙江、福建、台湾、江西、湖北、湖南。朝鲜、俄罗斯（西伯利亚中东部）。

采　制　夏、秋季采收全草，除去杂质，切段，洗净，鲜用或晒干。春、秋季采挖根，除去泥沙，洗净，鲜用或晒干。

性味功效　味苦、辛，性微温。有祛风除湿、解毒活血、消肿止痛的功效。

主治用法　用于风湿麻木、腰腿疼痛、骨折、淋巴结炎、月经不调、痛经、痈疽疮肿、跌打损伤等。水煎服或浸酒。外用鲜草捣烂敷患处。

用　量　10～25 g。外用适量。

附　方

（1）治四肢麻木、腰腿疼痛：兔儿伞根 100 g，用白酒 200 ml 浸泡后，分 3 次服。

（2）治痈疽：兔儿伞全草，捣烂，鸡蛋白调敷患处。

（3）治颈部淋巴结核：兔儿伞根 10～20 g。水

▲兔儿伞果实

▲兔儿伞花序

▼兔儿伞花序（侧）

▲ 兔儿伞植株

▲兔儿伞幼株

煎服。

（4）治跌打损伤：鲜兔儿伞全草或根捣烂，加烧酒或体积分数为75%的酒精适量，外敷伤处。另用兔儿伞根25 g或50 g，水煎酌量兑酒服。

（5）治蛇咬伤：鲜兔儿伞根捣烂，加黄酒适量，外敷。

◎参考文献◎

［1］江苏新医学院.中药大辞典（上册）[M].上海：上海科学技术出版社，1977:1433-1434.

［2］朱有昌.东北药用植物[M].哈尔滨：黑龙江科学技术出版社，1989:1223-1224.

［3］《全国中草药汇编》编写组.全国中草药汇编（上册）[M].北京：人民卫生出版社，1975:555.

兔儿伞幼苗▶

▲ 红轮狗舌草群落

狗舌草属 Tephroseris（Rchb.）Rchb.

▲ 红轮狗舌草幼株

红轮狗舌草 Tephroseris flammea（Turcz. ex DC.）Holub.

别　　名　红轮千里光
药用部位　菊科红轮狗舌草的花序及全草。

▼ 红轮狗舌草花序（背）

原植物　多年生草本。茎高达60 cm。基生叶数个，在花期凋落，椭圆状长圆形，顶端钝至尖；下部茎叶倒披针状长圆形，长8～15 cm，宽1.5～3.0 cm；中部茎叶无柄，椭圆形或长圆状披针形，上部茎叶渐小，线状披针形至线形。头状花序直径3 cm；基部有苞片，上部具2～3小苞片；总苞钟状，长5～6 mm，宽6～10 mm，无外层苞片；总苞片约25，披针形或线状披针形，宽1 mm，顶端尖，草质，深紫色；舌状花13～15，管部长3.0～3.5 mm，舌片深橙色或橙红色，线形，长12～16 mm，宽1.5 mm；管状花多数，花冠黄色或紫黄色，檐部漏斗状；裂片卵状披针形；花药线形。花期7—8月，果期8—9月。

| 生　　境 | 生于林缘、灌丛、湿草甸子等处。 |

生　　境　生于林缘、灌丛、湿草甸子等处。

分　　布　黑龙江呼玛、黑河市区、密山、虎林、绥芬河、伊春、宁安、萝北、孙吴等地。吉林安图、蛟河、珲春、延吉、汪清、通化等地。辽宁丹东市区、宽甸、清原、西丰等地。内蒙古额尔古纳、根河、牙克石、鄂伦春旗、扎兰屯、科尔沁右翼前旗、扎鲁特旗、喀喇沁旗、宁城、东乌珠穆沁旗、西乌珠穆沁旗等地。山西、陕西。朝鲜、俄罗斯（西伯利亚中东部）、蒙古、日本。

采　　制　秋季采摘花序，除去杂质，洗净，鲜用或晒干。夏、秋季采收全草，除去杂质，切段，洗净，鲜用或晒干。

性味功效　花：味苦，性寒。有活血调经的功效。全草：味苦，性寒。有清热解毒的功效。

主治用法　花：用于月经不调。全草：用于疔毒痈肿。

用　　量　适量。

◎参考文献◎

［1］中国药材公司.中国中药资源志要[M].北京：科学出版社，1994:1350-1351.

［2］江纪武.药用植物辞典[M].天津：天津科学技术出版社，2005:799.

▲红轮狗舌草果实

▲红轮狗舌草花序

长白狗舌草 *Tephroseris phoeantha*（Nakai）C. Juffrey et Y. L. Chen

别　　名	长白千里光
药用部位	菊科长白狗舌草的根及全草。

原 植 物　多年生草本。茎近葶状，高 13 ～ 45 cm。基生叶莲座状，具柄，卵状长圆形或椭圆形，长 6 ～ 13 cm，宽 2 ～ 4 cm，顶端圆形，基部微心形或截形，边缘具不规则的深波状锯齿；叶柄长 2 ～ 8 cm；茎叶向上部渐小。头状花序直径 1.8 ～ 2.5 cm，2 ～ 8 排成顶生伞状伞房状花序；花序梗长 1.5 ～ 6.0 cm，基部具苞片；总苞钟状，总苞片 18 ～ 20，披针形，宽 1 mm，紫色；舌状花约 13，管部长 2.5 ～ 3.0 mm，舌片黄色，长圆形，长 11 mm；管状花多数，花管黄色，长 6.5 mm，管部长 2.5 ～ 3.0 mm，檐部漏斗状，裂片褐紫色；

▲长白狗舌草果实

花药线形，长 2 mm；花柱分枝长 1 mm，顶端头状截形。花期 7—8 月，果期 8—9。

生　　境　　生于高山苔原带及高山荒漠带上。

▼长白狗舌草幼株

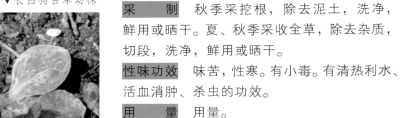

分　　布　　吉林长白、抚松、安图。朝鲜。

采　　制　　秋季采挖根，除去泥土，洗净，鲜用或晒干。夏、秋季采收全草，除去杂质，切段，洗净，鲜用或晒干。

性味功效　　味苦，性寒。有小毒。有清热利水、活血消肿、杀虫的功效。

用　　量　　用量。

◎参考文献◎

［1］中国药材公司.中国中药资源志要 [M].
　　北京：科学出版社，1994:1351.
［2］江纪武.药用植物辞典 [M].天津：天津
　　科学技术出版社，2005:799.

▲长白狗舌草植株

▲ 狗舌草群落

狗舌草 *Tephroseris campestris*（Rutz.）Rchb.

别　　名	丘狗舌草
俗　　名	面条菜 后老婆脚丫菜 鸭蛋黄花 棉花团子花 狗舌头草
药用部位	菊科狗舌草的全草及根。

原 植 物　多年生草本。根状茎斜升，茎单生，近葶状，高 20 ～ 60 cm。基生叶数个，莲座状，具短柄，在花期生存，长圆形或卵状长圆形，长 5 ～ 10 cm，宽 1.5 ～ 2.5 cm；茎叶少数，向茎上部渐小，下部叶倒披针形，或倒披针状长圆形，长 4 ～ 8 cm，宽 0.5 ～ 1.5 cm，上部叶小，披针形，苞片状，顶端尖。头状花序直径 1.5 ～ 2.0 cm，3 ～ 11 个排列成伞房花序；总苞近圆柱状钟形，长 6 ～ 8 mm，宽 6 ～ 9 mm；总苞片 18 ～ 20，披针形或线状披针形，宽 1.0 ～ 1.5 mm；舌状花 13 ～ 15，管部长 3.0 ～ 3.5 mm；舌片黄色，长圆形，长 6.5 ～ 7.0 mm；管状花多数，花冠黄色，长约 8 mm，檐部漏斗状。花期 5—6 月，果期 6—7 月。

▲ 狗舌草果实

生　　境　生于丘陵坡地、山野向阳地及草地等处。

分　　布　黑龙江齐齐哈尔市区、五大连池、龙江、密山、虎林、宁安、尚志、泰来、安达、肇东等地。吉林长白山各地及西部草原。辽宁各地。内蒙古额尔古纳、根河、牙克石、鄂伦春旗、扎兰屯、阿尔山、科尔沁右翼前旗、扎赉特旗、克什克腾旗、喀喇沁旗、翁牛特旗、阿鲁科尔沁旗、巴林左旗、巴林右旗、宁城、东乌珠穆沁旗、西乌珠穆沁旗、正蓝旗、正镶白旗、太仆寺旗、多伦、镶黄旗等地。河北、河南、

江苏、浙江、安徽、江西、
福建、台湾、山东、山西、
陕西、湖北、湖南、四川、
贵州、广东、甘肃。朝鲜、
俄罗斯（西伯利亚中东部）、
日本。

采　制　夏、秋季采收全
草，除去杂质，切段，洗净，
鲜用或晒干。春、秋季采挖
根，除去泥土，洗净，晒干。

性味功效　全草：味苦，性
寒。有小毒。有清热解毒、
利水杀虫的功效。根：味苦，性寒。有解毒、利尿、
活血消肿的功效。

主治用法　全草：用于肺痈脓肿、肾炎水肿、尿
路感染、小便淋沥、白血病、口腔溃疡、疔疮疖
肿等。水煎服。外用鲜草捣烂敷或研末撒患处。
根：用于肾炎水肿、口腔炎、尿路感染、跌打损伤。
水煎服，外用研末撒或捣烂敷患处。

用　量　全草：15～25 g。外用适量。根：
50～100 g。外用适量。

附　方
（1）治恶性组织细胞病：狗舌草 20 g。水煎服，
每日 1 剂。
（2）治肾炎水肿：鲜狗舌草 2～3 株，或用鲜

▲ 狗舌草花序

▼ 狗舌草幼株

▼ 狗舌草幼苗

根 25～50 g，捣烂，以酒杯敷脐部，每天 4～6 h。
（3）治疖肿：狗舌草 15～25 g。水煎服。
（4）治尿路感染，口腔炎：狗舌草根 50～100 g。
水煎，加蜂蜜调服。
（5）治跌打损伤：狗舌草鲜根 150～200 g，蛇
葡萄根白皮等量。捣烂，拌酒糟或黄酒，烘热包敷
伤处。或用狗舌草鲜根 50 g，切碎，置碗中加黄酒
密盖，蒸熟取汁，冲白糖，早晚各服 1 次。
（6）治肺脓肿：狗舌草、金锦香各 25 g，置碗中
加烧酒 250 g，加盖，隔水炖汁服，每日 1 剂，连

服 15 ～ 20 剂。

附　注　在东北尚有 1 变型：

北狗舌草 f. *spathulatus*（Miq.）R. Yin et C. Y. Li，基生叶具长柄，叶片近匙形，花序梗较长，排列成松散的伞状体。其他与原种同。

◎参考文献◎

［1］江苏新医学院 . 中药大辞典（上册）[M]. 上海：
　　　上海科学技术出版社，1977:1424.

［2］朱有昌 . 东北药用植物 [M]. 哈尔滨：黑龙江科
　　　学技术出版社，1989:1212-1213.

［3］《全国中草药汇编》编写组 . 全国中草药汇编(上
　　　册）[M]. 北京：人民卫生出版社，1975:557.

▲湿生狗舌草群落（初果期）

▼湿生狗舌草果实

湿生狗舌草 *Tephroseris palustris* （L.）Four.

別　　名　湿生千里光

药用部位　菊科湿生狗舌草的全草。

原植物　二年生或一年生草本。茎中空，高 20 ～ 60 cm。基生叶在花期枯萎；下部茎叶具柄，中部茎叶无柄，长圆形、长圆状披状形或披针状线形，长 5 ～ 15 cm，宽 0.7 ～ 1.8 cm，顶端钝，基部半抱茎。头状花序排列成密至疏的顶生伞房花序；花序梗被密腺状柔毛；总苞钟状，长宽均 5 ～ 7 mm，无外层苞片；总苞片 18 ～ 20，披针形，顶端渐尖，草质，具膜质边缘，绿色；舌状花 20 ～ 25；管部长 3.0 ～ 3.5 mm；舌片浅黄色，椭圆状长圆形，长 5.5 mm，宽 2.5 mm，顶端钝；管状花多数；花冠黄色，长 5 mm，管部长 2.5 mm，檐部漏斗状；花药线状长圆形，花柱分枝直立，顶端截形。花期 6—7 月，果期 7—8 月。

湿生狗舌草幼株

▲ 湿生狗舌草植株

▲湿生狗舌草群落（花期）

▲ 湿生狗舌草花序

▼ 湿生狗舌草花序（侧）

生　　境　生于沼泽及潮湿地或水池边等处。

分　　布　黑龙江塔河、呼玛、五大连池、逊克、伊春、五常、宁安、密山、虎林、哈尔滨市区、兰西等地。吉林磐石、敦化、汪清、珲春等地。辽宁凤城、宽甸等地。内蒙古额尔古纳、牙克石、鄂温克旗、扎兰屯、科尔沁右翼前旗、新巴尔虎右旗、克什克腾旗、东乌珠穆沁旗、西乌珠穆沁旗等地。河北。朝鲜、蒙古、俄罗斯（西伯利亚中东部）。欧洲。

采　　制　夏季采收全草，切段，洗净，鲜用或晒干。

主治用法　用于支气管哮喘、痉挛性结肠炎、神经性高血压、耳鸣、头痛、痉挛性便秘等。水煎服。

用　　量　适量。

◎参考文献◎

[1] 江纪武. 药用植物辞典 [M]. 天津：天津科学技术出版社，2005:744.

▲ 款冬群落

款冬属 *Tussilago* L.

款冬 *Tussilago farfara* L.

别　　名	款冬花
俗　　名	冬花
药用部位	菊科款冬的花蕾（称"款冬花"）。

原 植 物　多年生草本。根状茎横生地下，褐色。早春花叶抽出数个花葶，高 5～10 cm，密被白色茸毛，有鳞片状互生的苞叶，苞叶淡紫色。后生出基生叶阔心形，具长叶柄，叶片长 3～12 cm，宽 4～14 cm，边缘有顶端增厚的波状疏齿，掌状网脉，下面被密白色茸毛；叶柄长 5～15 cm。头状花序单生顶端，直径 2.5～3.0 cm，初时直立，花后下垂；总苞片 1～2 层，总苞钟状，结果时长 15～18 mm，总苞片线形，顶端钝，常带紫色，被白色柔毛及脱毛，有时具黑色腺毛；边缘有多层雌花，花冠舌状，黄色，子房下位；柱头 2 裂；中央的两性花少数，花冠管状，顶端 5 裂。花期 4—5 月，果期 5—7 月。

生　　境　生于山谷湿地、林下、林缘及路旁等处，常聚集成片生长。

▼ 款冬花序

▼ 款冬花序（背）

▲ 款冬居群

▲ 款冬果实

▲ 款冬植株（花期）

▼ 款冬植株（果期）

分　　布　吉林柳河、辉南、集安、临江、长白、抚松、安图、和龙等地。江西、湖北、湖南、贵州、云南、西藏。华北、华东、西北。朝鲜、俄罗斯（西伯利亚中东部）、印度、伊朗、巴基斯坦。欧洲（西部）、非洲（北部）。

采　　制　早春采摘花蕾，除去杂质，阴干，生用或蜜炙用。

性味功效　味辛、甘，性温。有润肺下气、化痰止咳的功效。

主治用法　用于支气管炎、咳嗽、哮喘、肺痈、百日咳等。水煎服或入丸、散。咯血或肺痈咳吐脓血者慎用，阴虚劳嗽者禁用。

用　　量　7.5 ～ 15.0 g。

附　　方　治咳嗽气喘：款冬花、杏仁、桑白皮各 15 g，知母、贝母各 10 g。水煎服。

▲ 款冬植株（花期，侧）

▲ 款冬植株（夏季）

▲ 市场上的款冬花序

▼ 款冬幼叶

附　注　本品为《中华人民共和国药典》（2020 年版）收录的药材。

◎参考文献◎

［1］江苏新医学院.中药大辞典（下册）[M].上海：上海科学技术出版社，1977:2301-2303.

［2］中国药材公司.中国中药资源志要[M].北京：科学出版社，1994:1352.

［3］江纪武.药用植物辞典[M].天津：天津科学技术出版社，2005:827.

▲ 砂蓝刺头植株

蓝刺头属 *Echinops* L.

砂蓝刺头 *Echinops gmelini* Turcz.

别　　名　沙漏芦

俗　　名　和尚头　刺头　刺甲盖　恶背火草　火绒草

药用部位　菊科砂蓝刺头的根（入药称"沙漏芦"）及全草。

原 植 物　一年生草本，高 10 ~ 90 cm。下部茎叶线形或线状披针形，长 3 ~ 9 cm，宽 0.5 ~ 1.5 cm，基部扩大，抱茎，边缘刺齿；中上部茎叶与下部茎叶同形，但渐小；全部叶质地薄，纸质，两面绿色，被稀疏蛛丝状毛及头状具柄的腺点，或上面的蛛丝毛稍多。复头状花序单生茎顶或枝端，直径 2 ~ 3 cm。头状花序长 1.2 ~ 1.4 cm；基毛白色，不等长，长 1 cm；全部苞片 16 ~ 20；外层苞片线状倒披针形，上部扩大，浅褐色；中层苞片倒披针形，长 1.3 cm；内层苞片长椭圆形，比中层苞片稍短，顶端芒刺裂；小花蓝色或白色，花冠 5 深裂，裂片线形，花冠管无腺点。花期 7—8 月，果期 8—9 月。

生　　境　生于山坡砾石地、荒漠草原、黄土丘陵或河滩沙地等处。

分　　布　吉林通榆、镇赉等地。内蒙古陈巴尔虎旗、新巴尔虎左旗、新

▲ 砂蓝刺头花序

▲ 砂蓝刺头群落

▼ 砂蓝刺头幼株

巴尔虎右旗、科尔沁左翼前旗、科尔沁左翼中旗、科尔沁左翼后旗、库伦旗、翁牛特旗、敖汉旗、阿鲁科尔沁旗、巴林左旗、巴林右旗、东乌珠穆沁旗、西乌珠穆沁旗、正蓝旗、正镶白旗、太仆寺旗、多伦、镶黄旗等地。河北、河南、陕西、山西、宁夏、青海、甘肃、新疆。蒙古、俄罗斯。

采　制　春、秋季采挖根，除去泥土，洗净，晒干。夏、秋季采收全草。切段，洗净，晒干。

性味功效　根：味咸、苦，性寒。有清热解毒、排脓、通乳的功效。全草：味咸、苦，性寒。有安胎、止血、镇静的功效。

主治用法　根：用于痈疮肿毒、乳腺炎、乳汁不通、腮腺炎、淋巴结结核、风湿性关节炎及痔漏等。水煎服。全草：用于先兆流产、产后出血等。水煎服。

用　量　根：7.5～15.0 g。全草：25～50 g（鲜品200～250 g）。

附　方

（1）治痈疖初起、红肿热痛：砂蓝刺头、连翘各15 g，大黄、生甘草各10 g。水煎服。

▲砂蓝刺头花（侧）

（2）治乳汁不下、乳房胀痛：砂蓝刺头、栝楼、蒲公英、土贝母各15 g。水煎服。

（3）治闪腰岔气、跌打损伤：砂蓝刺头15 g。水煎加红糖，早、晚分服。

（4）治先兆流产、产后出血：砂蓝刺头全草25 ~ 50 g（鲜品200 ~ 250 g）。每日1剂，煎服2次。服药2 ~ 3 h显效（内蒙古伊盟地区民间方）。

◎参考文献◎

[1]江苏新医学院.中药大辞典（上册）[M].
    上海：上海科学技术出版社，1977:1166.
[2]朱有昌.东北药用植物[M].哈尔滨：黑
    龙江科学技术出版社，1989:1167-1168.
[3]中国药材公司.中国中药资源志要[M].
    北京：科学出版社，1994:1290.

▼砂蓝刺头花

▲ 驴欺口群落

驴欺口 *Echinops davuricus* Trevir.

别　　名	宽叶蓝刺头　蓝刺头　球花漏芦　禹州漏芦　漏芦
俗　　名	和尚头　火球花　火绒球花　火绒球草　火绒草
药用部位	菊科驴欺口的根（入药称"宽叶蓝刺头"）。
原 植 物	多年生草本，高 30～60 cm。

多年生草本，高 30～60 cm。基生叶与下部茎叶椭圆形或披针状椭圆形，长 15～20 cm，宽 8～15 cm，通常有长叶柄，二回羽状分裂。中上部茎叶与基生叶及下部茎叶同形并近等样分裂。上部茎叶羽状半裂或浅裂，无柄，基部扩大抱茎。复头状花序单生茎顶或茎生 2～3 个复头状花序，直径 3.0～5.5 cm；头状花序长 1.9 cm，基毛白色，不等长，扁毛状，长约 7 mm；总苞片 14～17，外层苞片稍长于基毛，线状倒披针形；中层倒披针形，长 1.0～1.3 cm；内层长椭圆形，长 1.5 cm；全部苞片外面无毛；小花蓝色，花冠裂片线形，花冠管上部有多数腺点。花期 7—8 月，果期 8—9 月。

生　　境　生于林缘、干燥山坡、草甸及山间路旁等处。

分　　布　黑龙江大庆、哈尔滨、齐齐哈尔、东宁、密山等地。吉林通榆、镇赉、洮南、长岭、前郭、靖宇、江源、临江等地。辽宁凌源、大连、阜新、桓仁等地。内蒙古额尔古纳、牙克石、鄂伦春旗、鄂温克旗、科尔沁右翼中旗、科尔沁左翼后旗、库伦旗、翁牛特旗、克什克腾旗、巴林左旗、巴林右旗、敖汉旗、阿鲁科尔沁旗、东乌珠穆沁旗、西乌珠穆沁旗、正蓝旗、正镶白旗、太仆寺旗、多伦、

▼ 驴欺口花序

▼ 驴欺口花序（灰白色）

▲ 驴欺口植株

镶黄旗等地。河北、山西、陕西、宁夏、甘肃。朝鲜、俄罗斯（西伯利亚）、蒙古。

采　制　春、秋季采挖根，除去泥土，洗净，晒干。

性味功效　味苦、咸，性寒。有清热解毒、消肿排脓、下乳、通筋脉的功效。花序：有活血、发散的功效。

主治用法　用于痈疽发背、乳房肿痛、乳汁不通、瘰疬、恶疮、湿痹筋脉拘挛、骨疼痛、热毒血痢、痔疮出血。水煎服或入丸、散。外用煎水洗或研末捣敷。花序：用于跌打损伤。

用　量　干品 7.5 ~ 15.0 g（鲜品 50 ~ 100 g）。外用适量。

附　方

（1）治乳腺炎：宽叶蓝刺头、蒲公英、金银花各 25 g，土贝母 15 g，甘草 10 g。水煎服。

（2）治风湿性关节炎、风湿痛：宽叶蓝刺头 50 g。水煎服。

附　注　本品为《中华人民共和国药典》（2020 年版）收录的药材。

◎参考文献◎

［1］江苏新医学院.中药大辞典（下册）[M].上海：上海科学技术出版社，1977:2576-2579.

［2］朱有昌.东北药用植物[M].哈尔滨：黑龙江科学技术出版社，1989:1168-1169.

［3］《全国中草药汇编》编写组.全国中草药汇编（上册）[M].北京：人民卫生出版社，1975:892-893.

▲ 驴欺口花（侧）

▲ 驴欺口花

▲ 牛蒡植株

▲ 市场上的牛蒡根

▼ 市场上的牛蒡根（撕成条状）

牛蒡属 *Arctium* L.

牛蒡 *Arctium lappa* L.

别　　名	恶实　大力子

俗　　名　鼠黏子　鼠见愁　老母猪耳朵　老母猪哼哼　老母猪呼
达　老母猪挂达子　野狗宝　老鼠愁　黑萝卜　牛槽子　针猪草　疙
瘩菜　黏不沾　黏苍子

药用部位　菊科牛蒡的果实（称"大力子"）、根及茎叶。

原 植 物　二年生草本。肉质直根粗大，长达 15 cm。茎高达
2 m。基生叶宽卵形，长达 30 cm，宽达 21 cm，边缘具稀疏
的浅波状凹齿或齿尖，基部心形，有长达 32 cm 的叶柄，叶柄
灰白色；茎生叶与基生叶同形或近同形，接花序下部的叶小，
基部平截或浅心形。头状花序在枝端组成伞房花序，花序梗粗
壮；总苞卵形或卵球形，直径 1.5 ~ 2.0 cm；总苞片多层，多
数，外层三角状或披针状钻形，宽约 1 mm，中、内层披针状
或线状钻形，宽 1.5 ~ 3.0 mm；全部苞片近等长，长约 1.5 cm，

▲牛蒡幼株群落

▲牛蒡幼株（前期）

▼牛蒡幼苗

顶端有软骨质钩刺；小花紫红色，花冠长 1.4 cm，细管部长 8 mm，花冠裂片长约 2 mm。花期 7—8 月，果期 8—9 月。

生　境　生于山坡、山谷、林缘、林中、灌木丛中、河边潮湿地、村庄路旁或荒地等处，常聚集成片生长。

分　布　东北地区。全国绝大部分地区。欧亚大陆。

采　制　春、秋季采挖根。夏、秋季采摘茎叶。秋季采收果实，除去杂质，获取种子，生用或炒后捣碎用。

性味功效　果实：味辛、苦，性凉。有疏散风热、宣肺透疹、消肿解毒的功效。根：味苦、辛，性寒。有祛风热、消肿毒的功效。茎叶：味甘。无毒。有祛风湿、止血、止痒的功效。

主治用法　果实：用于风热感冒、咳痰不爽、咽喉肿痛、流行性腮腺炎、麻疹不透、风疹作痒、痈肿疮毒及便秘等。水煎服。气虚便溏及痈疽已溃者忌用。根：用于风热感冒、风毒面肿、头晕、消渴、咽喉热肿、齿痛、咳嗽、痈疽疮疖、痔疮、脚癣、湿疹及虚弱脚软无力等。水煎服，外用捣烂敷患处。茎叶：用于头痛、烦闷、金疮、乳痛及皮肤风痒等。内服煮食。外用煎水洗，熬膏涂或以叶贴疮。

用　量　果实：7.5 ~ 15.0 g。气虚便溏及痈疽已溃者忌用。

▲市场上的牛蒡嫩叶柄

▲牛蒡瘦果

▲牛蒡根

▲市场上的牛蒡根（切片）

▲牛蒡幼株（后期）

▲ 牛蒡花序

▲ 牛蒡花序（侧）

▼ 牛蒡果实

根：15～25 g。外用适量。茎叶：5～15 g。

附　方

（1）治咽喉肿痛：牛蒡子15 g，板蓝根25 g，桔梗10 g，薄荷、甘草各5 g。水煎服。

（2）治麻疹不透：牛蒡子、葛根各10 g，蝉蜕、薄荷、荆芥各5 g。水煎服。

（3）治风肿斑毒作痒：牛蒡子、玄参、僵蚕、薄荷各25 g。为末，每服15 g，白开水调下。

（4）治急性乳腺炎（未化脓者）：牛蒡子（干品15 g，鲜品50 g）。水煎服或水煎当茶饮，有良好效果。

（5）治头痛连睛、目昏涩不明：牛蒡子、苍耳子、甘菊花各15 g。水煎服。

（6）治风龋牙痛：牛蒡子炒，煎水含漱吐之。

（7）治痔疮：牛蒡子15 g。炒，研成细末，加上一匙蜜和一匙净朴硝，温酒空腹服。或用牛蒡根、漏芦根，炖猪大肠服。

（8）治风热感冒、喉痒、痰黄：牛蒡子15 g，薄荷、蝉蜕各8 g。水煎服。

附　注　本品为《中华人民共和国药典》（2020年版）收录的药材。

◎参考文献◎

［1］江苏新医学院.中药大辞典（上册）[M].上海：上海科学技术出版社，1977:429-433.

［2］朱有昌.东北药用植物[M].哈尔滨：黑龙江科学技术出版社，1989:1109-1111.

［3］《全国中草药汇编》编写组.全国中草药汇编（上册）[M].北京：人民卫生出版社，1975:205.

▲ 顶羽菊群落

顶羽菊属 *Acroptilon* Cass.

顶羽菊 *Acroptilon repens*（L.）DC.

俗　　名　苦蒿　灰叫驴

药用部位　菊科顶羽菊全草。

原植物　多年生草本，高 40 ～ 60 cm。根直伸。茎单生，或少数茎成簇生，直立，自基部分枝，分枝斜升，被稠密的叶；全部茎叶质地稍坚硬，长椭圆形或匙形或线形，长 2.5 ～ 5.0 cm，宽 0.6 ～ 1.2 cm，顶端钝或圆形或急尖而有小尖头，边缘全缘。头状花序多数，在茎枝顶端排成伞房花序或伞房圆锥花序；总苞卵形或椭圆状卵形，直径 0.5 ～ 1.5 cm；总苞片约 8 层，覆瓦状排列，向内层渐长，外层与中层卵形或宽倒卵形；内层披针形或线状披针形；全部苞片附属物白色，透明；全部小花两性，管状，花冠粉红色或淡紫色，长 1.4 cm，细管部长 7 mm，花冠裂片长 3 mm。瘦果倒长卵形，长 3.5 ～ 4.0 mm，淡白色，顶端圆形，无果缘。花期 7 月，果期 8 月。

▲ 顶羽菊花序（侧）

生　　境　生于盐碱地、田边、荒地、沙地、干山坡、石质山坡及水旁、沟边等处。

分　　布　内蒙古苏尼特左旗。河北、山西、陕西、青海、甘肃、新疆。俄罗斯（西伯利亚）、蒙古、伊朗。亚洲（中部）。

采　　制　夏、秋季采收全草，洗净、晒干。

性味功效　味苦，性凉。有清热解毒、活血消肿的功能。

主治用法　用于痈疽疔肿、无名肿毒、关节疼痛等。水煎服。

用　　量　15 ~ 30 g。

◎参考文献◎

[1] 江纪武. 药用植物辞典 [M]. 天津：天津科学技术出版社，2005:15.

▲顶羽菊植株

▼顶羽菊花序

▲ 关苍术花序

苍术属 *Atractylodes* DC.

关苍术 *Atractylodes japonica* Koidz. ex Kitam.

别　　名	关东苍术　东苍术　和苍术
俗　　名	枪头菜　山刺菜　明叶菜　镰刀菜　矛枪菜
药用部位	菊科关苍术的根状茎。
原 植 物	多年生草本，高 40 ~ 80 cm。茎基部叶花期枯萎脱落；中下

部茎叶 3 ~ 5 羽状全裂，最上部及最下部兼杂有不分裂的侧裂片 1 ~ 2 对，
椭圆形、倒卵形、长倒卵形或倒披针形，长 3 ~ 7 cm，宽 2 ~ 4 cm；
顶裂片椭圆形、长椭圆形或倒卵形，长 4 ~ 9 cm；中下部茎叶有长
5 ~ 8 cm 的叶柄，但接头状花序下部的叶几无柄；苞叶长 1.5 ~ 3.0 cm，
针刺状羽状全裂。总苞钟状，直径 1.0 ~ 1.5 cm；总苞片 7 ~ 8 层，最
外层及外层三角状卵形或椭圆形，中层椭圆形，内层长椭圆形；全部苞
片顶端钝，边缘有蛛丝状毛，内层苞片顶端染紫红色；小花长 1.2 cm，
黄色或白色。花期 8—9 月，果期 9—10 月。

▼ 市场上的关苍术根状茎

▼ 关苍术花序（侧）

▲关苍术幼苗

生　　境　　生于山坡、灌丛、柞树林下及林缘等处。

分　　布　　黑龙江漠河、呼玛、黑河市区、嫩江、嘉荫、孙吴、萝北、北安、伊春市区、铁力、克东、克山、富锦、林口、桦川、桦南、佳木斯市区、集贤、巴彦、通河、木兰、依兰、延寿、勃利、五大连池、尚志、穆棱、密山、虎林、鸡西、饶河、宝清、同江、东宁、宁安、海林等地。吉林通化、白山、集安、柳河、辉南、抚松、靖宇、长白等地。辽宁沈阳、抚顺、本溪、铁岭、西丰、清原、新宾、桓仁、宽甸等地。内蒙古鄂伦春旗。朝鲜、俄罗斯（西伯利亚中东部）、日本。

采　　制　　春、秋季采挖根状茎，去净杂质及残茎后，用火燎去须根，然后切片晒干入药。

性味功效　　味辛、苦，性寒。有燥湿健脾、祛风散寒、明目、辟秽的功效。

主治用法　　用于脘腹胀痛、泄泻、水肿、风湿痹痛、脚气痿躄、风寒感冒、夜盲症、佝偻病、皮肤角化症。水煎服。阴虚内热、气虚多汗者忌服。

用　　量　　7.5～15.0 g。

附　　方

（1）治湿疹：关苍术、黄檗各 15 g。水煎服。另用关苍术、黄檗、煅石膏各等量，研细粉，敷患处。

▼关苍术根状茎

▼市场上的关苍术幼株

▲关苍术植株

▲ 关苍术幼株

（2）治黄疸型肝炎（湿重型）：关苍术、半夏、茯苓、藿香各15 g，茵陈50 g，猪苓、板蓝根各25 g，厚朴、陈皮各10 g。水煎服。

（3）治胃炎、胃溃疡、胃酸过多、食欲不振：关苍术100 g，陈皮、厚朴、甘草各50 g。研粉，每服10 g，每日3次。

（4）治布鲁氏菌病：关苍术、甘草、五味子各20 g，桂枝15 g，干地黄、浮小麦、棉花根各50 g，大枣4枚。水煎服，每日1剂。10 d为一个疗程。

（5）治感冒：关苍术50 g，细辛10 g，侧柏叶15 g。共研细末。每日4次，每次7.5 g，开水冲服，葱白为引，生食。

（6）治夜盲症（雀盲眼）：关苍术研成细末，羊肝用开水烫后切成小块，吃羊肝蘸关苍术面，不拘多少，治雀盲眼有良好效果（抚顺民间秘方）。

附 注 本品为东北地道药材。

◎参考文献◎

［1］江苏新医学院.中药大辞典（上册）[M].上海：上海科学技术出版社，1977:429-433.

［2］朱有昌.东北药用植物[M].哈尔滨：黑龙江科学技术出版社，1989:1140-1141.

［3］《全国中草药汇编》编写组.全国中草药汇编（上册）[M].北京：人民卫生出版社，1975:441-442.

▼ 关苍术果实

▲ 关苍术瘦果

▲ 苍术花序（淡粉色）

苍术瘦果 ▶

▼ 苍术幼苗

苍术 *Atractylodes lancea*（Thunb.）DC.

别　名	北苍术

俗　名　明叶菜　枪头菜　山枪头菜　山刺菜　山刺儿菜
山蚂子口

药用部位　菊科苍术的根状茎。

原植物　多年生草本。根状茎平卧或斜升，粗长或呈疙
瘩状。茎高 15 ~ 70 cm。基部叶花期脱落；中下部茎叶
长 8 ~ 12 cm，宽 5 ~ 8 cm，3 ~ 9 羽状深裂或半裂，
基部楔形或宽楔形，几无柄，扩大，半抱茎，中部茎叶
长 2.2 ~ 9.5 cm，宽 1.5 ~ 6.0 cm，上部叶基部有时有

▲苍术花序（侧）

苍术幼株▶

▼苍术花序

1 ～ 2 对三角形刺齿裂。头状花序单生茎枝顶端；总苞钟状，直径 1.0 ～ 1.5 cm；苞叶针刺状羽状全裂或深裂；总苞片 5 ～ 7 层，覆瓦状排列，最外层及外层卵形至卵状披针形，中层长卵形至长椭圆形或卵状长椭圆形，内层线状长椭圆形或线形；全部苞片顶端钝或圆形，边缘有稀疏蛛丝毛；小花白色，长 9 mm。花期 7—8 月，果期 8—9 月。

生　境　生于干燥山坡、岩石缝隙中、灌丛、柞树林下及林缘等处。

分　布　黑龙江甘南、龙江、泰来、林甸、依安、富裕、齐齐哈尔市区、泰康等地。吉林长春、蛟河、

抚松、吉林等地。辽宁朝阳、
建平、建昌、凌源、义县、
喀左、葫芦岛市区、绥中、
兴城、锦州市区、北镇、
大连、阜新、彰武等地。
内蒙古扎兰屯、科尔沁右
翼前旗、科尔沁右翼中旗、
扎赉特旗、突泉、扎鲁特旗、
翁牛特旗、宁城等地。河北、
山西、甘肃、陕西、河南、
江苏、浙江、江西、安徽、
四川、湖南、湖北。朝鲜、
日本、俄罗斯（西伯利亚
中东部）。

采 制 春、秋季采挖
根状茎，去净杂质及残茎
后，用火燎去须根，然后
切片晒干入药。

性味功效 味辛、苦，性温。
有燥湿健脾、明目解郁、
祛风辟秽的功效。

主治用法 用于食欲不振、
消化不良、小便不利、关
节疼痛、头痛、胃腹胀满、
水肿、夜盲症、佝偻病、
痢疾、疟疾、湿疹、皮肤
角化症及外感风寒等。水
煎服，熬膏或入丸、散。
阴虚内热、气虚多汗者忌
服。

用 量 5～15 g。

附 方 同关苍术。

附 注 本品为《中华人民共和国药典》（2020 年版）收
录的药材。

▲苍术植株

▼苍术根状茎

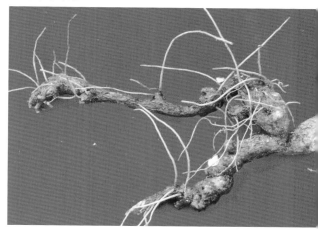

◎参考文献◎

[1] 江苏新医学院.中药大辞典（上册）[M].上海：上海科
    学技术出版社，1977:1066-1069.

[2] 朱有昌.东北药用植物 [M].哈尔滨：黑龙江科学技术出
    版社，1989:1137-1140.

[3] 《全国中草药汇编》编写组.全国中草药汇编（上册）[M].
    北京：人民卫生出版社，1975:441-442.

▲ 朝鲜苍术花序

▼ 朝鲜苍术幼苗

▲ 朝鲜苍术瘦果

朝鲜苍术 *Atractylodes koreana*（Nakai）Kitam.

俗　　名　枪头菜　山刺儿菜

药用部位　菊科朝鲜苍术的根状茎。

原 植 物　多年生草本。根状茎粗而长，茎高 25～50 cm。中下部茎叶椭圆形或长椭圆形，长 6～10 cm，宽 2～4 cm；上部或接头状花序下部的叶与中下部茎叶同形，或卵状长椭圆形，但较小；全部叶质地薄，纸质或稍厚而为厚纸质；苞叶绿色，刺齿状羽状深裂。头状花序单生茎端或植株有少数单生茎枝顶端，但并不形成明显的花序式排列；总苞钟状或楔钟状，直径达 1 cm；总苞片 6 ~ 7 层，外层及最外层卵形，中层椭圆形，最内层长倒披针形或线状倒披针形；全部苞片顶端钝或圆形，边缘有稀疏的蛛丝状毛或无毛，最内层苞片顶端常红紫色；小花白色，长约 8 mm。花期 7—8 月，果期 8—9 月。

生　　境　生于山坡灌丛及石砬子上。

分　　布　吉林长白、蛟河、龙井、珲春、集安、通化等地。辽宁丹东市区、本溪、鞍山市区、岫岩、抚顺、凤城、辽阳、盖州、普兰店、长海、大连市区、营口市区等地。河北、山西、陕西、宁夏。朝鲜。

采　　制　春、秋季采挖根状茎，去净杂质及残茎后，用火燎去须根，然后切片晒干。

性味功效　味辛、苦，性温。有健脾、燥湿、解郁、辟秽的功效。

主治用法　用于湿盛困脾、倦怠嗜卧、脘痞腹胀、食欲不振、呕吐、泄泻、痢疾、疟疾、痰饮、水肿、时气感冒、风寒湿痹、足痿、夜盲。水煎服。

用　　量　5 ~ 15 g。

▼ 朝鲜苍术幼株

▲ 朝鲜苍术根状茎

▲ 朝鲜苍术植株

附　　方　同关苍术。

◎参考文献◎

［1］朱有昌.东北药用植物 [M]. 哈尔滨：黑龙江科学技术出版社，1989:1141-1142.

［2］《全国中草药汇编》编写组.全国中草药汇编（上册）[M].北京：人民卫生出版社，1975:441-442.

［3］中国药材公司.中国中药资源志要 [M].北京：科学出版社，1994:1263-1264.

▲ 丝毛飞廉居群

飞廉属 Carduus L.

丝毛飞廉 *Carduus crispus* L.

别　　名　飞廉　飞廉蒿　节毛飞廉

▲ 丝毛飞廉果实

俗　　名　老牛锉　老牛错

药用部位　菊科丝毛飞廉的全草及根。

原 植 物　二年生或多年生草本，高40 ~ 150 cm。下部茎叶全形椭圆形、长椭圆形或倒披针形，长5 ~ 18 cm，宽1 ~ 7 cm，羽状深裂或半裂，侧裂片7 ~ 12对；中部茎叶与下部茎叶同形并等样分裂；全部茎叶两面明显异色，上面绿色，下面灰绿色或浅灰白色，被蛛丝状薄绵毛。头状花序，花序梗极短，总苞卵圆形，直径1.5 ~ 2.5 cm；总苞片多层，覆瓦状排列，向内层渐长，最外层长三角形，长约3 mm，中内层苞片钻状长三角形或钻状披针形或披针形，长4 ~ 13 mm，最内层苞片线状披针形，长15 mm；小花红色或紫色，长1.5 cm，檐部长

▲ 丝毛飞廉花序（白色）

8 mm，5 深裂，裂片线形，细管部长 7 mm。花期 6—7 月，果期 7—8 月。

生　境　生于田间、路旁、山坡、荒地及河岸等处，常聚集成片生长。

分　布　东北地区。全国绝大部分地区。朝鲜、俄罗斯（西伯利亚）、蒙古。亚洲（中部）、欧洲等。

采　制　夏、秋季花盛开时采收全草，除去杂质，洗净，晒干。春、秋季采挖根，除去泥土，洗净，鲜用或晒干。

性味功效　味微苦，性平。无毒。有祛风、清热、利湿、凉血散瘀的功效。

主治用法　用于风热感冒、头风眩晕、风热痹痛、皮肤刺痒、尿路感染、乳糜尿、吐血、尿血、衄血、功能性子宫出血、带下、泌尿系统感染、跌打瘀肿、疔疮肿毒及烫伤等。水煎服，入散剂或浸酒。外用捣烂敷患处或烧存性研末掺。

用　量　15 ~ 25 g（鲜品 50 ~ 100 g）。外用适量。

附　方

（1）治鼻衄、功能性子宫出血、尿血：丝毛飞廉、茜草、地榆各 15 g。水煎服。

（2）治关节炎：丝毛飞廉全草 500 g，何首乌150 g，生地 250 g。用酒浸泡 1 周，每天服 3 次，每次 10 ml。

（3）治无名肿毒、痔疮、外伤肿痛：丝毛飞廉茎叶适量。捣成泥状敷患处（黑龙江民间方）。

▲丝毛飞廉植株（花序白色）

▼丝毛飞廉花序（侧）

▼丝毛飞廉花序

▲丝毛飞廉幼株

▲丝毛飞廉瘦果

▲丝毛飞廉幼苗

（4）治乳糜尿：丝毛飞廉、白糖各 200 g。加水两小碗，煎汤内服（每次煎 2 h），每日服 2 次。

◎参考文献◎

［1］江苏新医学院.中药大辞典（上册）[M].上海：上海科学技术出版社，1977:266-267.

［2］朱有昌.东北药用植物 [M].哈尔滨：黑龙江科学技术出版社，1989:1149-1150.

［3］《全国中草药汇编》编写组.全国中草药汇编（上册）[M].北京：人民卫生出版社，1975:73-74.

▲ 刺儿菜花序

▲ 刺儿菜花序（侧）

蓟属 *Cirsium* Mill.

刺儿菜 *Cirsium segetum* Bge.

别　　名	小蓟 野蓟
俗　　名	枪头菜 枪刀菜 山红花尾子 野红花

药用部位 菊科刺儿菜的全草及根状茎。

原植物 多年生草本，高 20 ~ 70 cm。根状茎细长，有须根。茎有条棱，被蛛丝状绵毛，上部少分枝或不分枝。基生叶莲座状，披针形或长圆状披针形；茎生叶互生，叶片椭圆形、长圆形或长圆状披针形，长 4 ~ 11 cm，宽 0.7 ~ 2.7 cm，不分裂，全缘或波状缘，边缘有刺，两面密被蛛丝状绵毛。头状花序 1 至数个，单生于茎或枝顶，单性，异形，雌雄异株；总苞片多层，外层短，长圆状披针形，先端有刺尖；雄花头状花序较小，总苞长 1.8 cm，花冠长 2 cm，紫红色，下筒部长为上筒部的 2 倍；雌花头状花序较大，总苞长 2.5 cm，下筒部长为上筒部的 3 ~ 4 倍，花冠长 2.5 cm。花期 7—8 月，果期 8—9 月。

生　　境 生于田间、荒地、林间、路旁等处，常聚集成片生长。

分　　布 东北地区。全国绝大部分地区（除西藏、云南、广东、广西外）。朝鲜、蒙古、日本、俄罗斯。欧洲（东部和中部）。

采　　制 夏、秋季采收全草，除去杂质，切段，洗净，鲜用或晒干。春、秋季采挖根状茎，除去泥土，切段，洗净，鲜用或晒干。

性味功效 全草：味甘，性凉。有凉血止血、行瘀消肿的功效。根状茎：味甘，性凉。有凉血止血、行瘀消肿的功效。

主治用法 全草：用于鼻塞、吐血、衄血、尿血、血崩、血淋、急性传染性肝炎、创伤出血、疔疮痈毒等。水煎服，捣汁或研末。外用捣烂敷患处或煎水洗。根状茎：用于肝炎。水煎服。

用　　量 全草：7.5 ~ 15.0 g（鲜品 50 ~ 100 g）。根状茎：鲜品 50 ~ 100 g。

附　　方

（1）治尿痛、尿急、尿血：（小蓟饮子）小刺儿菜、生地黄、藕节、炒蒲黄、滑石、当归、木通、栀子、甘草、淡竹叶各等量。研成粗粉，每次 25 g，水煎服，每日 2 次。

▲刺儿菜植株

▲ 刺儿菜果实

▲ 刺儿菜花序（白色）

（2）治传染性肝炎：鲜刺儿菜根状茎 100 g。水煎服。

（3）治功能性子宫出血：鲜刺儿菜 100 g。水煎，分 2 次服。又方：刺儿菜、大刺儿菜、茜草、炒蒲黄各 15 g，女贞子、旱莲草各 20 g。水煎服。

（4）治肾炎（血尿症状为主）：刺儿菜、藕节、蒲黄各 25 g，生地黄 20 g，山栀子 15 g，竹叶、木通各 7.5 g，生甘草 5 g。水煎服。若肉眼看见血尿，加琥珀屑 1.5～2.5 g 吞服或同用大小蓟、地锦草等。若有高血压及血尿同见，另加荠菜花、甘草 25～50 g，水煎服。

（5）治尿血：刺儿菜、干地黄、赤芍各 15 g，蒲黄、淡竹叶各 10 g，滑石 20 g，生甘草、木通各 5 g。水煎服。

（6）治臁疮：刺儿菜炭、甘草炭各 50 g。共研末，香油调敷患处。

（7）治产后血晕：刺儿菜、益母草各 50 g。共研末，每次 10 g，黄酒冲服，日服 2 次。

（8）治吐血、衄血、子宫出血、胃溃疡便血：小刺儿菜适量。

切碎水煎，过滤去渣，浓缩成膏，干燥粉碎，每次服5g，日服2次。

（9）治肺结核咯血：大刺儿菜、刺儿菜、荷叶、侧柏叶、茅根、茜草、栀子、大黄、牡丹皮、棕榈各等量。共炒炭存性，研成细末。用白藕捣汁或生萝卜汁调药粉15~25g，饭后服用。

（10）治舌上出血、大衄：刺儿菜一握，研、绞取汁，以酒半盏调服。如无生汁，只捣干者为末，冷水调下2g。

附 注

（1）本品为《中华人民共和国药典》（2020年版）收录的药材。

（2）个别地区以菊科长裂苦苣菜 *Sonchus brachyotus* DC. 的全草混为小刺儿菜，亦系误用。

◎参考文献◎

［1］江苏新医学院. 中药大辞典（上册）[M]. 上海：上海科学技术出版社，1977:242-243.

［2］朱有昌. 东北药用植物 [M]. 哈尔滨：黑龙江科学技术出版社，1989:1159-1161.

［3］《全国中草药汇编》编写组. 全国中草药汇编（上册）[M]. 北京：人民卫生出版社，1975:96-97.

▲刺儿菜居群

▼刺儿菜瘦果

▼刺儿菜幼株

▲ 大刺儿菜居群

▲ 大刺儿菜幼株

▼ 大刺儿菜幼苗

大刺儿菜 *Cirsium setosum*（Willd.）Bieb.

别　　名　大蓟　刻叶刺菜

俗　　名　老牛锉　枪头菜　老牛错　山红花尾子　刺儿菜　家蚂子
口　蓟菜

药用部位　菊科大刺儿菜的地上部分。

原植物　多年生草本，高可达 2 m。茎粗壮，具条棱，上部多分枝。基生叶莲座状，花期枯萎；基生叶具短柄或无柄；叶片长圆状披针形或披针形，长 6 ~ 11 cm，宽 2 ~ 3 cm，基部楔形，先端有尖刺，边缘具羽状缺刻状牙齿或羽状浅裂；上部叶向上渐小。头状花序多数密集，排列成伞房状，异型，单性，雌雄异株，总苞钟形，总苞片多层，外层短，卵状披针形，内层较长，线状披针形，带紫色，花冠紫红色；雄花头状花序较小，总苞长 1.5 cm，雌花头状花序总苞长 1.6 ~ 2.0 cm，花冠长约 2 cm，下筒部长为上筒部长的 4 ~ 5 倍。瘦果倒卵形或长圆形，冠毛白色，花后伸长。花期 7—8 月，果期 8—9 月。

生　　境　生于林缘、灌丛、路旁及湿草甸子等处，常聚集成片生长。

分　　布　东北地区。河北、山西。朝鲜、俄罗斯、蒙古、日本。欧洲。

采　　制　夏、秋季采收地上部分，除去泥土和根，切段，洗净，

▲ 大刺儿菜花序（侧）

▲ 大刺儿菜瘦果

▲ 大刺儿菜花序（浅红色）

▼ 白花大刺儿菜花序

生用或炒炭用。

性味功效 味苦，性凉。有凉血止血、消瘀散肿的功效。

主治用法 用于吐血、衄血、尿血、血淋、便血、血崩、急性传染性肝炎、创伤出血、疔疮、痈毒、高血压、细菌性痢疾、咽喉炎、扁桃体炎、胆囊炎、心绞痛、神经衰弱性失眠、肾炎及肥胖症等。

用　　量 15 ～ 25 g（鲜品 30 ～ 60 g）。

附　　方 同刺儿菜。

附　　注

（1）大刺儿菜有 1 变型：

白花大刺儿菜 f. *albiflora*（Kitag.）Kitag.，花白色。

（2）本品为《中华人民共和国药典》（2020 年版）收录的药材。

▲大刺儿菜植株

▲白花大刺儿菜植株

▼大刺儿菜花序（浅粉色）

▲大刺儿菜果实

◎参考文献◎

［1］江苏新医学院.中药大辞典（上册）[M].上海：上海科
　　学技术出版社，1977:148.

［2］朱有昌.东北药用植物[M].哈尔滨：黑龙江科学技术出
　　版社，1989:1161-1163.

［3］《全国中草药汇编》编写组.全国中草药汇编(上册)[M].
　　北京：人民卫生出版社，1975:96-97.

▲ 大刺儿菜群落

▲ 绒背蓟花序

▲ 绒背蓟花序（背）

绒背蓟 *Cirsium vlassovianum* Fisch. ex DC.

俗　　名	老牛锉　枪头菜　斩龙草　破肚子参
药用部位	菊科绒背蓟的干燥根（入药称"猫腿菇"）。
原 植 物	多年生草本，有块根。茎有条棱，高 25 ~ 90 cm，全部茎

枝被稀疏的多细胞长节毛或上部混生稀疏茸毛。全部茎叶披针形或椭
圆状披针形，中部叶较大，长 6 ~ 20 cm，宽 2 ~ 3 cm，上部叶较
小；全部叶不分裂，上面绿色，被稀疏的多细胞长节毛，下面灰白色，
被稠密的茸毛。头状花序，总苞长卵形，直径 2 cm；总苞片约 7 层，
最外层长三角形，长 5 mm，顶端急尖成短针刺，中、内层披针形，
长 9 ~ 12 mm，顶端急尖成短针刺，最内层宽线形，长 2 cm，顶端
膜质长渐尖，全部苞片外面有黑色黏腺；小花紫色，花冠长 1.7 cm，

檐部长 1 cm，不等 5 深裂，细管部长 7 mm。花期 7—8 月，果期 8—9 月。

生　　境　生于山坡林中、林缘、河边及湿地等处。

分　　布　黑龙江呼玛、孙吴、安达、伊春、尚志、密山、虎林、饶河、萝北等地。吉林长白山各地及九台、洮南等地。辽宁抚顺、鞍山、辽阳、大连市区、丹东市区、庄河、凤城、本溪、西丰、清原、桓仁、宽甸等地。内蒙古满洲里、额尔古纳、根河、牙克石、鄂伦春旗、鄂温克旗、科尔沁右翼前旗、科尔沁右翼中旗、扎赉特旗、科尔沁左翼后旗、阿鲁科尔沁旗、克什克腾旗、东乌珠穆沁旗、西乌珠穆沁旗等地。华北。朝鲜、蒙古、俄罗斯（西伯利亚中东部）。

采　　制　春、秋季采挖根，除去泥沙，洗净，鲜用或晒干。

性味功效　味微辛，性温。有祛风除湿、活络止痛的功效。

主治用法　用于风湿性关节炎、四肢麻木、跌打损伤、小儿慢惊风等。水煎服或泡酒服。

用　　量　5 ～ 10 g（鲜品 20 ～ 30 g）。

附　　方　治风湿性关节炎：猫腿菇 20 g，白酒 0.5 L。浸 7 d，每服 10 ～ 15 ml，每日 3 次，儿童酌减。

▲绒背蓟幼株

▼绒背蓟种子

▼绒背蓟块茎

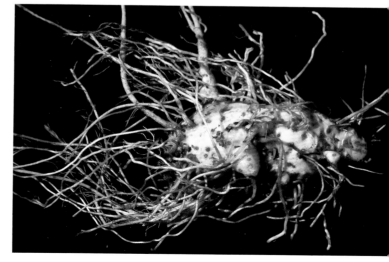

▲绒背蓟果实

▼绒背蓟花序（侧）

◎参考文献◎

[1] 江苏新医学院.中药大辞典（下册）
[M].上海：上海科学技术出版社，
1977:2208.

[2] 朱有昌.东北药用植物 [M].哈尔滨：
黑龙江科学技术出版社，1989:1163–
1164.

[3] 《全国中草药汇编》编写组.全国中
草药汇编（上册）[M].北京：人民卫
生出版社，1975:638.

▲绒背蓟植株

▲ 莲座蓟植株

莲座蓟 *Cirsium esculentum*（Sievers）C. A. Mey.

俗　　　名	食用蓟
药用部位	菊科莲座蓟的全草。

▲ 莲座蓟果实

原 植 物　多年生草本。无茎。顶生多数头状花序，外围莲座状叶丛；莲座状叶丛的叶全形倒披针形或椭圆形或长椭圆形，长 6 ~ 21 cm，宽 2.5 ~ 7.0 cm，羽状半裂、深裂或几全裂，基部渐狭成有翼的长或短的叶柄，柄翼边缘有针刺或 3 ~ 5 个针刺组合成束；侧裂片 4 ~ 7 对，中部侧裂片稍大。头状花序 5 ~ 12 集生于茎基顶端的莲座状叶丛中；总苞钟状，直径 2.5 ~ 3.0 cm；总苞片约 6 层，覆瓦状排列，向内层渐长，外层与中层长三角形至披针形，顶端急尖，内层及最内层线状披针形至线形，顶端膜质渐尖；小花紫色，花冠长 2.7 cm，细管部长 1.5 cm，檐部长 1.2 cm，不等 5 浅裂。花期 8 月，果期 9 月。

生　　　境　生于平原、山地潮湿地、草甸及海岸等处。

分　　　布　辽宁葫芦岛。内蒙古额尔古纳、牙克石、陈巴尔虎旗、鄂温克旗、新巴尔虎左旗、阿鲁科尔沁旗、巴林右旗、克什克腾旗、东乌珠穆沁旗、西乌珠穆沁旗等地。新疆。俄罗斯（西伯利亚）、蒙古。亚洲（中部）。

▲莲座蓟群落

▲ 莲座蓟幼株

▼ 莲座蓟花序（侧）

采　制　夏、秋花盛开时或结果时采收全草，洗净，鲜用或晒干。

性味功效　味甘，性凉。有散瘀消肿、排脓托毒、止血的功效。

主治用法　用于肺脓肿、疮痈肿毒、皮肤病、肝热、各种出血等。水煎服或研末为散。

用　量　5 ~ 15 g。

附　方　治肺脓肿：莲座蓟 10 g，远志 15 g，桔梗 5 g。共研细面。每日 3 次，每次 5 g，温开水送服。

◎参考文献◎

[1] 江苏新医学院.中药大辞典（下册）[M].上海：上海科学技术出版社，1977:1806.

[2] 中国药材公司.中国中药资源志要 [M].北京：科学出版社，1994:1277.

[3] 江纪武.药用植物辞典 [M].天津：天津科学技术出版社，2005:179.

▲ 林蓟幼株

▼ 林蓟花序（侧）

▲ 林蓟花序

林蓟 *Cirsium schantranse* Trautv. et Mey.

药用部位 菊科林蓟的全草。

原植物 多年生草本，高 70 ~ 120 cm。茎中下部叶长 14 ~ 27 cm，宽 8 ~ 12 cm，羽状浅裂、半裂、深裂或几全裂；中部侧裂片较大，全部侧裂片斜三角形或宽线形，边缘有针刺状毛或少数锯齿；向上的叶渐小；全部茎叶质地薄。头状花序下垂，生茎枝顶端，花序梗长，裸露；总苞宽钟状，直径 2 cm；总苞片约 6 层，覆瓦状排列，外层与中层长三角形至卵状长三角形，长 5 ~ 8 mm，宽 1.5 ~ 2.0 mm，顶端长渐尖，有长 1 mm 的针刺，内层及最内层披针形至线状

▲ 林蓟果实

▲ 林蓟幼苗

▼ 林蓟花序（白色）

披针形，长 1.0 ~ 1.2 cm，宽约 2 mm；小花紫红色，花冠长 1.6 cm，细管部长 5 mm，檐部长 1.1 cm，不等 5 浅裂。花期 6—7 月，果期 8—9 月。

生　境　生于山坡林中、林缘、路旁及河边湿地等处。

分　布　黑龙江伊春、桦川、依兰、尚志、海林、宁安、虎林、饶河、萝北等地。吉林长白山各地。辽宁桓仁、宽甸、沈阳等地。朝鲜、俄罗斯（西伯利亚中东部）。

采　制　夏、秋季采收全草，除去杂质，切段，洗净，鲜用或晒干。

性味功效　有凉血止血、破血的功效。

主治用法　用于尿血、便血、吐血、衄血及急性传染性肝炎等。水煎服。

用　量　适量。

◎参考文献◎

［1］江纪武．药用植物辞典 [M]．天津：天津科学技术出版社，2005:179.

林蓟瘦果

▲林蓟植株

绿蓟　*Cirsium chinense* Gardn. et Champ.

别　　名	崂山单脉蓟
药用部位	菊科绿蓟的全草。

原植物　多年生草本。茎高 40 ~ 100 cm。中部茎叶长椭圆形或长披针形或宽线形，长 5 ~ 7 cm，宽 1 ~ 4 cm，羽状浅裂、半裂或深裂；侧裂片 3 ~ 4 对；全部叶两面同色，绿色，中上部茎叶无柄或基部扩大。头状花序少数，总苞卵球形，直径 2 cm；总苞片约 7 层，覆瓦状排列，向内层渐长，最外层及外层长三角形至披针形，长 5 ~ 8 mm，宽 1.2 ~ 2.0 mm，顶端急尖或短渐尖成针刺，内层及最内层长披针形至线状披针形，长 1.0 ~ 1.4 cm，顶端膜质扩大，红色，全部或大部总苞片外面沿中脉有黑色黏腺；小花紫红色，花冠长 2.4 cm，檐部长 1.2 cm，不等 5 浅裂，细管部长 1.2 cm。花期 6—7 月，果期 8—9 月。

生　　境	生于山坡草丛中。
分　　布	辽宁长海、大连市区等地。内蒙古翁牛特旗、宁城、阿鲁科尔沁旗等地。河北、山东、江苏、浙江、广东、江西、四川。朝鲜。
采　　制	夏、秋季采收全草，除去杂质，切段，洗净，鲜用或晒干。
性味功效	有清热解毒、活血凉血的功效。
主治用法	用于暑热烦闷、妇崩漏、跌打吐血、痔疮、疔疮等。水煎服。
用　　量	适量。

◎参考文献◎

［1］江纪武 . 药用植物辞典 [M]. 天津：天津科学技术出版社，2005:178.

▲ 绿蓟植株

▲ 烟管蓟果实

烟管蓟 *Cirsium pendulum* Fisch. ex DC.

▼ 烟管蓟花序

俗　　名　老牛铧　老牛错

药用部位　菊科烟管蓟的干燥全草。

原 植 物　多年生草本，高 1 ~ 3 m。茎直立。基生叶及下部茎叶全形长椭圆形至椭圆形，下部渐狭成长或短的翼柄或无柄，不规则二回羽状分裂，一回为深裂，一回侧裂片 5 ~ 7 对，半长椭圆形或偏斜披针形，中部侧裂片较大，长 4 ~ 16 cm，宽 1.5 ~ 6.0 cm；向上的叶渐小，无柄或扩大耳状抱茎。头状花序下垂，总苞钟状，直径 3.5 ~ 5.0 cm；总苞片约 10 层，覆瓦状排列，外层与中层长三角形至钻状披针形，上部或中部以上钻状，向外反折或开展，内层及最内层披针形或线状披针形，顶端短，钻状渐尖；小花紫色或红色，花冠长 2.2 cm，细管部细丝状，长 1.6 cm，檐部短，5 浅裂。花期 7—8 月，果期 8—9 月。

生　　境　生于河岸、草地、山坡及林缘等处。

分　　布　黑龙江孙吴、哈尔滨市区、安达、肇东、尚志、宁安、东宁、伊春市区、依兰、铁力、虎林、密山、集贤、桦川、饶河、萝北等地。吉林省各地。辽宁丹东市区、宽甸、凤城、本溪、桓仁、西丰、沈阳、葫芦岛、大连、阜新等地。内蒙古额尔古纳、根河、陈巴尔虎旗、新巴尔虎右旗、新巴尔虎左旗、牙克石、鄂伦春旗、鄂温克旗、科尔沁右翼前旗、扎赉特旗、科尔沁左翼后旗、克什克腾旗、喀喇沁

▲市场上的烟管蓟幼株

▼烟管蓟植株（草地型）

▲烟管蓟植株（河岸型）

旗、巴林左旗、巴林右旗、翁牛特旗、阿鲁科尔沁旗、宁城县、东乌珠穆沁旗、西乌珠穆沁旗、正蓝旗、正镶白旗、太仆寺旗、多伦、镶黄旗等地。河北、山西、陕西、甘肃。朝鲜、俄罗斯（西伯利亚）、日本。

采 制 夏、秋季采收全草，洗净，切段，鲜用或晒干。

性味功效 味苦，性凉。有凉血止血、祛瘀消肿、止痛的功效。

主治用法 用于衄血、咯血、吐血、尿血、功能性子宫出血、产后出血、肝炎、肾炎、乳腺炎、跌打损伤、外伤出血、痈疖肿毒等。水煎服。外用鲜品捣烂敷患处。

用 量 10～25g。外用适量。

附 方

（1）治上消化道出血：烟管蓟根250g（研细粉），白糖50g，香料适量。混匀，每服3g，每日3次。

（2）治肺结核咯血：烟管蓟、小刺儿菜、荷叶、侧柏叶、

▲烟管蓟花序

茅根、茜草、栀子、大黄、牡丹皮、棕榈各等量。共炒炭存性，研细粉。用白藕捣汁或生萝卜汁调药粉 15 ～ 25 g，饭后服。

（3）治功能性子宫出血、月经过多：烟管蓟、小刺儿菜、茜草、炒蒲黄各 15 g，女贞子、旱莲草各 20 g。水煎服。

（4）治产后流血不止：烟管蓟、杉木炭、百草霜各 25 g。水煎，分 2 次服，每日 1 剂。

（5）治慢性肾炎：烟管蓟根 50 g，中华石荠苧 20 g，积雪草、兖州卷柏、车前草各 25 g，瘦猪肉适量。水炖，早晚分服。

附　注　在有些地区做大蓟使用。

◎参考文献◎

[1] 钱信忠.中国本草彩色图鉴(第四卷)[M].北京：人民卫生出版社，2003:101-102.

[2] 中国药材公司.中国中药资源志要[M].北京：科学出版社，1994:1278.

[3] 江纪武.药用植物辞典[M].天津：天津科学技术出版社，2005:179.

▲烟管蓟瘦果

▼烟管蓟幼株

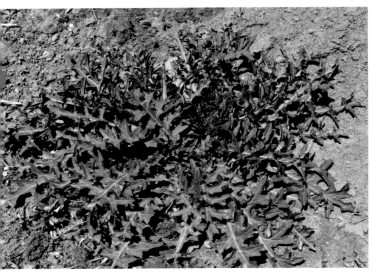

▼烟管蓟幼苗

野蓟 *Cirsium maackii* Maxim.

别　　　名	牛戳口　刺蓟
俗　　　名	老牛锉　老牛错
药用部位	菊科野蓟的干燥全草。

原 植 物　多年生草本，高 40 ～ 150 cm。基生叶和下部茎叶全形长椭圆形、披针形或披针状椭圆形，向下渐狭成翼柄，柄基有时扩大半抱茎，柄翼边缘三角形刺齿或针刺，包括翼柄长 20 ～ 25 cm，宽 7 ～ 9 cm；向上的叶渐小，与下部叶及基生叶同形；全部叶两面异色。头状花序单生茎端，总苞钟状，直径 2 cm；总苞片约 5 层，覆瓦状排列，外层及中层长三角状披针形至披针形，长 6 ～ 13 mm，宽 2.0 ～ 2.5 mm，顶端急尖成短针刺，边缘有毛，内层及最内层披针形至线状披针形，长 1.3 ～ 2.3 cm；全部苞片背面有黑色黏腺；小花紫红色，花冠长 2.4 cm，檐部与细管部等长，5 裂。花期 7—8 月，果期 8—9 月。

▼ 野蓟花序（侧）

生　　　境　生于山坡林中、林缘、路旁河边或湿地等处。

分　　　布　黑龙江哈尔滨、齐齐哈尔、伊春、密山、虎林、汤原、集贤、萝北等地。吉林珲春、汪清、通化、集安等地。辽宁沈阳、本溪、岫岩、盖州、庄河、瓦房店、长海、

▲ 野蓟花序（背）

凤城、宽甸、义县等地。内蒙古科尔沁左翼后旗、克什克腾旗、巴林右旗、敖汉旗、喀喇沁旗、宁城等地。河北、山东、江苏、浙江、安徽、四川。朝鲜、俄罗斯（西伯利亚中东部）、蒙古。

采 制 夏、秋季采收全草，切段，晒干。

性味功效 味甘，性凉。有行瘀消肿、凉血止血、破血的功效。

主治用法 用于便血、吐血、衄血、产后出血、外伤出血、痔疮、痈肿疮毒、跌打损伤等。水煎服。外用鲜草捣烂敷患处。

用 量 15～30 g。外用适量。

附 注 在有些地区做大蓟使用。

▼ 野蓟幼株

◎参考文献◎

[1] 钱信忠. 中国本草彩色图鉴（第四卷）[M]. 北京：人民卫生出版社，2003:454-455.

[2] 中国药材公司. 中国中药资源志要 [M]. 北京：科学出版社，1994:1278.

[3] 江纪武. 药用植物辞典 [M]. 天津：天津科学技术出版社，2005:179.

▲ 野蓟植株

▲ 魁蓟群落

▲ 魁蓟花序（白色）

▲ 魁蓟花序（侧）

魁蓟 *Cirsium leo* Nakai et Kitag.

药用部位 菊科魁蓟的干燥全草。

原植物 多年生草本，高 40 ~ 100 cm。全部茎枝有条棱。基部和下部茎叶全形长椭圆形或倒披针状长椭圆形，长 10 ~ 25 cm，宽 4 ~ 7 cm，羽状深裂，叶柄长达 5 cm 或无柄；侧裂片 8 ~ 12 对。头状花序在茎枝顶端排成伞房花序；总苞钟状，直径达 4 cm；总苞片 8 层，镊合状排列，至少不呈明显的覆瓦状排列，外层与中层钻状长三角形或钻状披针形，长 2 ~ 3 cm，宽 2 ~ 3 mm，边缘或上

▲ 魁蓟植株

部边缘有平展或向下反折的针刺，针刺长达 2.5 mm，顶端针刺长达 3 mm，内层硬膜质，披针形至线形，长达 2 cm；小花紫色或红色，花冠长 2.4 cm，檐部长 1.4 cm，不等大 5 浅裂，细管部长 1 cm。花期 7—8 月，果期 8—9 月。

生　境　生于山谷、山坡草地、林缘、河滩、石滩地、岩石隙缝中、溪旁、路边潮湿地及田间等处。

▲ 魁蓟幼苗

▲ 魁蓟幼株

▲ 魁蓟花序

分　　布	内蒙古宁城。河北、河南、山西、四川、陕西、宁夏、甘肃。
采　　制	夏、秋季采收全草，切段，晒干。
性味功效	味甘，性凉。有凉血、止血、祛瘀、消肿的功效。
主治用法	用于便血、吐血、衄血、蚓血、便血、创伤出血、痈肿疮毒等。水煎服。外用捣烂敷患处或煎水洗。
用　　量	4.5 ～ 90.0 g（鲜品 30 ～ 60 g）。外用适量。

◎参考文献◎

［1］钱信忠.中国本草彩色图鉴（第五卷）[M].北京：人民卫生出版社，2003:301-302.

［2］中国药材公司.中国中药资源志要[M].北京：科学出版社，1994:1278.

［3］江纪武.药用植物辞典[M].天津：天津科学技术出版社，2005:179.

▲泥胡菜幼株

▼泥胡菜幼苗

◀泥胡菜果实

▲泥胡菜瘦果

泥胡菜属 *Hemistepta* Bge.

泥胡菜 *Hemistepta lyrata* Bge.

别　　名	牛插鼻
俗　　名	野苦麻　苦马菜　剪刀菜　石灰菜
药用部位	菊科泥胡菜的全草。
原 植 物	一年生草本，高 30 ～ 100 cm。基生叶长椭圆形

或倒披针形；中下部茎叶与基生叶同形，长 4 ～ 15 cm 或
更长，宽 1.5 ～ 5.0 cm 或更宽，全部叶大头羽状深裂或几

全裂，侧裂片 2 ～ 6 对，向基部的侧裂片渐小，顶裂片大，长菱形、三角形或卵形；全部茎叶质地薄，基生叶及下部茎叶有长叶柄。头状花序在茎枝顶端排成疏松的伞房花序；总苞宽钟状或半球形，直径 1.5 ～ 3.0 cm；总苞片多层，覆瓦状排列，外层及中层椭圆形或卵状椭圆形，长 2 ～ 4 mm，最内层线状长椭圆形或长椭圆形，长 7 ～ 10 mm；小花紫色或红色，花冠长 1.4 cm，檐部长 3 mm，深 5 裂，花冠裂片线形，长 2.5 mm。花期 5—6 月，果期 7—8 月。

生　　境　生于山坡、草地、田间、路旁及住宅附近等处。

分　　布　东北地区。全国绝大部分地区。朝鲜、俄罗斯（西伯利亚中东部）、日本、越南、澳大利亚。

采　　制　夏、秋季采收全草，除去杂质，切段，洗净，鲜用或晒干。

性味功效　味苦，性凉。有清热解毒、利尿、消肿祛瘀、止咳、止血、活血的功效。

▼ 泥胡菜花序（侧）

▲ 泥胡菜花序

主治用法　用于乳腺炎、淋巴结结核、痔漏、风疹瘙痒、痈肿疔疮、外伤出血、骨折、阴虚咯血、慢性气管炎等。水煎服。外用捣烂敷患处或煎水洗。

用　　量　15 ～ 25 g。

附　　方

（1）治各种疮疡：泥胡菜、蒲公英各 50 g。水煎服。

（2）治乳腺炎：泥胡菜叶、蒲公英各适量。捣烂外敷。

（3）治刀伤出血：泥胡菜叶适量。洗净，捣烂敷患处。

◎参考文献◎

［1］江苏新医学院.中药大辞典（上册）[M].上海：上海科学技术出版社，1977:1458-1459.

［2］朱有昌.东北药用植物[M].哈尔滨：黑龙江科学技术出版社，1989:1183-1184.

［3］中国药材公司.中国中药资源志要[M].北京：科学出版社，1994:1302.

▲ 泥胡菜植株

▲ 火媒草群落

蝟菊属 *Olgaea* Iljin

火媒草 *Olgaea leucophylla*（Turcz.）Iljin

别　　名	鳍蓟　白山蓟
俗　　名	白背火杆　火草疙瘩
药用部位	菊科火媒草的全草及根。

原 植 物　多年生草本，高
15 ~ 80 cm。根粗壮，直
伸。基部茎叶长椭圆形，
长 12 ~ 20 cm，侧裂片
7 ~ 10 对，宽三角形、
偏斜三角形或半圆形；
全部裂片及刺齿顶端及
边缘有褐色或淡黄色的
针刺，裂顶及齿顶针刺较
长，通常长 5 ~ 6 mm；
茎叶沿茎下延成茎翼，翼宽
1.5 ~ 2.0 cm，两面异色。头状
花序多数或少数单生茎枝顶端，不
形成明显的伞房花序式排列；总苞钟状，

▼ 火媒草幼株

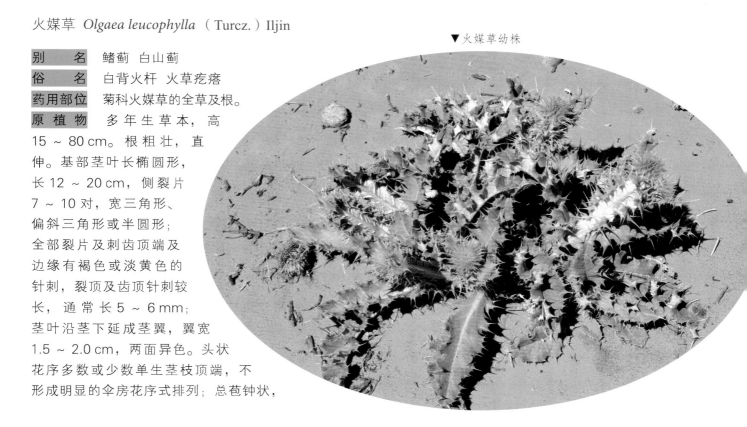

▲火媒草花序

▼火媒草花序（侧）

直径3～4cm；总苞片多层，多数，不等长，向内层渐长，外层长三角形，中层披针形或长椭圆状披针形，内层线状长椭圆形或宽线形；小花紫色或白色，花冠长3.3cm，外面有腺点，檐部长1.5cm，不等大5裂。花期7—8月，果期9—10月。

生　境　生于干山坡、固定沙丘及干草地等处。

分　布　吉林通榆、镇赉等地。内蒙古新巴尔虎左旗、新巴尔虎右旗、科尔沁右翼中旗、扎赉特旗、突泉、科尔沁左翼后旗、克什克腾旗、巴林右旗、阿鲁科尔沁旗、翁牛特旗、敖汉旗、东乌珠穆沁旗、西乌珠穆沁旗、阿巴嘎旗、苏尼特左旗、苏尼特右旗、正蓝旗、正镶白旗、镶黄旗等地。山西、宁夏、陕西、甘肃等。蒙古。

采　制　夏、秋季采收全草，除去杂质，切段，洗净，鲜用或晒干。春、秋季采挖根，除去泥沙，洗净，鲜用或晒干。

性味功效 有破血行瘀、凉血、止血的功效。

主治用法 用于外伤出血、吐血、衄血、功能性子宫出血、疮毒痈肿。水煎服。外用捣烂敷患处或煎水洗。

用 量 15g。外用适量。

◎参考文献◎

[1] 中国药材公司.中国中药资源志要[M].北京：科学出版社，1994:1321.

[2] 江纪武.药用植物辞典[M].天津：天津科学技术出版社，2005:548.

▲火媒草花序（白色）

▼火媒草植株

▲ 蝟菊植株

▼ 蝟菊花序（侧）

▲ 蝟菊花序

蝟菊 *Olgaea lomonosowii*（Trautv.）Iljin

药用部位 菊科蝟菊的全草及根。

原 植 物 多年生草本。茎 15 ～ 60 cm。根直伸，直径达 2 cm。全部茎枝有条棱，灰白色，被密厚茸毛或变稀毛。基生叶长椭圆形，长 8 ～ 20 cm，宽 4 ～ 7 cm，羽状浅裂或深裂，向基部渐狭成长或短的叶柄，柄基扩大；侧裂片 4 ～ 7 对，全部裂片边缘及顶端有浅褐色针刺，针刺长 0.5 ～ 2.0 mm；茎叶全部沿茎下延成茎翼。头状花序，但并不形成明显的伞房花序式排列；总苞大，钟状或半球形，直径 5 ～ 7 cm。总苞片多层，多数，不等长，向内层渐长，外层与中层线状长三角形，中层长达 2.4 cm，内层与最内层与中、外层同形，长 3.5 cm；小花紫色，花冠长 3 cm，檐

▲ 蝟菊植株（侧）

部长 1.8 cm，均等 5 裂。花期 7—8 月，果期 9—10 月。

生　境　生于干山坡、草甸、山阳坡、草原等处。

分　布　吉林洮南、镇赉等地。内蒙古陈巴尔虎旗、新巴尔虎左旗、新巴尔虎右旗、突泉、扎鲁特旗、克什克腾旗、巴林右旗、阿鲁科尔沁旗、翁牛特旗、东乌珠穆沁旗、西乌珠穆沁旗、阿巴嘎旗、苏尼特左旗、苏尼特右旗、正蓝旗、正镶白旗、镶黄旗等地。河北、山西、宁夏、甘肃。蒙古。

采　制　夏、秋季采收全草，除去杂质，切段，洗净，鲜用或晒干。春、秋季采挖根，除去泥沙，洗净，鲜用或晒干。

性味功效　有破血行瘀、凉血、止血的功效。

主治用法　用于外伤出血、吐血、衄血、功能性子宫出血、疮毒痈肿。水煎服。外用捣烂敷患处或煎水洗。

用　量　15 g。外用适量。

▲ 蝟菊幼株

▼ 蝟菊幼苗

◎参考文献◎

［1］中国药材公司 . 中国中药资源志要 [M]. 北京：科学出版社，1994:1321.

［2］江纪武 . 药用植物辞典 [M]. 天津：天津科学技术出版社，2005:548.

▲ 漏芦群落

▲ 漏芦幼株（后期）
▼ 漏芦花序（淡粉色）

▲ 漏芦果实

漏芦属 *Rhaponticum* Ludw.

漏芦 *Rhaponticum uniflorum*（L.）DC.

别　　名　祁州漏芦

俗　　名　和尚头　大脑袋花　大头翁　火球花　老鸹膀子　秃老婆顶　陆英菜　鞑子头　马屁眼子　后老婆花　榔头花　牛馒头　驴粪蛋子花

药用部位　菊科漏芦的根。

原 植 物　多年生草本，高 30 ~ 100 cm。根直伸，直径 1 ~ 3 cm。基生叶及下部茎叶全形椭圆形、长椭圆形、倒披针形，长 10 ~ 24 cm，宽 4 ~ 9 cm，羽状深裂或几全裂，有长叶柄，叶柄长 6 ~ 20 cm；侧裂片 5 ~ 12 对，椭圆形或倒披针形；中上部茎叶渐小，与基生叶及下部茎叶同形并等样分裂。头状花序单生茎顶，裸露或有少数钻形小叶；总苞半球形，直径 3.5 ~ 6.0 cm；总苞片约 9 层，覆瓦状排列，向内层渐长；全部苞片顶端有膜质附属物，附属物宽卵形或几圆形，长达 1 cm，宽达 1.5 cm，浅褐色；全部小花两性，管状，花冠紫红色，长 3.1 cm，细管部长 1.5 cm，花冠裂片长 8 mm。花期 5—6 月，果期 6—7 月。

生　　境　生于林下、林缘、山坡砾质地等处。

分　　布　东北地区。河北、山东、山西、河南、陕西、四川、甘肃、青海。俄罗斯（西伯利亚）、蒙古、朝鲜、日本。

采　　制　春、秋季采挖根，剪去残茎和须根，洗净，晒干，切片生用。

性味功效　味咸、苦，性寒。有清热解毒、消肿排脓、下乳、通筋脉的功效。

主治用法　用于乳腺炎、乳汁不通、腮腺炎、疖肿、淋巴结结核、风湿关节痛、痔疮、目赤、尿血、衄血、痔疮出血、痈疽发背及恶疮等。水煎服或入丸、散。外用煎水洗或研末捣敷。

用　　量　7.5 ～ 15.0 g（鲜品 50 ～ 100 g）。外用适量。

附　　方

（1）治乳腺炎：漏芦、蒲公英、金银花各 25 g，土贝母 15 g，甘草 10 g。水煎服。初起时可用漏芦 15 g，大黄 10 g。水煎服，日服 2 次。

（2）治风湿性关节炎、风湿痛：漏芦 50 g。水煎服。

（3）治痈疖初起、红肿热痛：漏芦、连翘各 15 g，大黄、生甘草各 10 g。水煎服。

（4）治跌打损伤、扭腰岔气：漏芦鲜根 3 ～ 4 个，加两碗水共煎成一碗，配上适量红糖内服。如加大剂量可治疗马足的扭拐伤（内蒙古索伦民间方）。

（5）治乳汁不通：漏芦、丹参各 15 g。煎水卧鸡蛋吃，每次 3 个（吉林市民间方）。

▲ 漏芦幼株（前期）

▼ 漏芦瘦果

▼ 漏芦根

（6）治乳妇气脉壅塞、乳汁不行、经络凝滞、乳内胀痛：漏芦125g，栝楼10个（急火烧焦存性），蛇蜕10条（炙）。上为细散，每服10g，温酒调服，不拘时。又方：漏芦、栝楼、蒲公英、土贝母各15g。水煎服，每日2次。

（7）治流行性腮腺炎：板蓝根5g，漏芦8g，牛蒡子2g，甘草2.5g。水煎服。

（8）治白秃：五月收漏芦草，炒成灰，配成膏状外敷用。先用盐水洗，后敷之。

附　注　本品为《中华人民共和国药典》（2020年版）收录的药材。

▲漏芦花序

◎参考文献◎

［1］江苏新医学院.中药大辞典（下册）[M].上海：上海科学技术出版社，1977:2576-2579.

［2］朱有昌.东北药用植物[M].哈尔滨：黑龙江科学技术出版社，1989:1205-1206.

［3］《全国中草药汇编》编写组.全国中草药汇编（上册）[M].北京：人民卫生出版社，1975:892-893.

▲漏芦花序（侧）

▲漏芦花序（白色）

▲ 紫苞雪莲花序

▼ 紫苞雪莲苞片

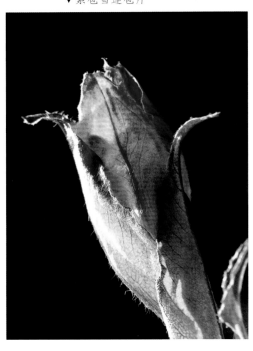

风毛菊属 *Saussurea* DC.

紫苞雪莲 *Saussurea iodostegia* Hance

别　　名	紫苞风毛菊
药用部位	菊科紫苞雪莲的全草。
原 植 物	多年生草本，高 30 ~ 70 cm。茎直立，带紫色。基生叶线

状长圆形，长 20 ~ 35 cm，宽 1 ~ 5 cm；基部渐狭成长 7 ~ 9 cm 的叶柄，柄基鞘状，边缘有稀疏的锐细齿；茎生叶向上渐小，披针形 或宽披针形，无柄，基部半抱茎，边缘有稀疏的细齿；最上部茎叶苞 叶状，膜质，紫色，椭圆形或宽椭圆形，长 5.5 cm，宽 1.3 cm，包 围总花序。头状花序 4 ~ 7，在茎顶密集成伞房状总花序，有短小花梗； 总苞宽钟状，直径 1.0 ~ 1.5 cm；总苞片 4 层，全部或上部边缘紫色， 顶端钝，外层卵状或三角状卵形，中层披针形或卵状披针形，内层线

状披针形或线状长椭圆形；小花紫色，长1.3 cm，管部长6 mm，檐部长7 mm。花期7—8月，果期8—9月。

生　境　生于山坡草地、山地草甸及林缘等处。

分　布　内蒙古克什克腾旗、喀喇沁旗、宁城等地。河北、山西、陕西、甘肃、四川。

采　制　夏、秋季采收全草，除去杂质，切段，洗净，鲜用或晒干。

性味功效　有清肝热、明目的功效。

主治用法　用于头晕。水煎服。

用　量　适量。

◎参考文献◎

[1] 中国药材公司.中国中药资源志要[M].北京：科学出版社，1994:1329.

[2] 江纪武.药用植物辞典[M].天津：天津科学技术出版社，2005:723.

▲紫苞雪莲植株（苞片淡黄色）

▲紫苞雪莲花序（侧）

▲紫苞雪莲植株（苞片紫色）

草地风毛菊 *Saussurea amara* DC.

别　　名	驴耳风毛菊
俗　　名	羊耳朵
药用部位	菊科草地风毛菊的全草。
原 植 物	多年生草本。茎直立，高 15 ~ 60 cm。基生叶与下部茎叶有长或短的柄，柄长 2 ~ 4 cm，

▼ 草地风毛菊花序

叶片长 4 ~ 18 cm，宽 0.7 ~ 6.0 cm；中上部茎叶渐小。头状花序在茎枝顶端排成伞房状或伞房圆锥花序；总苞钟状或圆柱形，直径 8 ~ 12 mm；总苞片 4 层，外层披针形或卵状披针形，长 3 ~ 5 mm，宽 1 mm，顶端急尖，有时黑绿色，有细齿或 3 裂，外层被稀疏的短柔毛，中层与内层线状长椭圆形或线形，长 9 mm，宽 1.5 mm，顶端有淡紫红色而边缘有小锯齿的扩大的圆形附片，全部苞片外面绿色或淡绿色，有少数金黄色小腺点或无腺点；小花淡紫色，长 1.5 cm，细管部长 9 mm，檐部长 6 mm。花期 8—9 月，果期 9—10 月。

生　　境　生于荒地、路边、山坡、河堤、湖边及水边等处。

分　　布　黑龙江海林、密山、虎林、肇东、哈尔滨、安达、肇源、杜尔伯特、泰来、林甸、齐齐哈尔市区等地。吉林镇赉、

▲草地风毛菊植株（侧）

▲ 草地风毛菊植株

▲ 草地风毛菊花序（侧）

▼ 草地风毛菊幼株

扶余、通榆、双辽、长岭、蛟河、和龙、白山等地。辽宁凌源、北镇、新民、沈阳市区、铁岭、大连、本溪、桓仁、新宾、建平、彰武等地。内蒙古满洲里、额尔古纳、根河、新巴尔虎右旗、新巴尔虎左旗、科尔沁左翼后旗、科尔沁右翼前旗、扎赉特旗、科尔沁右翼中旗、扎鲁特旗、突泉、科尔沁左翼中旗、奈曼旗、克什克腾旗、巴林左旗、巴林右旗、喀喇沁旗、翁牛特旗、阿鲁科尔沁旗、宁城、东乌珠穆沁旗、西乌珠穆沁旗、正蓝旗、正镶白旗、太仆寺旗、多伦、镶黄旗等地。河北、山西、陕西、甘肃、青海、新疆。朝鲜、蒙古、俄罗斯、哈萨克斯坦、乌兹别克斯坦、塔吉克斯坦。欧洲。

采　　制　夏、秋季采收全草，除去杂质，洗净，晒干。

性味功效　有清热解毒、消肿的功效。

主治用法　用于淋巴结结核、腮腺炎、疖肿。水煎服。

用　　量　适量。

◎参考文献◎

[1] 中国药材公司.中国中药资源志要[M].北京：科学出版社，1994:1327.

[2] 江纪武.药用植物辞典[M].天津：天津科学技术出版社，2005:722.

▲ 风毛菊群落

风毛菊 *Saussurea japonica*（Thunb.）DC.

别 名	八棱麻 八楞木 日本风毛菊

▼ 风毛菊花序

药用部位	菊科风毛菊的全草（入药称"八楞木"）。

原植物 二年生草本，高 50 ~ 180 cm。茎直立。基生叶与下部茎叶有叶柄，柄长 3 ~ 6 cm，有狭翼，叶片全形椭圆形、长椭圆形或披针形，长 7 ~ 22 cm，宽 3.5 ~ 9.0 cm，羽状深裂，侧裂片 7 ~ 8 对；中部茎叶与基生叶及下部茎叶同形并等样分裂，但渐小；上部茎叶与花序分枝上的叶更小。头状花序多数，有小花梗；总苞圆柱状，直径 5 ~ 8 mm；总苞片 6 层，外层长卵形，长 2.8 mm，宽约 1 mm，顶端微扩大，紫红色，中层与内层倒披针形或线形，长 4 ~ 9 mm，顶端有扁圆形的紫红色膜质附片，附片边缘有锯齿；小花紫色，长 10 ~ 12 mm，细管部长 6 mm，檐部长 4 ~ 6 mm。花期 8—9 月，果期 9—10 月。

生 境 生于林缘、荒地、山坡、路旁，常聚集成片生长。

分 布 黑龙江加格达奇、黑河市区、五大连池、密山、虎林、饶河、

▲风毛菊植株

尚志、穆棱、东宁、萝北、安达等地。吉林长白山各地及长春。辽宁凌源、宽甸、凤城、葫芦岛市区、新民、庄河、瓦房店、普兰店、长海、大连市区、建昌、建平、彰武等地。内蒙古额尔古纳、根河、科尔沁右翼前旗、突泉、宁城、翁牛特旗、阿鲁科尔沁旗、扎赉特旗、科尔沁右翼中旗、扎鲁特旗、科尔沁左翼中旗、奈曼旗、克什克腾旗、巴林左旗、巴林右旗、喀喇沁旗、东乌珠穆沁旗、西乌珠穆沁旗、正蓝旗、正镶白旗、太仆寺旗、多伦、镶黄旗等地。全国绝大部分地区。朝鲜、俄罗斯（西伯利亚）、日本。

采 制 夏、秋季采收全草，除去杂质，切段，洗净，晒干。

性味功效 味辛、苦，性平。有祛风活血、散瘀止痛的功效。

主治用法 用于风湿痹痛、关节炎、腰腿痛、跌打损伤、麻风、人工流产、热咳烦闷、鼻干咽燥等。水煎服或泡酒。

用 量 15 ~ 25 g。外用适量。

附 方

（1）治风湿性关节炎：风毛菊全草 15 ~ 25 g。水煎服。

（2）治跌打损伤：风毛菊全草 50 g。水煎服。

◎参考文献◎

［1］江苏新医学院 . 中药大辞典（上册）[M]. 上海：上海科学技术出版社，1977:23-24.

［2］朱有昌 . 东北药用植物 [M]. 哈尔滨：黑龙江科学技术出版社，1989:1207-1208.

［3］钱信忠 . 中国本草彩色图鉴（第一卷）[M]. 北京：人民卫生出版社，2003:23-24.

▼风毛菊花序（侧）

▼风毛菊花序（白色）

▲美花风毛菊居群

▲美花风毛菊果实

▲美花风毛菊花序（纯粉色）

▼美花风毛菊幼株

美花风毛菊 *Saussurea pulchella*（Fisch.）Fisch.

| 别　　名 | 球花风毛菊　美丽风毛菊 |

| 药用部位 | 菊科美花风毛菊的全草。 |

原 植 物　多年生草本，高25～100 cm。基生叶有叶柄，
柄长1.5～3.0 cm，叶片全形长圆形或椭圆形，长
12～15 cm，宽4～6 cm，羽状深裂或全裂，边缘全
缘或再分裂或有齿；下部与中部茎叶与基生叶同形并等
样分裂；上部茎叶小，披针形或线形。头状花序多数，
在茎枝顶端排成伞房花序或伞房圆锥花序；总苞球形
或球状钟形，直径1.0～1.5 cm；总苞片6～7层，

▲ 美花风毛菊花序（粉紫色）

外层卵形，顶端有扩大的圆形红色膜质附片，附片边缘有锯齿，中层与内层卵形、长圆形或线状披针形，顶端膜质粉红色的扩大的边缘有锯齿的附片；小花淡紫色，长 12 ～ 13 mm，细管部长 7 ～ 8 mm，檐部长 4 ～ 5 mm。花期 8—9 月，果期 9—10 月。

生　境　生于草原、林缘、灌丛、沟谷及草甸等处，常聚集成片生长。

分　布　黑龙江漠河、黑河市区、逊克、密山、虎林、饶河、尚志、东宁、萝北、安达等地。吉林长白山各地及前郭、扶余、洮南等地。辽宁宽甸、凤城、东港、庄河、鞍山市区、岫岩、本溪、桓仁、西丰、法库、长海、大连市区、营口等地。内蒙古额尔古纳、根河、牙克石、鄂温克旗、新巴尔虎左旗、科尔沁右翼前旗、科尔沁右翼中旗、科尔沁左翼后旗、阿鲁科尔沁旗、巴林左旗、巴林右旗、翁牛特旗、克什克腾旗、东乌珠穆沁旗、西乌珠穆沁旗等地。河北、山西。朝鲜、日本、蒙古、俄罗斯（西伯利亚中东部）。

采　制　夏、秋季采收全草，除去杂质，切段，洗净，晒干。

性味功效　有解热、祛湿、止泻、止血、止痛的功效。

主治用法　用于风湿性关节炎、四肢麻木、脚弱无力、中风手足不遂、肝气郁滞所致的腹痛和胃脘胀痛、妇女气滞血瘀所致的行经腹痛及气滞湿热所致的腹痛和腹泻等。水煎服或泡酒。

用　量　5 ～ 10 g。

▲ 美花风毛菊花序（白色）

▼ 美花风毛菊花序（红粉色）

◎参考文献◎

［1］钱信忠. 中国本草彩色图鉴（第三卷）[M]. 北京：人民卫生出版社，2003:587–588.

［2］中国药材公司. 中国中药资源志要[M]. 北京：科学出版社，1994:1333.

［3］江纪武. 药用植物辞典[M]. 天津：天津科学技术出版社，2005:725.

▲美花风毛菊植株

▲ 柳叶风毛菊植株（侧）

柳叶风毛菊 *Saussurea epilobioides* Maxim.

别　　名　　柳叶菜风毛菊

药用部位　　菊科柳叶风毛菊的全草。

原 植 物　　多年生草本，高 15 ~ 40 cm。根粗壮，纤维状撕裂。茎直立，有棱，上部伞房花序状分枝或自基部分枝。叶线形或线状披针形，长 2 ~ 10 cm，宽 3 ~ 5 mm，顶端渐尖，基部楔形渐狭，有短柄或无柄，边缘全缘，稀基部边缘有锯齿，常反卷，两面异色，上面绿色无毛或有稀疏短柔毛，下面白色，被白色稠密的茸毛。头状花序多数或少数，在茎枝顶端排成狭窄的帚状伞房花序，或伞房花序，有花序梗；总苞圆柱状，直径 4 ~ 7 mm；总苞片 4 ~ 5 层，紫红色，外层卵形，长 1.5 mm，宽 1 mm，顶端钝或急尖，中层卵形，长 2 mm，宽 1 mm，顶端急尖，内层线状披针形或宽线形，长 6 ~ 8 mm，宽 1 ~ 2 mm，顶端急尖；小花粉红色，长 1.5 cm，细管部长 8 mm，檐部长 7 mm；冠毛 2 层，白色，外层短，糙毛状，长 2 mm，内层长，羽毛状，长 10 mm。瘦果褐色，长 3.5 mm。花期 8—9 月，果期 9—10 月。

▲ 柳叶风毛菊花序

▲ 柳叶风毛菊植株

生　境　生于草甸草原及山地草原等处，是一种常见的伴生种。

分　布　内蒙古额尔古纳、满洲里、根河、陈巴尔虎旗、新巴尔虎左旗、新巴尔虎右旗、鄂温克旗、鄂伦春旗、东乌珠穆沁旗、西乌珠穆沁旗、阿巴嘎旗、苏尼特左旗、苏尼特右旗等地。河北、宁夏、甘肃、四川、青海、新疆。俄罗斯（西伯利亚）、蒙古。

采　制　夏、秋季采收全草，除去杂质，切段，阴干。

性味功效　有镇痛、止血、解毒、愈疮的功效。

主治用法　用于刀伤、产后流血不止等。水煎服。外用捣烂敷患处。

用　量　10 ~ 15 g。外用适量。

◎ 参考文献 ◎

［1］中国药材公司. 中国中药资源志要 [M].
　　北京：科学出版社，1994:1327.
［2］江纪武. 药用植物辞典 [M]. 天津：天
　　津科学技术出版社，2005:724.

▲ 柳叶风毛菊花序（侧）

▲ 银背风毛菊花序（浅粉色）

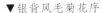
▼ 银背风毛菊花序

银背风毛菊 *Saussurea nivea* Turcz.

别　　名	华北风毛菊
俗　　名	羊耳白背
药用部位	菊科银背风毛菊的全草。
原 植 物	多年生草本，高 30 ~ 120 cm。

茎被稀疏蛛丝毛或后脱，上部有伞房
花房状分枝。基生叶花期脱落；下部
与中部茎叶有长柄，柄长 3 ~ 8 cm，
叶片披针状三角形、心形或戟形，长
10 ~ 12 cm，宽 5 ~ 6 cm，边缘有锯齿，
齿顶有小尖头；上部茎叶渐小，全部叶
两面异色，上面绿色，无毛，下面银灰色，
被稠密的绵毛。头状花序在茎枝顶端排
列成伞房花序，花梗长 0.5 ~ 5.0 cm，

有线形苞叶；总苞钟状，直径
1.0 ~ 1.2 cm；总苞片6 ~ 7层，
外层卵形，顶端短渐尖，有黑
紫色尖头，中层椭圆形或卵状
椭圆形，内层线形，顶端急尖；
小花紫色，长10 ~ 12 mm，
细管部与檐部几等长。花期7—
8月，果期8—9月。

生　境　生于干燥山坡林缘、
林下及灌丛中。

分　布　辽宁北镇、凌源、
朝阳、建昌等地。内蒙古喀喇
沁旗、宁城、克什克腾旗、敖
汉旗等地。河北、山西、甘肃。
朝鲜。

采　制　夏、秋季采收全草，
除去杂质，切段，洗净，晒干。

性味功效　有抗菌消炎的功效。

用　量　适量。

◎参考文献◎

［1］江纪武. 药用植物辞典[M].
　　天津：天津科学技术出版
　　社，2005:724.

▲银背风毛菊植株

▼银背风毛菊序（侧）

▼银背风毛菊幼株

▲ 龙江风毛菊花序

龙江风毛菊 *Saussurea amurensis* Turcz.

▲ 龙江风毛菊花序（侧）

别　　名　齿叶风毛菊

药用部位　菊科龙江风毛菊的根及花序。

原植物　多年生草本，高 40 ～ 100 cm。茎直立。基生叶基部楔形渐狭，有长柄，叶片宽披针形、长椭圆形或卵形，长 20 ～ 30 cm，宽 2 ～ 5 cm，顶端渐尖，边缘有稀疏的细齿；下部与中部茎叶基部楔形，渐狭成短柄，叶片披针形或线状披针形，顶端渐尖，边缘有细锯齿；上部茎叶无柄，渐小。头状花序多数，在茎枝顶端排列成紧密的伞房花序；总苞钟状，直径 6 ～ 8 mm；总苞片 4 ～ 5 层，外层卵形，长 3 mm，宽 2 mm，暗紫色，顶端渐尖或急尖；中层长椭圆形，长 7 mm，宽 2 mm，顶端急尖或稍钝；内层披针形或长圆状披针形，长 1 cm，宽 1.5 mm，顶端稍钝；小花粉紫色，长 1.0 ～ 1.3 cm，细管部长 5 ～ 6 mm，檐部长 5 ～ 7 mm。瘦果圆柱状，长 3 mm，褐色；冠毛 2 层，污白色，外层短，内层长，羽毛状。花期 7—8 月，果期 8—9 月。

生　　境　生于沼泽化草甸及草甸等处。

分　　布　黑龙江加格达奇、漠河、塔河、呼玛、黑河、嘉荫、鸡西市区、密山、虎林、饶河、尚志、宁安、东宁、萝北、安达、桦川等地。吉林长白、安图、敦化、汪清、抚松、靖宇、临江、蛟河、柳河、辉南、洮南等地。内蒙古额尔古纳、根河、牙克石、科尔沁右翼前旗、扎赉特旗、阿鲁科尔沁旗、克什克腾旗、宁城、喀喇沁旗、东乌珠穆沁旗等地。朝鲜、俄罗斯（西伯利亚）。

采　制　春、秋季采挖根，除去泥土，洗净，晒干。秋季采摘花序，除去杂质，晒干。

性味功效　有杀虫的功效。

主治用法　用于毛滴虫病等。外用煎水洗患处。

用　量　适量。

◎参考文献◎

［1］中国药材公司. 中国中药资源志要 [M]. 北京：科学出版社，1994:1327.

［2］江纪武. 药用植物辞典 [M]. 天津：天津科学技术出版社，2005:722.

▲龙江风毛菊植株

▼龙江风毛菊果实

▲ 伪泥胡菜群落

▼ 伪泥胡菜幼株

▲ 伪泥胡菜果实

麻花头属 Serratula L.

伪泥胡菜 *Serratula coronata* L.

别　　名　假泥胡菜　田草

药用部位　菊科伪泥胡菜的根、叶及茎。

原 植 物　多年生草本，高 70～150 cm。基生叶与下部茎叶全形长圆形或长椭圆形，长达 40 cm，宽达 12 cm，羽状

▲ 伪泥胡菜植株

▲ 伪泥胡菜花序（深粉色）

▼ 伪泥胡菜瘦果

全裂，长 5 ~ 16 cm；侧裂片 5 对，全部裂片长椭圆形，宽 1.5 ~ 3.0 cm；中上部茎叶与基生叶及下部茎叶同形并等样分裂，但无柄，接头状花序下部的叶有时大头羽状全裂。头状花序异型，总苞碗状或钟状，直径 1.5 ~ 3.0 cm；总苞片约 7 层，覆瓦状排列，向内层渐长；全部苞片外面紫红色；边花雌性，雄蕊发育不全，中央盘花两性，有发育的雌蕊和雄蕊，全部小花紫色，雌花花冠长 2.6 cm，细管部长 1.2 cm，檐部长 1.4 cm，花冠裂片线形；两性小花花冠长 2 cm。花期 8—9 月，果期 9—10 月。

生 境　生于林缘、荒地、山坡、路旁等处。

分 布　黑龙江塔河、呼玛、嫩江、孙吴、勃利、鸡西市区、密山、虎林、伊春市区、铁力、宁安、绥芬河、萝北、齐齐哈尔等地。吉林长白山各地及洮南、镇赉等地。

▲ 伪泥胡菜花序（纯粉色）

▼ 伪泥胡菜花序（侧）

辽宁凌源、鞍山、庄河、西丰等地。内蒙古额尔古纳、根河、新巴尔虎旗、牙克石、鄂温克旗、科尔沁右翼前旗、科尔沁左翼后旗、阿鲁科尔沁旗、巴林右旗、克什克腾旗、喀喇沁旗、东乌珠穆沁旗、西乌珠穆沁旗等地。河北、山东、江苏、湖北、陕西、贵州、新疆等。朝鲜、俄罗斯（西伯利亚）、日本。亚洲（中部）、欧洲（东部和中部）。

采　制　春、秋季采挖根。夏、秋季采摘茎和叶，洗净鲜用或晒干入药。

主治用法　根、叶：用于呕吐、淋病、疝气、肿瘤等。水煎服。茎：用于咽喉痛、贫血、疟疾等。水煎服。

用　量　适量。

◎参考文献◎

［1］中国药材公司．中国中药资源志要 [M]．北京：科学出版社，1994:1339.

［2］江纪武．药用植物辞典 [M]．天津：天津科学技术出版社，2005:746.

▲ 麻花头植株

▲ 麻花头花序（白色）

▲ 麻花头花序（背）

麻花头 *Serratula centauroides* L.

别 名	草地麻花头 假泥胡菜
俗 名	花儿柴
药用部位	菊科麻花头的全草及根。
原 植 物	多年生草本，高 40 ～ 100 cm。基生叶及下部茎叶

长椭圆形，长 8 ～ 12 cm，宽 2 ～ 5 cm，羽状深裂，有长 3 ～ 9 cm 的叶柄；侧裂片 5 ～ 8 对，全部裂片长椭圆形至宽线形，宽 0.4 ～ 1.3 cm，顶端急尖；中部茎叶与基生叶及下部茎叶同形，并等样分裂，但无柄或有极短的柄，裂片全缘无锯齿或少锯齿；上部的叶更小，5 ～ 7 羽状全缘。头状花序少数，单生茎枝顶端，花序梗或花序枝伸长；总苞直径 1.5 ～ 2.0 cm，总苞片 10 ～ 12 层，覆瓦状排列，向内层渐长，最内层最长；全部小花红色、红紫色或白色，花冠长 2.1 cm，细管部长 9 mm，檐部长 1.2 cm，花冠裂片长 7 mm。花期 7—8 月，果期 8—9 月。

生 境	生于山坡林缘、草原、草甸、路旁及沙丘等处。
分 布	黑龙江塔河、呼玛、嫩江、孙吴、黑河市区、鹤岗、

集贤、安达、哈尔滨等地。吉林通榆、长春等地。辽宁大连市区、新民、彰武等地。内蒙古额尔古纳、根河、新巴尔虎右旗、牙

▲ 麻花头幼株

克石、鄂伦春旗、阿尔山、科尔沁右翼前旗、宁城、喀喇沁旗、阿鲁科尔沁旗、巴林右旗、克什克腾旗、翁牛特旗、敖汉旗、东乌珠穆沁旗、西乌珠穆沁旗、阿巴嘎旗等地。河北、山西、河北、陕西。俄罗斯、蒙古。

采　制　夏、秋季采收全草，除去杂质，切段，洗净，鲜用或晒干。春、秋季采挖根，除去泥沙，洗净，鲜用或晒干。

性味功效　全草：有清热解毒、止血、止泻的功效。根：有清热解毒、降胆固醇的功效。

主治用法　全草：用于痈肿、疔疮等。水煎服。根：用于邪热壅肺、发热、咳喘、痘疹。水煎服。

用　量　适量。

◎参考文献◎

［1］中国药材公司.中国中药资源志要 [M].北京：科学出版社，1994:1339.

［2］江纪武.药用植物辞典 [M].天津：天津科学技术出版社，2005:746.

▲ 麻花头花序

▲ 麻花头群落

▲ 缢苞麻花头群落

缢苞麻花头 *Serratula strangulata* Iljin

<u>药用部位</u> 菊科缢苞麻花头根。

<u>原 植 物</u> 多年生草本，高 40 ~ 100 cm。茎单生，直立。基生叶与下部茎叶长椭圆形或倒披针状长椭圆形或倒披针形，长 10 ~ 20 cm，宽 3 ~ 7 cm。头状花序单生茎顶或少数头

▲ 缢苞麻花头花序（侧）

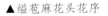

▲ 缢苞麻花头花序

状花序单生茎枝顶端，花序极长或较长，裸露；总苞半圆球形或扁圆球形，直径 2.0 ~ 3.5 cm；总苞片约 10 层，覆瓦状排列，外层与中层卵形、卵状披针形或长椭圆形，长 0.6 ~ 1.3 cm，宽 3 ~ 5 mm，顶端急尖，有长 1 mm 的针刺或刺尖；内层及最内层长椭圆形至线形，长 1.4 ~ 2.2 cm，宽 2 ~ 5 mm，上部淡黄色，硬膜质；中、外层上部有细条纹；全部小花两性，紫红色，花冠长 3 cm，檐部与细管部等长，花冠裂片长 1.1 cm。瘦果栗皮色或淡黄色，楔状长椭圆形或偏斜楔形，3 ~ 4 棱，长 5 ~ 6 mm，顶端截形。花期 6—7 月，果期 7—8 月。

<u>生　　境</u> 生于草甸草原、山地草原及山坡草地等处。

<u>分　　布</u> 内蒙古陈巴尔虎旗、新巴尔虎右旗、克什克腾旗。河北、河南、山西、陕西、甘肃。蒙古。

<u>采　　制</u> 春、秋季采挖根，洗净，晒干。

<u>性味功效</u> 味微苦，性凉。有清热解毒的功效。

<u>用　　量</u> 适量。

▲缢苞麻花头植株

◎参考文献◎

[1]江纪武.药用植物辞典[M].天津：天津科学技术出版社，2005:746.

▲ 水飞蓟花序

▼ 水飞蓟植株

水飞蓟属 *Silybum* Adans.

水飞蓟 *Silybum marianum*（L.）Gaertn

药用部位 菊科水飞蓟的果实。

原 植 物 一年生或二年生草本，高 1.2 m。茎直立，全部茎枝有白色粉质复被物。莲座状基生叶与下部茎叶有叶柄，全形椭圆形或倒披针形，长达 50 cm，宽达 30 cm，羽状浅裂至全裂；中部与上部茎叶渐小，基部心形，半抱茎，最上部茎叶更小，不分裂，披针形，基部心形抱茎。头状花序较大，生枝端；总苞球形或卵球形，直径 3 ~ 5 cm；总苞片 6 层，中、外层宽匙形，椭圆形、长菱形至披针形；内层苞片线状披针形，长约 2.7 cm，宽 4 cm，边缘无针刺，顶端渐尖；全部苞片无毛，中、外层苞片质地坚硬，革质；小花红紫色，长 3 cm，细管部长 2.1 cm，檐部 5 裂，裂片长 6 mm。花期 7—8 月，果期 8—9 月。

生　　境 生于田野、荒地、路旁及河岸附近。

分　　布 黑龙江伊春。吉林长春、吉林等地。辽宁沈阳、大连等地。

采　　制 秋季采收果实，除去杂质，洗净，鲜用或晒干。

性味功效 有清热解毒、保肝利胆的功效。

▲水飞蓟幼苗

▼水飞蓟幼株

▲水飞蓟花序（白色）

主治用法 用于急慢性肝炎、胆石症、胆管炎等。水煎服。

用　　量 10～15 g。

附　　注 本品为《中华人民共和国药典》（2020 年版）收录的药材。

▼水飞蓟瘦果

◎参考文献◎

[1] 中国药材公司. 中国中药资源志要 [M]. 北京：科学出版社，1994:1341.

[2] 江纪武. 药用植物辞典 [M]. 天津：天津科学技术出版社，2005:751.

▲ 山牛蒡群落

▲ 山牛蒡幼苗（后期）

▼ 山牛蒡幼苗（中期）

山牛蒡属 *Synurus* Iljin

山牛蒡 *Synurus deltoides*（Ait.）Nakai

俗　　名　老鼠愁　火绒草

药用部位　菊科山牛蒡的种子及根。

原 植 物　多年生草本，高 0.7 ~ 1.5 m。基部叶与下部茎叶有长叶柄，叶柄长达 34 cm，有狭翼，叶片心形、卵形、宽卵形、卵状三角形或戟形，不分裂，长 10 ~ 26 cm，宽 12 ~ 20 cm，基部心形或戟形或平截，边缘有三角形或斜三角形的粗大锯齿，但通常半裂或深裂，向上的叶渐小；全部叶两面异色。头状花序大，下垂；总苞球形，直径 3 ~ 6 cm。总苞片多层多数，通常 13 ~ 15 层，外层与中层披针形，内层绒状披针形；全部苞片上部长渐尖；小花全部为两性，管状，花冠紫红色，长 2.5 cm，细管部长 9 mm，檐部长 1.4 cm，花冠裂片不等大，三角形，长达 3 mm。花期 8—9 月，果期 9—10 月。

生　　境　生于山坡林缘、林下或草甸等处，常成单优势的大面积群落。

▲山牛蒡花序（背）

分　布　东北地区。河北、河南、浙江、安徽、江西、湖北、四川。朝鲜、俄罗斯（西伯利亚）、蒙古、日本。

采　制　春、秋季采挖根，除去泥土，洗净，晒干。秋季采摘成熟果实，晒干，除去杂质，打下种子，再晒干。

性味功效　种子：有清热解毒、消肿的功效。根：味辛、苦，性凉。有小毒。

▲山牛蒡幼株（后期）

▲山牛蒡植株

▼山牛蒡花序（侧）

▲山牛蒡幼株（前期）

▼山牛蒡幼苗（前期）

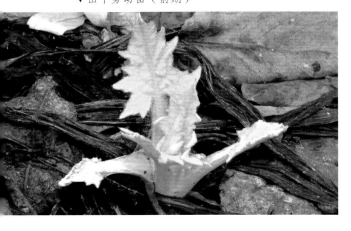

▲山牛蒡瘦果

主治用法 种子：用于瘰疬。水煎服。根：用于顿咳、妇女炎症、带下病等。水煎服。花、果实：用于瘰疬。

用　　量 种子：10～30 g。根：适量。

▲山牛蒡花序

▲山牛蒡花序（白色）

▼山牛蒡果实

◎参考文献◎

[1] 中国药材公司.中国中药资源志要[M].北京：科学出版社，1994:1347.
[2] 江纪武.药用植物辞典[M].天津：天津科学技术出版社，2005:788.

大丁草属 *Leibnitzia* Cass.

大丁草 *Leibnitzia anandria* （L.）Turcz.

别　　名	烧金草
俗　　名	小头草　和尚头花　笔杆草　猫耳朵草　白花菜　山白菜
药用部位	菊科大丁草的全草。
原 植 物	多年生草本，植株具春秋二型之别。春型者叶基生，莲座状，于花期全部发育，叶倒披针形或倒卵状长圆形，长2～6 cm；叶柄长2～4 cm或有时更长。花葶单生或数个丛生，长5～20 cm；苞叶疏生，线形或线状钻形；头状花序单生于花葶之顶，倒锥形；总苞略短于冠毛；总苞片约3层，花托平；雌花花冠舌状，长10～12 mm，舌片长圆形，长6～8 mm；两性花花冠管状二唇形，长6～8 cm，外唇阔，内唇2裂丝状，长2.5～3.0 mm；花药顶端圆。秋型者植株较高，叶片大，长8～15 cm；花葶长可达30 cm，头状花序外层雌花管状二唇形。春型花期4—5月，果期5—6月。秋型花期7—8月，果期8—9月。

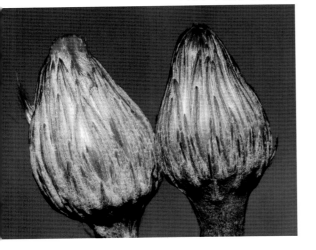

▲ 大丁草花序（侧）

▼ 大丁草花序（秋季）

生　境　生于山坡、林缘、灌丛、路旁等处。

分　布　东北地区。全国绝大部分地区（除青海、新疆、西藏外）。朝鲜、俄罗斯（西伯利亚）、日本。

采　制　夏、秋季采收全草，洗净、鲜用或晒干。

性味功效　味苦，性温。有清热利湿、解毒消肿、祛风湿、止咳止血的功效。

主治用法　用于肺热咳嗽、风湿性关节炎、小儿疳积、痈肿疔疮、臁疮、外伤出血、乳腺炎、烧烫伤、肠炎、肾炎及毒蛇咬伤。水煎服。外用捣烂调敷患处。

用　量　用量9～15 g。外用适量。

附　方
（1）治外伤出血：大丁草研末。撒伤口，有一定的止血和消炎效果。

（2）治风湿麻木：大丁草50 g。泡酒服。

（3）治咳喘：大丁草10 g。煎水服，红糖为引。

（4）治疔疮：大丁草根适量。捣烂敷患处，并治兽咬伤。

大丁草果实（春型）

▲大丁草植株（春型）

▼大丁草瘦果

▼大丁草幼株

▲大丁草果实（秋型）

▲大丁草植株（秋型）

◎参考文献◎

[1] 江苏新医学院.中药大辞典（上册）[M].上海：上海科学技术出版社，1977:117-118.

[2] 朱有昌.东北药用植物 [M].哈尔滨：黑龙江科学技术出版社，1989:1195-1196.

[3]《全国中草药汇编》编写组.全国中草药汇编（上册）[M].北京：人民卫生出版社，1975:48-49.

▲ 猫儿菊居群

▲ 猫儿菊瘦果

▼ 猫儿菊幼株

猫儿菊属 *Hypochaeris* L.

猫儿菊 *Hypochaeris ciliata*（Thunb.）Makino

别　　名　大黄菊　黄金菊　高粱菊
药用部位　菊科猫儿菊的根。
原 植 物　多年生草本。茎直立，高 20 ～ 60 cm。基生叶椭圆形或长椭圆形或倒披针形，边缘有尖锯齿或微尖齿；下部茎生叶与基生叶同形，但通常较宽；向上的茎叶渐小，全部茎生

▲猫儿菊花序

▼猫儿菊幼苗

叶基部平截或圆形，无柄，半抱茎；全部叶两面粗糙，被稠密的硬刺毛。头状花序单生于茎端；总苞宽钟状或半球形，直径 2.2～2.5 cm；总苞片 3～4 层，覆瓦状排列，外层卵形或长椭圆状卵形，长 1 cm，宽 5 mm，顶端钝或渐尖，边缘有缘毛，中、内层披针形，长 1.5～2.2 cm，宽 0.5～0.7 cm，边缘无缘毛，顶端急尖，全部总苞片或中、外层总苞片外面沿中脉被白色卷毛；舌状小花多数，金黄色。花期 6—7 月，果期 8—9 月。

生　境　生于向阳山坡及草甸子等处。

分　布　黑龙江呼玛、孙吴、黑河市区、密山、虎林、哈尔滨、安达、大庆市区、肇东、肇源、

▲ 猫儿菊植株

▲ 猫儿菊花序（侧）

▲ 猫儿菊果实

泰来、杜尔伯特、齐齐哈尔市区、宁安、鹤岗市区、集贤、嫩江、萝北等地。吉林长白山各地及前郭、镇赉、通榆、洮南、扶余等地。辽宁沈阳、抚顺、盖州、大连、丹东市区、东港、铁岭、昌图、西丰、北镇、义县、岫岩、本溪、葫芦岛市区、建昌、朝阳、阜新等地。内蒙古额尔古纳、根河、牙克石、陈巴尔虎旗、扎兰屯、扎赉特旗、扎鲁特旗、科尔沁左翼后旗、翁牛特旗、巴林左旗、巴林右旗、敖汉旗、喀喇沁旗、宁城、阿鲁科尔沁旗、东乌珠穆沁旗、西乌珠穆沁旗、正蓝旗、正镶白旗、太仆寺旗、多伦、镶黄旗等地。河北、山西。朝鲜（北部）、蒙古、俄罗斯（西伯利亚中东部）。

采　制	春、秋季采挖根，除去泥土，洗净，晒干。
性味功效	有利水、消肿的功效。
主治用法	用于鼓胀病。水煎服。
用　量	15 ～ 25 g。

◎参考文献◎

［1］江苏新医学院.中药大辞典（下册）[M].上海：上海科学技术出版社，1977:2072.

［2］朱有昌.东北药用植物[M].哈尔滨：黑龙江科学技术出版社，1989:1106－1107.

［3］中国药材公司.中国中药资源志要[M].北京：科学出版社，1994:1239.

▲ 猫儿菊花序（黄色）

▲菊苣花序

菊苣属 *Cichorium* L.

菊苣 *Cichorium intybus* L.

别 名 欧洲菊苣
药用部位 菊科菊苣的全草。
原 植 物 多年生草本，高40～100 cm。茎直立。基生叶莲座状，倒披针状长椭圆形，基部渐狭，有翼柄，大头状倒向羽状深裂或羽状深裂或不分裂，边缘有稀疏的尖锯齿，侧裂片3～6对或更多，顶侧裂片较大，向下侧裂片渐小；茎生叶少数，较小，卵状倒披针形至披针形。头状花序多数，单生或数个集生于茎顶或枝端；总苞圆柱状，长8～12 mm；总苞片2层，外层披针形，长8～13 mm，宽2.0～2.5 mm；内层总苞片线状披针形，长达1.2 cm，宽约2 mm，下部稍坚硬，上部边缘及背面通常有极稀疏的头状具柄的长腺毛并杂有长单毛；舌状小花蓝色，长约14 mm，有色斑。花期8—9月，果期9—10月。
生 境 生于荒地、河边、水沟边及山坡等处。
分 布 黑龙江黑河、饶河等地。吉林通化、和龙、龙井等地。辽宁大连、沈阳等地。山西、陕西、新疆。朝鲜、俄罗斯。欧洲、非洲（北部）、美洲、大洋洲。
采 制 夏、秋季采收全草，洗净、鲜用或晒干。
性味功效 味苦，性凉。有清肝利胆、健胃消食、利尿消肿的功效。
主治用法 用于湿热黄疸、胃痛食少、水肿尿少。水煎服。

▲菊苣花序（侧）

▲菊苣果实

用　　量　3～9g。外用适量。

附　　注　本品为《中华人民共和国药典》（2020年版）收录的药材。

◎参考文献◎

［1］江苏新医学院.中药大辞典（下册）[M].上海：上海科学技术出版社，1977:2008.

［2］中国药材公司.中国中药资源志要[M].北京：科学出版社，1994:1276.

［3］江纪武.药用植物辞典[M].天津：天津科学技术出版社，2005:175.

▲菊苣植株

▼市场上的屋根草幼株

▲屋根草群落（林缘型）

▼屋根草花序（背）

还阳参属 *Crepis* L.

屋根草 *Crepis tectorum* L.

别　　名	还阳参
俗　　名	驴打滚儿草　苦碟子
药用部位	菊科屋根草的全草。
原植物	一年生或二年生草本。茎

直立，高 30 ~ 90 cm。基生叶及下
部茎叶全形披针状线形、披针形或倒
披针形，顶端急尖，基部楔形，渐窄
成短翼柄，羽片披针形或线形；中部
茎叶与基生叶及下部茎叶同形或线形，
但无柄，基部尖耳状或圆耳状抱茎；
上部茎叶线状披针形或线形，边缘全

缘。头状花序多数或少数，在茎枝顶端排成伞房花序；总苞钟状，长7.5～8.5 mm；总苞片3～4层，外层及最外层短，不等长，线形，内层及最内层长，等长，长7.5～8.5 mm，长椭圆状披针形，顶端渐尖，边缘白色膜质，内面被贴伏的短糙毛；舌状小花黄色，花冠管外面被白色短柔毛。花期6—7月，果期8—9月。

生　　境　生于田间、荒地、路旁等处，常聚集成片生长。

分　　布　黑龙江哈尔滨市区、伊春、黑河市区、呼玛、孙吴、五大连池、萝北、集贤、宁安、尚志、虎林等地。吉林长白山各地及乾安。内蒙古额尔古纳、根河、牙克石、阿尔山、科尔沁右翼前旗等地。新疆。朝鲜、俄罗斯（西伯利亚）、蒙古、哈萨克斯坦。欧洲。

采　　制　夏、秋季采收全草，除去杂质，切段，洗净，鲜用或晒干。

性味功效　味苦，性凉。有止咳、化痰、平喘、清热的功效。

主治用法　用于老年性咳嗽痰喘、肺结核、慢性气管炎、哮喘等。水煎服。熬膏或研末为丸。外用熬膏涂敷。

用　　量　25～50 g。外用适量。

▲屋根草植株（田野型）

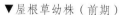
▼屋根草幼株（前期）

▼屋根草果实

▲屋根草幼苗（后期）

▼屋根草幼株（后期）

▲屋根草瘦果

附　方

（1）治喘息型慢性支气管炎：屋根草适量。制成水丸，每日 2 次，每次 10 g。又方：屋根草 750 g，白芥子 250 g，葶苈子 200 g，洋金花 50 g。以上四味药粉碎，过 100 目筛，水泛为丸如绿豆大，每日 2 次，每次 5 g。

（2）治慢性气管炎：屋根草 1 kg，地龙 150 g（研粉），大枣 250 g，黑豆 250 g（用水 2 碗浸透，晒干研粉）。将屋根草与大枣用砂锅煮烂，至水尽为度，取枣肉晒干研粉。然后与上药

▲屋根草植株（山坡型）

▲屋根草群落（草甸型）

▲ 屋根草花序

▼ 屋根草幼苗（前期）

和匀，蜜丸每粒重 10 g，每日早晚各服 2 丸，红糖水送服。又方：用屋根草、大枣各等量。熬膏，每次服 1 汤匙，日服 2 次。（3）治无名肿毒：屋根草适量。熬膏外敷。

◎参考文献◎

［1］朱有昌. 东北药用植物 [M]. 哈尔滨：黑龙江科学技术出版社，1989:1166-1167.
［2］中国药材公司. 中国中药资源志要 [M]. 北京：科学出版社，1994:1283.

还阳参 *Crepis crocea*（Lamk.）Babc.

别　　名	屠还阳参　还羊参　北方还羊参
俗　　名	驴打滚儿
药用部位	菊科还阳参的全草及根。
原 植 物	多年生草本，高 5 ~ 30 cm。茎直立，

多年生草本，高 5 ~ 30 cm。茎直立，具不明显沟棱，不分枝或分枝。基生叶丛生，倒披针形，长 2 ~ 17 cm，宽 0.5 ~ 2.0 cm，先端锐尖或尾状渐尖，基部渐狭成具窄翅的长柄或短柄，边缘具波状齿，或倒向锯齿至羽状半裂，裂片条形或三角形，全缘或有小尖齿；茎上部叶披针形或条形，全缘或羽状分裂，无柄；最上部叶小，苞叶状。头状花序单生于枝顶，或 2 ~ 4 个在茎顶排列成疏伞房状；总苞钟状，长 10 ~ 15 mm，宽 4 ~ 10 mm；外层总苞片 6 ~ 8，不等长，条状披针形，先端尖，内层者13，较

▲ 还阳参花序（亮黄色）

▼ 还阳参植株

▲还阳参花序（淡黄色）

长，矩圆状披针形，边缘膜质，先端钝或尖，舌状花黄色，长 12 ～ 18 mm。瘦果纺锤形，长 5 ～ 6 mm，暗紫色或黑色，直或稍弯，有 10 ～ 12 条纵肋，上部有小刺；冠毛白色，长 7 ～ 8 mm。花期 6—8 月。果期 7—9 月。

生　　境　生于典型草原和荒漠草原带的丘陵沙砾质坡地及田边、路旁等处。

分　　布　内蒙古鄂温克旗、新巴尔虎右旗、新巴尔虎左旗、克什克腾旗、阿巴嘎旗、苏尼特左旗、苏尼特右旗等地。河北、西藏。俄罗斯（西伯利亚）、蒙古。

采　　制　夏、秋季采挖全草，秋季采挖根，除去杂质，洗净，鲜用或晒干。

性味功效　有止咳平喘、健脾消食、下乳的功效。

主治用法　用于支气管炎、肺结核、小儿疳积、乳汁不足等。水煎服。外用熬膏涂敷。

用　　量　15 ～ 30 g。外用适量。

◎参考文献◎

［1］巴根那. 中国大兴安岭蒙中药植物资源志 [M]. 赤峰：内蒙古科学技术出版社，2011:436.

▲还阳参花序（背）

山柳菊属 *Hieracium* L.

宽叶山柳菊 *Hieracium coreanum* Nakai

药用部位　菊科宽叶山柳菊的全草及根。

原植物　多年生草本，高 25 ～ 55 cm。茎直立，单生。基生叶匙形或椭圆形，长 4 ～ 8 cm，宽 2.0 ～ 3.5 cm，下部茎叶椭圆形，长 7 ～ 13 cm，宽 2.5 ～ 5.0 cm；中部茎叶椭圆形，长 7.0 ～ 11.5 cm，宽 2 ～ 4 cm；上部或最上部茎叶渐小或最小，披针形或线形。头状花序 2 ～ 3，在茎枝顶端排成伞房花序；总苞钟状，黑色或黑绿色，长 11 ～ 15 mm；总苞片 4 层，向内层渐长，中、外层长三角形，长 3.5 ～ 6.0 mm，宽 1 ～ 2 mm，顶端急尖，最内层线状披针形，长 11 ～ 15 mm，宽 1.4 mm，顶端急尖，全部苞片外面无毛或外面沿中脉有一行黑色长单毛，但无头状具柄的腺毛及星状毛；舌状小花黄色。花期 7—8 月，果期 8—9 月。

生境　生于亚高山草地和高山苔原带上，常成单优势的大面积群落。

分布　黑龙江尚志、五常等地。吉

▲宽叶山柳菊植株（山坡型）

▼宽叶山柳菊果实

▼宽叶山柳菊幼苗

▲宽叶山柳菊群落

▼宽叶山柳菊花序（背）

林安图、长白、抚松、敦化等地。朝鲜。

采制 夏、秋季采收全草，除去杂质，切段，洗净，晒干。秋季采挖根，除去泥土，洗净，晒干。

性味功效 有清热解毒、利湿消积的功效。

主治用法 用于痈肿疮疡、尿路感染、痢疾、腹痛、积块、肿毒等。水煎服。外用捣烂敷患处。

用量 适量。

◎参考文献◎

[1] 江纪武.药用植物辞典[M].天津：天津科学技术出版社，2005:393.

▼宽叶山柳菊花序

▲ 山柳菊花序

山柳菊 *Hieracium umbellatum* L.

别 名	伞花山柳菊
药用部位	菊科山柳菊根及全草。
原 植 物	多年生草本，高 30 ~ 100 cm。中上部茎叶多数或极多数，互生，无柄，披针形至狭线形，

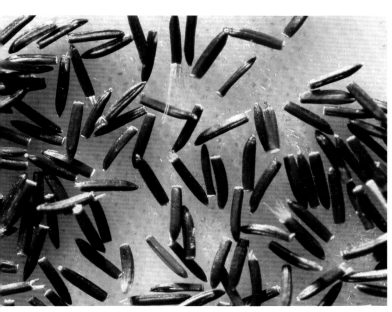

▲ 山柳菊瘦果

▲ 山柳菊幼株（前期）

▲ 山柳菊幼株（后期）

▲ 山柳菊幼苗

长 3 ~ 10 cm，宽 0.5 ~ 2.0 cm；向上的叶渐小，与中上部茎叶同形并具有相似的毛被。头状花序少数或多数，在茎枝顶端排成伞房花序或伞房圆锥花序，花序梗无头状具柄的腺毛及长单毛；总苞黑绿色，钟状，长 8 ~ 10 mm，总苞之下有或无小苞片；总苞片 3 ~ 4 层，向内层渐长，外层及最外层披针形，长 3.5 ~ 4.5 mm，宽 0.8 ~ 1.2 mm，最内层线状长椭圆形，长 8 ~ 10 mm，宽 1 mm，全部总苞片顶端急尖，有时基部被星状毛，极少沿中脉有单毛及头状具柄的腺毛；舌状小花黄色。花期 7—8 月，果期 8—9 月。

生　境　生于山坡、草甸、林缘及林下等处。

分　布　黑龙江塔河、呼玛、伊春市区、克山、克东、密山、虎林、集贤、富锦、萝北、逊克、饶河、嘉荫、宁安、东宁、穆棱、尚志、五常等地。吉林长白山各地及长春。辽宁沈阳、朝阳、鞍山、大连、丹东市区、宽甸、本溪、桓仁、西丰等地。内蒙古额尔古纳、根河、陈巴尔虎旗、牙克石、鄂温克旗、莫力达瓦旗、阿尔山、新巴尔虎右旗、新巴尔虎左旗、科尔沁右翼前旗、科尔沁左翼后旗、喀喇沁旗、克什克腾旗、阿鲁科尔沁旗、东乌珠穆沁旗、西乌珠穆沁旗、正蓝旗、镶黄旗、正镶白旗等地。河北、河南、山东、江西、山西、陕西、湖北、湖南、四川、贵州、甘肃、云南、新疆、西藏。朝鲜、俄罗斯、蒙古、日本、伊朗、巴基斯坦、印度、哈萨克斯坦、乌兹别克斯坦。欧洲。

采　制　春、秋季采挖根。夏、秋季采收全草，洗净，鲜用或晒干。

性味功效　味苦，性凉。有清热解毒、利湿消积的功效。

主治用法　用于痈肿疮疖、尿道感染、小便淋痛、痢疾、腹痛积块、气喘等。水煎服。外用鲜品捣烂敷患处。

用　量　9 ~ 15 g。外用适量。

▲山柳菊果实

附 方

（1）治痈肿疮疖：山柳菊9～15g。水煎服。另用全草适量，捣烂敷患处。

（2）治尿路感染：山柳菊根、蒲公英各15g。水煎服。

◎参考文献◎

［1］朱有昌.东北药用植物[M].哈尔滨：黑龙江科学技术出版社，1989:1184-1185.

［2］钱信忠.中国本草彩色图鉴（第二卷）[M].北京：人民卫生出版社，2003:529-530.

［3］中国药材公司.中国中药资源志要[M].北京：科学出版社，1994:1303.

▼山柳菊花序（背）

▲中华小苦荬植株（花白色）

▲中华小苦荬幼株

▼中华小苦荬幼苗

▲中华小苦荬花序（白色）

小苦荬属 *Ixeridium*（A. Gray）Tzvel.

中华小苦荬 *Ixeridium chinense*（Thunb.）Tzvel.

别　　名　山苦荬　中华山苦荬　山苦荬菜

俗　　名　鸭子食　苦菜　败酱草　苦麻菜　苦麻子　苦叶菜　鹅恋食　山鹅食　燕儿尾

药用部位　菊科中华小苦荬的全草。

▲ 中华小苦荬植株（花黄色）

▲ 中华小苦荬花序（背）

原植物 多年生草本，高 5 ~ 47 cm。根状茎极短缩，茎直立单生或少数茎成簇生。基生叶长椭圆形、倒披针形、线形或舌形，包括叶柄长 2.5 ~ 15.0 cm，宽 2.0 ~ 5.5 cm，顶端钝或急尖或向上渐窄，基部渐狭成有翼的短或长的柄，全缘，侧裂片 2 ~ 7 对，长三角形或线形；茎生叶 2 ~ 4，长披针形或长椭圆状披针形。头状花序通常在茎枝顶端排成伞房花序，含舌状小花 21 ~ 25；总苞圆柱状，长 8 ~ 9 mm；总苞片 3 ~ 4 层，外层及最外层宽卵形，

▲ 中华小苦荬花序（黄色）

▲ 中华小苦荬瘦果

▲ 中华小苦荬果实

▼ 中华小苦荬花序（淡黄色）

长 1.5 mm，宽 0.8 mm，顶端急尖，内层长椭圆状倒披针形，长 8 ~ 9 mm，宽 1.0 ~ 1.5 mm，顶端急尖；舌状小花黄色，干时带红色。花期 6—7 月，果期 7—8 月。

生　境　生于山野、田间、荒地及路旁等处，常聚集成片生长。

分　布　东北地区。全国绝大部分地区（华北、华东、华南）。朝鲜、俄罗斯、蒙古、越南。

采　制　夏、秋季采收全草，洗净鲜用或晒干入药。

性味功效　味苦，性寒。有清热解毒、泻火、凉血止血、调经活血、祛腐排脓生肌的功效。

▲ 丝叶小苦荬植株（白花）

▲ 丝叶小苦荬花序（背）

▲ 丝叶小苦荬花序

主治用法　用于阑尾炎、盆腔炎、无名肿毒、阴囊湿疹、风热咳嗽、泄泻、痢疾、吐血、衄血、黄水疮、痈疖肿毒、跌打损伤及骨折。水煎服。外用鲜品捣烂敷患处。

用　量　10 ～ 15 g。外用适量。

附　注　中华小苦荬有 1 变种：丝叶小苦荬 var. *graminiforlia*（Ledeb.）H. C. Fu，叶丝状或丝状线形，全缘。其他与原种同。

▲丝叶小苦荬植株（花黄色）

◎参考文献◎

［1］江苏新医学院．中药大辞典（上册）[M].上海：上海科学技术出版社，1977:186.

［2］朱有昌．东北药用植物 [M].哈尔滨：黑龙江科学技术出版社，1989:1190-1192.

［3］中国药材公司．中国中药资源志要 [M].北京：科学出版社，1994:1307.

▲市场上的中华小苦荬根

▲市场上的中华小苦荬幼株

▲ 抱茎小苦荬群落

▲抱茎小苦荬幼苗

▲市场上的抱茎小苦荬幼苗

抱茎小苦荬 *Ixeridium sonchifolia* Hance

别　　名	苦荬菜 秋苦荬菜 抱茎苦荬菜 苦碟子 尖裂假还阳参
俗　　名	败酱草 小苦菜 鸭子食 满天星 苦碟碟 山鸭子食 黄瓜菜
药用部位	菊科抱茎小苦荬的幼苗（入药称"苦碟子"）及全草。
原 植 物	多年生草本，高 15 ～ 60 cm。茎单生，直立。基生叶莲座状，匙形、长倒披针形或长椭圆

形，边缘有锯齿，顶端圆形或急尖，或大头羽状深裂，顶裂片大，边缘有锯齿，侧裂片 3 ~ 7 对，边缘有小锯齿；中下部茎叶长椭圆形、匙状或披针形。头状花序，在茎枝顶端排成伞房花序或伞房圆锥花序，含舌状小花约 17；总苞圆柱形，长 5 ~ 6 mm；总苞片 3 层，外层及最外层短，卵形或长卵形，长 1 ~ 3 mm，宽 0.3 ~ 0.5 mm，顶端急尖，内层长披针形，长 5 ~ 6 mm，宽 1 mm，顶端急尖，全部总苞片外面无毛；舌状小花黄色。春季花期 5—6 月，果期 6—7 月。秋季花期 7—8 月，果期 8—9 月。

生　境　生于山坡、林缘、撂荒地、杂草地及村屯附近，常聚集成片生长。

分　布　东北地区。河北、山东、浙江、山西、陕西、湖北、四川、贵州。朝鲜、俄罗斯（西伯利亚中东部）、日本。

采　制　春、夏季采收幼苗，除去杂质，洗净，鲜用或晒干。夏、秋季采收全草，洗净，切段，鲜用或晒干。

性味功效　味苦、辛，性寒。有清热解毒、排脓、止痛、止泻痢的功效。

▲ 抱茎小苦荬植株

▼ 抱茎小苦荬瘦果

▼ 市场上的抱茎小苦荬幼株

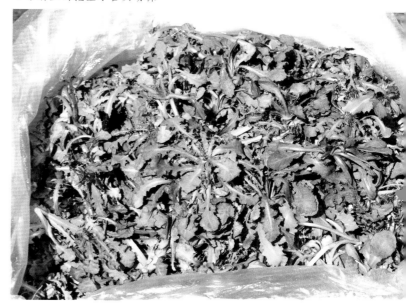

▲抱茎小苦荬花序（背）

主治用法　用于头痛、牙痛、胸腹痛、胃肠痛、吐血、衄血、外伤作痛、阑尾炎、肠炎、肺脓肿、痈肿、疮疖、黄水疮、痔疮等。水煎服。外用煎水熏洗或研末调敷。

用　　量　15～25 g。外用适量。

附　　方

（1）治阑尾炎：抱茎小苦荬25 g，薏米50 g，附子10 g。水煎，日服2次。

（2）治头痛、牙痛、胸痛、胃腹痛及中小手术后疼痛：苦碟子片每次服1～2片（每片0.3 g，含总黄酮100 mg）。

（3）治黄水疮：抱茎小苦荬适量。研末，用芝麻油调敷。

（4）治痔疮：抱茎小苦荬适量。切碎，煎水熏洗。

◎参考文献◎

［1］江苏新医学院.中药大辞典（上册）[M].上海：上海科学技术出版社，1977:1300.

［2］朱有昌.东北药用植物 [M].哈尔滨：黑龙江科学技术出版社，1989:1202−1203.

［3］《全国中草药汇编》编写组.全国中草药汇编（上册）[M].北京：人民卫生出版社，1975:519−520.

▲抱茎小苦荬花序

▲抱茎小苦荬果实

▲ 沙苦荬菜花序

▼ 沙苦荬菜幼株

苦荬菜属 *Ixeris* Cass.

沙苦荬菜 *Ixeris repens* A. Gray

别　　名　匍匐苦荬菜

药用部位　菊科沙苦荬菜全草。

原 植 物　多年生草本。茎匍匐，无毛，具横走的根状茎。叶互生，长5～12 cm，宽3～5 cm，3～5掌状分裂，裂片先端圆钝，边缘有锯齿，浅裂或全缘，具长柄。头状花序2～6，直立，梗长2～7 cm，总苞长10～12 mm；外层总苞片不等长，卵形或矩圆形，内层总苞片8，矩圆形，先端钝，舌状花黄色，干时变为紫红色，长15～17 mm，先端5齿裂。瘦果纺锤形，棕褐色，长6～7 mm，先端渐狭成喙，有纵条棱10，喙长1～2 mm，冠毛白色，粗糙，多层，长5～7 mm。花期7—8月，果期8—9月。

生　　境　生于海滨沙地、田间或荒地上。

分　　布　辽宁绥中、盖州、长海、大连市区等地。华东、中南。

采　　制　夏、秋季采收全草，除去杂质，切段，洗净，鲜用或晒干。

性味功效　有清热解毒、活血排脓的功效。

用　　量　适量。

◎参考文献◎

[1] 中国药材公司 . 中国中药资源志要 [M]. 北京：科学出版社，1994:1308.
[2] 江纪武 . 药用植物辞典 [M]. 天津：天津科学技术出版社，2005:425.

▲ 沙苦荬菜植株

▲ 山莴苣群落

▼ 山莴苣幼株

莴苣属 *Lactuca* L.

山莴苣 *Lactuca sibirica*（L.）Benth. ex Maxim.

别　　名	北山莴苣 西伯利亚山莴苣
俗　　名	山苦菜
药用部位	菊科山莴苣的根及全草。
原 植 物	多年生草本，高 50 ~ 130 cm。根垂直直伸。

茎直立。中下部茎叶披针形、长披针形或长椭圆状披针形，长 10 ~ 26 cm，宽 2 ~ 3 cm，顶端渐尖或急尖，基部收窄，无柄，心形、心状耳形或箭头状半抱茎，边缘全缘、几全缘、小尖头状微锯齿或小尖头，极少边缘缺刻状或羽状浅裂，向上的叶渐小，与中下部茎叶同形；全部叶两面光滑无毛。头状花序含舌状小花约 20，多数在茎枝顶端排成伞房花序，果期长 1.1 cm；总苞片 3 ~ 4 层，不成明显的覆瓦状排列，通常淡紫红色，中、外层三角形，长 1 ~ 4 mm，内层长披针形，长 1.1 cm，顶端长渐尖；舌状小花蓝色或蓝紫色。花期 6—7 月，果期 8—9 月。

▲ 山莴苣花序

▼ 山莴苣果实

生　　境　　生于撂荒地、沙质地、林缘、草甸、河岸及沼泽地等处，常聚集成片生长。

分　　布　　黑龙江呼玛、黑河市区、五大连池、伊春、拜泉、虎林、密山、尚志、海林、萝北、集贤、泰来、肇东、杜尔伯特、哈尔滨等地。吉林镇赉、乾安、洮南、长春、吉林、抚松、安图等地。辽宁宽甸。内蒙古额尔古纳、牙克石、鄂温克旗、扎兰屯、科尔沁右翼前旗、科尔沁左翼后旗、科尔沁右翼中旗、突泉、扎鲁特旗、扎赉特旗、克什克腾旗、巴林右旗、阿鲁科尔沁旗等地。河北、山西、陕西、甘肃、青海、新疆等。朝鲜、日本、蒙古、俄罗斯（西伯利亚）。

▲山莴苣植株

▲ 山莴苣幼苗

▼ 山莴苣花序（侧）

采　制　春、秋季采挖根，除去泥土，洗净，晒干。夏、秋季采收全草，除去杂质，切段，洗净，鲜用或晒干。

性味功效　全草：有清热解毒、理气、止血的功效。根：有消肿、止血的功效。

用　量　适量。

◎参考文献◎

［1］中国药材公司．中国中药资源志要 [M]．北京：科学出版社，1994:1310.

［2］江纪武．药用植物辞典 [M]．天津：天津科学技术出版社，2005:438.

野莴苣 *Lactuca seriola* Torner

别　　名　指南草

药用部位　菊科野莴苣的全草及种子。

原 植 物　一年生草本，高 50 ~ 80 cm。茎单生，直立，无毛或有时有白色茎刺，上部圆锥状花序分枝或自基部分枝。中下部茎叶倒披针形或长椭圆形，长 3.0 ~ 7.5 cm，宽 1.0 ~ 4.5 cm，倒向羽状或羽状浅裂、半裂或深裂，宽线形，无柄，基部箭头状抱茎，顶裂片与侧裂片等大，三角状卵形或菱形，最下部茎叶及接圆锥花序下部的叶与中下部茎叶同形或披针形、线状披针形或线形。头状花序多数，在茎枝顶端排成圆锥状花序；总苞果期卵球形，长 1.2 cm，宽 6mm；总苞片约 5 层，外层及最外层小，长 1 ~ 2 mm，宽 1 mm，中、内层披针形，长 7 ~ 12 mm，全部总苞片顶端急尖；舌状小花 15 ~ 25，黄色。瘦果倒披针形，长 3.5 mm，压扁，浅褐色，上部有稀疏的上指的短糙毛，每面有 8 ~ 10 条高起的细肋。花期 6—7 月，果期 8—9 月。

生　　境　生于荒地、路旁、河滩砾石地、山坡石缝中及草地等处。

分　　布　黑龙江泰来、肇东、杜尔伯特等地。吉林镇赉、乾安、洮南等地。内蒙古科尔沁左翼后旗、科尔沁右翼中旗等地。河北、山西、陕西、甘肃、青海、新疆。俄罗斯、蒙古、伊朗、哈萨克斯坦、乌兹别克斯坦、印度。欧洲。

采　　制　夏、秋季采收全草，洗净，切段，晒干。秋季采收种子，除去杂质，晒干。

性味功效　全草：有清热解毒、活血祛瘀的功效。种子：有活血、祛瘀、通乳的功效。

▲野莴苣幼株

主治用法 全草：用于疮痈、跌打损伤等。水煎服。种子：用于跌打损伤、乳汁不通等。水煎服。
用　量 适量。

◎参考文献◎

［1］中国药材公司.中国中药资源志要 [M].北京：科学出版社，1994：1325.
［2］江纪武.药用植物辞典 [M].天津：天津科学技术出版社，2005：658.

▲野莴苣花序（背）

▲野莴苣果实

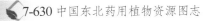

▲ 野莴苣植株

▲ 乳苣花序

▲ 市场上的乳苣幼株　　　　▲ 乳苣花序（背）

乳苣 *Lactuca tatarica*（L.）C. A. Mey.

别　　名　蒙山莴苣　紫花山莴苣

俗　　名　苦菜

药用部位　菊科乳苣的全草。

原 植 物　多年生草本，高 15 ～ 60 cm。茎直立。中下部茎叶长椭圆形或线状长椭圆形或线形，长 6 ～ 19 cm，宽 2 ～ 6 cm，羽状浅裂或半裂，边缘有多数或少数大锯齿，顶端钝或急尖，侧裂片 2 ～ 5 对，中部侧裂片较大，向两端的侧裂片渐小，全部侧裂片半椭圆形或偏斜的宽或狭三角形。头状花序约含 20 枚小花，多数，在茎枝顶端狭或宽圆锥花序；总苞圆柱状或楔形，长 2 cm，宽约 0.8 mm，果期不为卵球形；总苞片 4 层，中、外层较小，卵形至披针状椭圆形，长 3 ～ 8 mm，宽 1.5 ～ 2.0 mm，内层披针形或披针状椭圆形，长 2 cm，宽 2 mm，全部苞片带紫红色，顶端渐尖或钝；舌状小花紫色或紫蓝色。瘦果长圆状披针形，稍压扁，灰黑色，长5mm，宽约1mm，每面有5～7条高起的纵肋；冠毛2层，纤细，长1cm。花期6—7月，果期8—9月。

生　　境　生于河滩、湖边、草甸、田边、固定沙丘及砾石地等处。

分　　布　辽宁彰武。内蒙古科尔沁左翼后旗、科尔沁右翼中旗、科尔沁左翼中旗、巴林左旗、巴林右旗、阿鲁科尔沁旗、克什克腾旗、翁牛特旗、东乌珠穆沁旗、西乌珠穆沁旗、阿巴嘎旗、苏尼特左旗、苏尼特右旗等地。河北、河南、山西、陕西、甘肃、青海、新疆、西藏。俄罗斯、蒙古、哈萨克斯坦、乌兹别克斯坦、伊朗、阿富汗、印度。欧洲。

采　　制　夏、秋季采收全草，洗净，切段，晒干。

性味功效　有清热解毒、凉血止血的功效。

主治用法　用于暑热烦闷、漆疮、丹毒、痈肿、痔疮、外伤出血、跌打损伤等。水煎服。

用　　量　适量。

◎参考文献◎

[1] 巴根那.中国大兴安岭蒙中药植物资源志[M].赤峰：内蒙古科学技术出版社，2011：444.

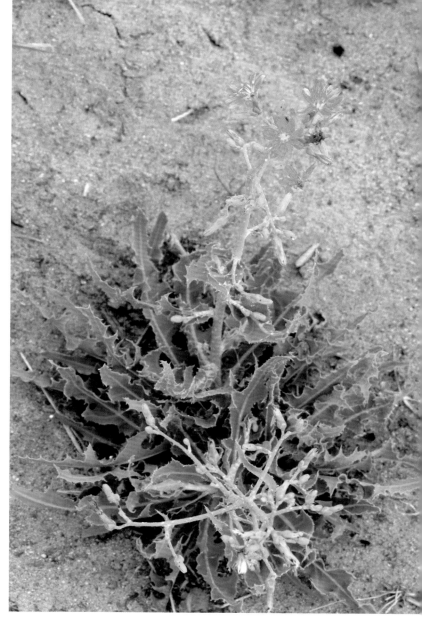

▲乳苣植株

▲乳苣果实

▲乳苣幼株

黄瓜菜属 *Paraixeris* Nakai

少花黄瓜菜 *Paraixeris chelidonifolia*
（Makino）Nakai

别　　名　碎叶苦荬菜　岩苦荬菜
药用部位　菊科少花黄瓜菜全草。
原 植 物　一年生草本，高 12 ~
19 cm。茎直立，单生，基部直径
1.5 mm。中下部茎叶长椭圆形，长
3.5 ~ 5.0 cm，宽 1 ~ 2 cm，羽状
全裂，羽轴纤细，无翼，叶柄纤细，
柄基扩大成椭圆形的小耳，有时小耳
2 浅裂，侧裂片 2 ~ 4 对，卵状或椭
圆形，长 5 ~ 6 mm，宽 3 ~ 4 mm，

▲少花黄瓜菜果实

▼少花黄瓜菜花序（侧）

一侧有一大锯齿，向基部叶柄状收缩，顶裂片
与侧裂片等大，同形；上部茎叶与中下部
茎叶同形并等样分裂；全部叶裂片极小。
头状花序多数，在茎枝顶端排成伞房
状花序，含舌状小花5；总苞圆柱状，
长 5.5 ~ 6.0 mm；总苞片 2 层，
外层极小，内层长椭圆状线形，
长 5.5 ~ 6.0 mm，宽 1 mm；舌
状小花黄色。花期 7—8 月，果期
8—9 月。

<u>生　　境</u>　生于山顶石砬子坡地及
林下石质地上。

<u>分　　布</u>　黑龙江尚志。吉林通化、
敦化、吉林等地。辽宁本溪、桓仁、宽甸
等地。河北。朝鲜、俄罗斯（西伯利亚中东部）、
日本。

采　制　夏、秋季采收全草，除去杂质，切段，洗净，鲜用或晒干。

性味功效　有清热解毒、凉血消肿、散瘀止痛、止血止带的功效。

用　量　10~15 g。外用适量。

◎参考文献◎

[1] 中国药材公司.中国中药资源志要 [M].北京：科学出版社，1994:1306-1307.

▲少花黄瓜菜幼株

▼少花黄瓜菜植株

黄瓜菜 *Paraixeris denticulata* （Houtt.）Nakai

别　　名	苦荬菜

俗　　名　败酱草　苦菜　苦碟子　满天星
鸭子食　山白菜

药用部位　菊科黄瓜菜全草。

原 植 物　一年生或二年生草本，高30～
120 cm。茎单生，直立。基生叶及下部茎
叶花期枯萎脱落；中下部茎叶卵形、椭圆
形或披针形，不分裂，长3～10 cm，宽
1～5 cm，有宽翼柄，基部圆形；上部及
最上部茎叶与中下部茎叶同形，但渐小，无
柄，向基部渐宽，基部耳状扩大抱茎。头状
花序多数，在茎枝顶端排成伞房花序，含
15枚舌状小花；总苞圆柱状，长7～9 mm；
总苞片2层，外层极小，卵形，顶端急尖，
内层长，披针形或长椭圆形，长7～9 mm，
宽1.0～1.4 mm，顶端钝，有时在外面顶
端之下有角状突起，背面沿中脉海绵状加厚，
全部总苞片外面无毛；舌状小花黄色。花期
8—9月，果期9—10月。

生　　境　生于山坡、林缘、撂荒地、杂草
地及村屯附近，常聚集成片生长。

分　　布　黑龙江尚志、伊春市区、安达、
铁力、密山、鸡西市区、萝北、饶河、东宁、
宁安、尚志等地。吉林省各地。辽宁宽甸、
凤城、东港、本溪、桓仁、西丰、鞍山市区、
海城、庄河、普兰店、大连市区、北镇等地。
内蒙古科尔沁左翼后旗、喀喇沁旗、翁牛特
旗等地。河北、江苏、安徽、浙江、江西、

▲ 黄瓜菜幼株（后期）

▼ 黄瓜菜幼苗

▼ 黄瓜菜瘦果

河南、山西、湖北、广东、四川、贵州、甘肃。朝鲜、俄罗斯（西伯利亚中东部）、蒙古、日本。

采　　制　夏、秋季采收全草，除去杂质，切段，洗净，鲜用或晒干。

性味功效　味苦，性凉。有清热解毒、凉血消肿、散瘀止痛、止血止带的功效。

主治用法　用于肺痈、乳痈、血淋、疖肿、下腿淋巴管炎、阑尾炎、子宫出血、子宫颈糜烂、白带过多、跌打损伤、无名肿毒、阴道滴虫及毒蛇咬伤。水煎服。外用鲜品捣烂敷患处。干品研末，油调外搽或煎水洗。

用　　量　10 ~ 15 g（鲜品 50 g）。外用适量。

▲ 黄瓜菜果实

附　方

（1）治湿热、带下：黄瓜菜9～15g（鲜用30g）。水煎服。

（2）治跌打损伤：鲜黄瓜菜根50g。水煎，加酒冲服。药渣捣烂敷患处。

（3）治乳痈：先在大椎穴旁开6cm处，用三棱针挑出血，用火罐拔后，再用黄瓜菜、蒲公英、紫花地丁各适量，共捣烂，敷患处。

（4）治阑尾炎：黄瓜菜、蒲公英、败酱、苣荬菜、紫花地丁各15g。水煎服（五常民间验方）。

▲黄瓜菜幼株（前期）

▼市场上的黄瓜菜植株（干，切段）

▼黄瓜菜花序（背）

▲ 黄瓜菜植株

▲羽叶黄瓜菜花序

▼羽叶黄瓜菜幼株

▲羽叶黄瓜菜花序（背）

附　注　在本区尚有 1 变型：

羽叶黄瓜菜 f. *pinnatipartita*（Makino）Kitag.，叶一至二回羽状深裂，裂片全缘或具缺刻，主要分布于吉林洮南、通榆、镇赉、长岭等地。内蒙古扎赉特旗、科尔沁右翼中旗、科尔沁左翼前期等地。其他与原种同。

◎参考文献◎

［1］江苏新医学院.中药大辞典（上册）[M].上海：上海科学技术出版社，1977:1296.

［2］朱有昌.东北药用植物 [M].哈尔滨：黑龙江科学技术出版社，1989:1200−1202.

［3］中国药材公司.中国中药资源志要 [M].北京：科学出版社，1994:1307.

▲羽叶黄瓜菜植株

毛连菜属 Picris L.

日本毛连菜 *Picris japonica* Thunb.

别　　名	兴安毛连菜　毛连菜
俗　　名	后老婆补丁　枪刀菜　山黄烟　黏叶草
药用部位	菊科日本毛连菜的花序及全草。
原 植 物	多年生草本，高 30～120 cm。基生叶花期枯萎，

脱落；下部茎叶倒披针形或椭圆状倒披针形，长 12～20 cm，
宽 1～3 cm，边缘有细尖齿或钝齿或浅波状，两面被分叉的
钩状硬毛；中部叶披针，无柄，基部稍抱茎，两面被分叉的钩
状硬毛；上部茎叶渐小，线状披针形。头状花序多数，在茎枝
顶端排成伞房花序，有线形苞叶；总苞圆柱状钟形，总苞片 3 层，
黑绿色，外层线形，长 2.5～5.0 mm，宽不足 1 mm，先端
渐尖，内层长圆状披针形或线状披针形，长 10～12 mm，宽
约 1.6 mm，边缘宽膜质，全部总苞片外面被近黑色的硬毛；
舌状小花黄色，舌片基部被稀疏的短柔毛。花期 7—8 月，果
期 8—9 月。

▲日本毛连菜植株

▲日本毛连菜幼株（后期）

▼日本毛连菜幼苗

▲日本毛连菜群落

日本毛连菜瘦果▶

▼日本毛连菜幼株（前期）

生　　境　　生于山坡、林缘、荒地、河岸、路旁及村屯附近，常聚集成片生长。

分　　布　　东北地区。全国绝大部分地区。朝鲜、俄罗斯（西伯利亚）、日本。亚洲（中部）。

采　　制　　秋季采摘花序，除去杂质，晒干。夏、秋季采收全草，切段，洗净，晒干。

性味功效　　花序：味苦、咸，性微温。有理肺止咳、化痰平喘、宽胸解郁的功效。全草：味苦、咸，性微温。有清热、消肿、止痛的功效。

主治用法　　花序：用于咳嗽痰多、

▲日本毛连菜果实

▲日本毛连菜花序（背）

咳喘、嗳气、胸腹闷胀等。水煎服。全草：用于流行性感冒、乳腺炎、镇痛、高热、无名肿毒等。水煎服。

用　　量 花序：5 ~ 15 g。全草：5 ~ 15 g。

◎参考文献◎

［1］朱有昌.东北药用植物 [M].哈尔滨：黑龙江科学技术出版社，1989:1203-1205.

［2］中国药材公司.中国中药资源志要 [M].北京：科学出版社，1994:1323-1324.

［3］江纪武.药用植物辞典 [M].天津：天津科学技术出版社，2005:604.

▲日本毛连菜花序

▲ 翼柄翅果菊花序

▼ 翼柄翅果菊幼株（前期）

▲ 翼柄翅果菊瘦果

翅果菊属 *Pterocypsela* Shih

翼柄翅果菊 *Pterocypsela triangulata* （Maxim.）Shih

别　名　翼柄山莴苣

药用部位　菊科翼柄翅果菊的根及全草。

原植物　二年生草本或多年生草本。茎直立，单生，通常紫红色。中下部茎叶三角状戟形、宽卵状心形，长 8.5 ~ 13.0 cm，宽 9 ~ 16 cm，边缘有大小不等的三角形锯齿，叶柄有狭或宽的翼，长 6 ~ 13 cm，耳状半抱茎；向上的茎叶渐小，柄基耳状或箭头状扩大，半抱茎；全部叶两面无毛。头状花序多数，沿茎枝顶端排列成圆锥花序；总苞果期卵球形，长 1.4 cm，宽约 6 mm；总苞片 4 层，外层长三角形或三角状披针形，长 2.5 ~ 3.0 mm，宽约 1 mm，顶端急尖，中内层披针形或线状披针形，长 1.4 cm，宽 1.8 ~ 2.5 mm，顶端钝或急尖，通常染红紫色或边缘染红紫色；舌状小花 16，黄色。花期 8—9 月，果期 9—10 月。

翼柄翅果菊花序（侧）

▲ 翼柄翅果菊植株

生　境　生于林缘、荒地、山坡及灌丛等处。

分　布　黑龙江伊春。吉林集安、汪清、通化、安图、抚松、辉南、长春等地。辽宁本溪、宽甸、桓仁等地。内蒙古喀喇沁旗、翁牛特旗。河北、山西、陕西、宁夏、甘肃。朝鲜、俄罗斯（西伯利亚中东部）、日本。

采　制　春、秋季采挖根，除去泥土，洗净，晒干。夏、秋季采收全草，切段，洗净，鲜用或晒干。

性味功效　根：味苦，性寒。有清热解毒的功效。全草：有解热的功效。

主治用法　根：用于痈肿疮毒、子宫颈炎、子宫出血。水煎服。全草：粉末涂搽，用于去疣瘤。

用　量　根：25～50 g。全草：适量。

附　注　本种可以作为改善食欲的药物，具有缓泻和解热的功效。新鲜品的乳汁具有麻醉和镇静作用。

◎参考文献◎

［1］钱信忠.中国本草彩色图鉴（第五卷）[M].北京：人民卫生出版社，2003:509-510.

［2］中国药材公司.中国中药资源志要 [M].北京：科学出版社，1994:1325.

［3］江纪武.药用植物辞典 [M].天津：天津科学技术出版社，2005:658.

▲翼柄翅果菊幼株（后期）

▼翼柄翅果菊花序（背）　　　　　　　　▼翼柄翅果菊果实

翅果菊瘦果

▲ 翅果菊群落

翅果菊 *Pterocypsela indica*（L.）Shih

别　　名	山莴苣

俗　　名 野生菜　山生菜　鸭子食　山鸭子食　山苦荬　苦菜　鹅食菜　燕尾

药用部位 菊科翅果菊的根及全草。

原植物 一年生或二年生草本。茎直立，单生，高 0.4～2.0 m。中部茎叶边缘大部全缘或仅基部或全部茎叶线状长椭圆形、长椭圆形或倒披针状长椭圆形，中下部茎叶边缘有稀疏的尖齿或几全缘或全部茎叶椭圆形，中上部茎叶边缘有三角形锯齿或偏斜卵状大齿。头状花序果期卵球形，多数沿茎枝顶端排成圆锥花序或总状圆锥花序；总苞长 1.5 cm，宽 9 mm，总苞片 4 层，外层卵形或长卵形，长 3.0～3.5 mm，宽 1.5～2.0 mm，顶端急尖或钝，中内层长披针或线状披针形，长 1 cm 或过之，宽 1～2 mm，顶端钝或圆形，全部苞片边缘染紫红色；舌状小花 25，黄色。花期 7—8 月，果期 8—9 月。

生　　境 生于林缘、荒地、山坡及灌丛等处。

分　　布 黑龙江哈尔滨市区、齐齐哈尔、尚志、安达、密山、虎林、伊春、五大连池、孙吴、萝北等地。吉林省各地。辽宁西丰、沈阳、抚顺、盖州、大连、凌源、北镇、葫芦岛、彰武等地。内蒙古牙克石、鄂伦春旗、鄂温克旗、科尔沁右翼前旗、扎赉特旗、科尔

▲ 翅果菊幼苗

▼ 市场上的翅果菊幼株

▲ 翅果菊总花序

沁右翼中旗、扎鲁特旗、突泉、科尔沁左翼后旗、科尔沁左翼中旗、奈曼旗、克什克腾旗、巴林左旗、巴林右旗、喀喇沁旗、翁牛特旗、阿鲁科尔沁旗、宁城、东乌珠穆沁旗、西乌珠穆沁旗等地。全国绝大部分地区（除西北外）。朝鲜、俄罗斯（西伯利亚）、日本、菲律宾、印度尼西亚、印度。

采　制　春、秋季采挖根，除去泥土，洗净，晒干。夏、秋季采收全草，除去杂质，切段，洗净，鲜用或晒干。

性味功效　根：味苦，性寒。有小毒。有清热凉血、消肿解毒的功效。全草：味苦，性寒。有健胃缓泻、清热解毒、活血祛瘀的功效。

主治用法　根：用于扁桃体炎、痈肿、血崩、乳腺炎、子宫颈炎、痔疮下血、痈疖肿毒等。水煎服。外用捣烂敷患处。全草：用于阑尾炎、扁桃体炎、子宫颈炎、产后瘀血作痛、崩漏、痔疮下血、疮疡肿毒、疣瘤。水煎服。外用捣烂敷患处。

用　量　根：25～50 g。外用适量。全草：15～25 g。外用适量。

附　方

（1）治扁桃腺炎：翅果菊根50 g。水煎，分2次服。

（2）治疮疖肿毒、无名肿毒、乳痈：鲜翅果菊根适量。捣烂如泥，敷患处。或用根50 g，水煎，每日分2次服用。

（3）治子宫颈炎：翅果菊根50 g，猪膀胱1个。水煎，分3次服。

▼ 翅果菊花序

▼ 翅果菊果实

▲ 翅果菊花序 （侧）

（4）治扁平疣（瘊子）：翅果菊全草适量。研末，醋调涂患处。或用鲜草的乳汁涂患处，保持到翌日再洗掉重涂，连续数日则疣瘤脱落（东北民间方）。

◎参考文献◎

[1] 江苏新医学院.中药大辞典（上册）[M].上海：上海科学技术出版社，1977:194，703.

[2] 朱有昌.东北药用植物[M].哈尔滨：黑龙江科学技术出版社，1989:1192-1193.

[3] 中国药材公司.中国中药资源志要[M].北京：科学出版社，1994:1325.

▼ 翅果菊幼株

▲ 翅果菊植株

▲ 东北鸦葱植株

鸦葱属 *Scorzonera* L.

东北鸦葱 *Scorzonera manshurica* Nakai

别　　名　笔管草

▼ 东北鸦葱花序（背）

俗　　名　羊奶子　羊奶菜

药用部位　菊科东北鸦葱的根。

原 植 物　多年生草本，高 12 cm。茎多数，簇生于根茎顶端，茎基被稠密褐色的纤维状撕裂的鞘状残遗物。基生叶线形，长达 8 cm，宽 3 ~ 4 mm，向基部渐狭，基部鞘状扩大，鞘内被稠密的绵毛，边缘平，基部边缘有绵毛，三至五出脉，侧脉纤细；茎生叶少数，1 ~ 3，鳞片状，钻状三角形，褐色，边缘及内面有绵毛。头状花序单生茎顶；总苞钟状，果期直径达 1.8 cm；总苞片约 5 层，外层三角形或卵状三角形，长约 7 mm，宽约 3 mm，中层披针形或长椭圆形，内层长披针形，长达 2 cm，宽达 4 mm；全部总苞片顶端钝或急尖，仅顶端被白色微毛；舌状小花背面带紫色，内面黄色。花期 4—5 月，果期 5—6 月。

生　　境　生于干燥山坡、砾石地、沙丘及干草原等处。

▲ 东北鸦葱植株（侧）

分　　布　黑龙江黑河市区、五大连池、萝北、五常、肇东、安达等地。吉林通榆、镇赉、洮南、长岭、前郭、大安等地。辽宁沈阳、抚顺、盖州、大连、凤城、丹东市区、新宾等地。内蒙古满洲里、科尔沁右翼前旗、阿尔山等地。华北。朝鲜、俄罗斯（西伯利亚中东部）。

采　　制　春、秋季采挖根，洗净，鲜用或晒干。

性味功效　味苦，性寒。有清热解毒、活血消肿的功效。

主治用法　用于感冒、发热、哮喘、乳汁不足、乳腺炎、月经不调、跌打损伤、风湿关节痛、疔疮痈肿、带状疱疹、蛇虫咬伤等。水煎服。外用鲜品捣烂敷患处。

用　　量　15 ~ 25 g。外用适量。

▼ 东北鸦葱花序

◎参考文献◎

［1］钱信忠.中国本草彩色图鉴（第二卷）[M].北京：人民卫生出版社，2003:68-69.

［2］中国药材公司.中国中药资源志要[M].北京：科学出版社，1994:1334.

［3］江纪武.药用植物辞典[M].天津：天津科学技术出版社，2005:735.

▲ 华北鸦葱花序

▲ 华北鸦葱花序（背）

▼ 华北鸦葱花序（白色）

华北鸦葱 *Scorzonera albicaulis* Bge.

别　　名　笔管草 白茎鸦葱 细叶鸦葱 仙茅参

俗　　名　羊奶子 羊奶菜 羊乳 山大芫 羊犄角 羊角菜 牛奶子

药用部位　菊科华北鸦葱的根。

原植物　多年生草本，高达 120 cm。根圆柱状或倒圆锥状，直径达 1.8 cm。茎单生或少数茎成簇生。基生叶与茎生叶同形，线形、宽线形或线状长椭圆形，宽 0.3 ~ 2.0 cm，边缘全缘，三至五出脉，基生叶基部鞘状扩大，抱茎。头状花序在茎枝顶端排成伞房花序，花序分枝长或排成聚伞花序而花序分枝短或长短不一；总苞圆柱状，花期直径 1 cm，果期直径增大；总苞片约 5 层，外层三角状卵形或卵状披针形，长 5 ~ 8 mm，宽约 4 mm，中、内层椭圆状披针形、长椭圆形至宽线形；全部总苞片被薄柔毛，但果期稀毛或无毛；舌状小花黄色。瘦果圆柱状，有高起的纵肋。花期 5—6 月，果期 8—9 月。

生　　境　生于山坡、林缘及灌丛等处。

分　　布　黑龙江嫩江、讷河、尚志、哈尔滨市区、齐齐哈尔市区、北安、虎林、牡丹江市区、宁安、萝北、肇东、安达、肇源、杜尔伯特等地。吉林长白山各地及西部草原。辽宁辽阳、沈阳、盖州、长海、大连市区、北镇、义县、本溪、桓仁、瓦房店、西丰、绥中、建平、建昌、彰武等地。内蒙古额尔古纳、牙克石、扎赉特旗、科尔沁右翼前旗、扎鲁特旗、科尔沁左翼后旗、巴林右旗、宁城、东乌珠穆沁旗、西乌珠穆沁旗、阿巴嘎旗、苏尼特左旗、苏尼特右旗等地。河北、山东、安徽、浙江、江苏、山西、陕西、四川、甘肃。朝鲜、俄罗斯（西伯利亚中东部）、蒙古。

采　　制　春、秋季采挖根，洗净鲜用或晒干入药。

性味功效　味甘、苦，性温。有清热解毒、祛风除湿、活血消肿、通乳、理气平喘的功效。

主治用法　用于感冒发热、哮喘、五劳七伤、乳汁不足、妇女倒经、跌打损伤、乳腺炎、疔疮痈肿、风湿关节痛、带状疱疹、扁平疣、毒蛇和蚊虫咬伤。水煎服。外用鲜品捣烂敷患处。

用　　量　15 ~ 25 g。外用适量。

附　　方

（1）治跌打损伤、月经倒行：华北鸦葱根 15 ~ 25 g。蒸酒服。

（2）治疔疮及乳痈：华北鸦葱根适量。捣烂敷患处。

（3）治扁平疣（瘊子）：取华北鸦葱白乳浆，外涂疣上，

▲华北鸦葱果实

不要洗掉，每日涂换一次，数日后自行脱落（东北民间方）。

（4）治乳汁不足：华北鸦葱50 g，王不留行25 g。水煎服。

▼华北鸦葱瘦果

◎参考文献◎

［1］江苏新医学院.中药大辞典（上册）[M].上海：上海科学技术出版社，1977:664.

［2］朱有昌.东北药用植物[M].哈尔滨：黑龙江科学技术出版社，1989:1208-1210.

［3］中国药材公司.中国中药资源志要[M].北京：科学出版社，1994:1334.

▲ 毛梗鸦葱植株（侧）

▼ 毛梗鸦葱植株

毛梗鸦葱 *Scorzonera radiata* Fisch.

别　　名	狭叶鸦葱
俗　　名	羊奶子　羊奶菜
药用部位	菊科毛梗鸦葱的根及全草。

原 植 物 多年生近葶状草本，高 15 ~ 30 cm。茎直立。基生叶多数，线形，长 5 ~ 15 cm，宽 3 ~ 4 mm，线状披针形或线状长椭圆形，长 8 ~ 18 cm，宽 0.8 ~ 1.3 cm，柄基鞘状扩大，半抱茎，顶端渐尖；茎生叶少数，2 ~ 3，线形或线状披针形，较基生叶短，最上部茎叶披针形；全部叶平，边缘全缘。头状花序单生茎端；总

▲毛梗鸦葱花序

▲毛梗鸦葱花序（背）

▼毛梗鸦葱花序（侧）

苞圆柱状，直径 0.8 ~ 2.8 cm；总苞片约 5 层，外层卵状披针形，长 6 ~ 7 mm，宽 4 ~ 5 mm，中层三角状披针形，长 1.6 ~ 2.0 cm，宽 5 ~ 6 mm，内层披针状长椭圆形，长 2.1 cm，宽 4 mm，全部苞片顶端钝或急尖，外面被稀疏蛛丝状短柔毛或脱毛至无毛；舌状小花黄色。花期 5—6 月，果期 6—7 月。

生　境　生于山坡、林缘及灌丛等处。

分　布　黑龙江塔河、呼玛、黑河市区、五大连池、伊春市区、嘉荫、安达、齐齐哈尔、哈尔滨市区、尚志等地。吉林通化、集安、柳河、辉南、抚松、靖宇、长白、和龙、汪清等地。辽宁铁岭、法库、长海、大连市区等地。内蒙古满洲里、牙克石、阿荣旗、阿尔山、新巴尔虎左旗、新巴尔虎右旗、东乌珠穆沁旗、西乌珠穆沁旗、正蓝旗、正镶白旗、科尔沁右翼前旗等地。河北、山东、安徽、浙江、江苏、山西、陕西、四川、甘肃。朝鲜、俄罗斯（西伯利亚中东部）、蒙古。

采　制　春、秋季采挖根，洗净鲜用或晒干入药。夏、秋季采收全草，除去杂质，切段，洗净，鲜用或晒干。

性味功效　味苦，性凉。有清热解毒、通乳的功效。

主治用法　用于感冒发热、疔毒痈疮、乳痈、乳汁不行、缺乳。水煎服。

用　量　3 ~ 9 g。外用适量。

◎参考文献◎

［1］中国药材公司．中国中药资源志要 [M]．北京：科学出版社，1994:1335.

［2］江纪武．药用植物辞典 [M]．天津：天津科学技术出版社，2005:735.

丝叶鸦葱 *Scorzonera curvata* （Popl.）Lipsch.

别　　名 狭叶鸦葱

俗　　名 羊奶子　羊奶菜

药用部位 菊科丝叶鸦葱的根及全草。

原 植 物 多年生草本，高 4 ~ 7 cm。茎极短或几无茎，光滑无毛；茎基被稠密的纤维状撕裂的鞘状残遗物。基生叶莲座状，丝状或丝状线形，灰绿色，长 3 ~ 10 cm，宽 1.0 ~ 1.5 mm，平或扭转，顶端渐尖，基部鞘状扩大，离基三出脉，两面无毛，但下部沿边缘有蛛丝状绵毛；茎生叶少数，鳞片状，钻状披针形，或几无茎生叶。头状花序单生于茎顶或无茎而头状花序生于根颈顶端；总苞钟状或窄钟状，直径约 1 cm；总苞片约 4 层，外层三角形或三角状披针形，长 5 ~ 8 mm，宽 2 ~ 3 mm；中、内层长椭圆状披针形，长约 1 cm，宽约 5 mm；全部苞片顶端急尖或钝，外面光滑无毛；舌状小花黄色。花期 5 月，果期 6 月。

生　　境 生于丘陵坡地及干燥山坡等处。

分　　布 内蒙古满洲里、新巴尔虎左旗、新巴尔虎右旗、科尔沁右翼前旗等地。青海。俄罗斯（西伯利亚中东部）、蒙古。

采　　制 春、秋季采挖根，洗净鲜用或晒干入药。夏、秋季采收全草，除去杂质，切段，洗净，鲜用或晒干。

附　　注 本品被收录为内蒙古药用植物。

◎参考文献◎

［1］江纪武．药用植物辞典 [M]．天津：天津科学技术出版社，2005:734.

▲丝叶鸦葱花序

▲丝叶鸦葱植株

▲丝叶鸦葱花序（侧）

▲ 鸦葱植株（花期）

▲ 鸦葱瘦果

▲ 鸦葱幼株

鸦葱 *Scorzonera austriaca* Willd.

别　　名	奥国鸦葱
俗　　名	羊奶子　羊奶菜
药用部位	菊科鸦葱的根。

原 植 物　多年生草本，高 10 ~ 42 cm。茎多数，簇生，直立。基生叶线形、线状披针形或长椭圆形，长 3 ~ 35 cm，宽 0.2 ~ 2.5 cm，顶端渐尖或钝而有小尖头或急尖，向下部渐狭成具翼的长柄，柄基鞘状扩大或向基部直接形成扩大的叶鞘；茎生叶少数，2 ~ 3，鳞片状，披针形或钻状披针形，基部心形，半抱茎。头状花序单生茎端；总苞圆柱状，直径 1 ~ 2 cm；总苞片约 5 层，外层三角形或卵状三角形，长 6 ~ 8 mm，宽约 6.5 mm，中层偏斜披针形或长椭圆形，内层线状长椭圆形，长 2.0 ~ 2.5 cm，宽 3 ~ 4 mm；全部总苞片外面光滑无毛，顶端急尖、钝或圆形；舌状小花黄色。花期 6—7 月，果期 7—8 月。

鸦葱根

▲ 鸦葱植株（果期）

▲ 鸦葱花序（侧）

▲ 鸦葱果实

生　境　生于山坡、林下、石砾质地、草滩及河滩地等处。

分　布　黑龙江泰来、宁安等地。吉林通榆、镇赉、洮南、长岭、前郭、大安、敦化、安图、通化等地。辽宁各地。内蒙古满洲里、牙克石、陈巴尔虎旗、新巴尔虎左旗、新巴尔虎右旗、科尔沁右翼前旗、科尔沁左翼后旗、扎赉特旗、阿鲁科尔沁旗、克什克腾旗、翁牛特旗、东乌珠穆沁旗、西乌珠穆沁旗、阿巴嘎旗等地。河北、山西、山东、安徽、河南、陕西、宁夏、甘肃。朝鲜、蒙古、俄罗斯、哈萨克斯坦。欧洲（中部）、地中海沿岸地区。

采　制　春、秋季采挖根，洗净，切片，鲜用或晒干。

性味功效　味微苦、涩，性寒。有清热解毒、活血消肿、通乳的功效。

主治用法　用于乳腺炎、毒蛇咬伤、蚊虫叮咬、疔疮、痈疽等。水煎服。外用捣烂敷患处或捣汁搽患处。

用　量　15 ~ 25 g。外用适量。

◎参考文献◎

[1] 江苏新医学院.中药大辞典（下册）[M].上海：上海科学技术出版社，1977:1642.

[2] 钱信忠.中国本草彩色图鉴（第三卷）[M].北京：人民卫生出版社，2003:505-506.

[3] 中国药材公司.中国中药资源志要[M].北京：科学出版社，1994:1334.

▲ 鸦葱花序

▲桃叶鸦葱植株（山坡型）

▼桃叶鸦葱幼株

▼桃叶鸦葱果实

桃叶鸦葱　*Scorzonera sinensis* Lipsch. et Krasch. ex Lipsch.

俗　　名　老鸦葱　羊奶子　老虎嘴
药用部位　菊科桃叶鸦葱的根。
原 植 物　多年生草本，高 5～53 cm。茎直立，簇生或单生。基生叶宽卵形、线状长椭圆形或线形，叶柄长可达 33 cm，短可至 4 cm，宽 0.3～5.0 cm，顶端尖或钝或圆形，向基部渐狭成长或短的柄，柄基鞘状扩大，离基三至五出脉，侧脉纤细，边缘皱波状；茎生叶少数，鳞片状披针形或钻状披针形，基部心形，半抱茎或贴茎。头状花序单生茎顶；总苞圆柱状，直径约 1.5 cm；总苞片约 5 层，外层三角形或偏斜三角形，长 0.8～1.2 cm，宽 5～6 mm；中层长披针形，长约 1.8 cm，宽约 0.6 mm；内层长椭圆状披针形，长 1.9 cm，宽 2.5 mm；总苞片顶端钝或急尖；舌状小花黄色。花期 4—5 月，果期 6—7 月。
生　　境　生于山坡、丘陵地、沙丘、荒地及灌木林下。
分　　布　辽宁凌源、北镇、建昌、法库、绥中、凤城、沈阳市区、大连等地。内蒙古科尔沁右翼前旗、阿鲁科尔沁旗、巴林左旗、巴林右旗、克什克腾旗、东乌珠穆沁旗、西乌珠穆沁旗、阿巴嘎旗、苏尼特左旗、苏尼特右旗等地。河北、山东、河南、山西、江苏、安徽、陕西、宁夏、甘肃。
采　　制　春、秋季采挖根，洗净，鲜用或晒干。

▲桃叶鸦葱植株（林缘型）

性味功效	有清热解毒、活血、消肿的功效。
主治用法	用于疔疮痈疽、毒蛇咬伤、蚊虫叮咬、乳腺炎等。外用鲜品捣烂敷患处或捣汁搽服。
用　量	适量。

◎参考文献◎

［1］中国药材公司 . 中国中药资源志要 [M]. 北京：科学出版社，1994:1235.

［2］江纪武 . 药用植物辞典 [M]. 天津：天津科学技术出版社，2005:735.

▲桃叶鸦葱花序

▲桃叶鸦葱花序（背）

▲帚状鸦葱花序（背）

▲帚状鸦葱花序

帚状鸦葱 *Scorzonera pseudodivaricata* Lipsch.

别　　名	皱状鸦葱　假叉枝鸦葱
药用部位	菊科帚状鸦葱的根。
原 植 物	多年生草本，高 10 ~ 40 cm。根垂直直伸。茎自中部以上分枝，分枝纤细或较粗，长或短，

呈帚状，极少不分枝；茎基被纤维状撕裂的残鞘，极少残鞘全缘，不裂。叶互生或植株含对生的叶序，线形，长 16 cm，宽 0.5 ~ 5.0 mm，茎生叶基部扩大，半抱茎或稍扩大贴茎，全部叶顶端渐尖或长渐尖。头状花序多数，单生茎枝顶端，形成疏松的聚伞圆锥状花序，含多数舌状小花；总苞狭圆柱状，直径 5 ~

▲帚状鸦葱群落

▲帚状鸦葱植株（侧）

▲帚状鸦葱植株

7 mm；总苞片约 5 层，外层卵状三角形，长 1.5 ~ 4.0 mm，中、内层椭圆状披针形、线状长椭圆形或宽线形；全部总苞片顶端急尖或钝；舌状小花黄色。瘦果圆柱状，长达 8 mm，初时淡黄色，成熟后黑绿色；冠毛污白色，冠毛长 1.3 cm，大部为羽毛状。花期 6—7 月，果期 7—8 月。

生　境　生于荒漠砾石地、干山坡、石质残丘、戈壁及沙地等处。

分　布　内蒙古苏尼特左旗、苏尼特右旗、二连浩特等地。陕西、宁夏、甘肃、青海、新疆。蒙古。亚洲（中部）。

采　制　春、秋季采挖根，洗净，晒干。

主治用法　用于疔疮痈肿、五劳七伤等。水煎服。

用　量　适量。

◎参考文献◎

[1] 江纪武. 药用植物辞典 [M]. 天津：天津科学技术出版社，2005.

苦苣菜属 Sonchus L.

长裂苦苣菜 Sonchus brachyotus DC.

别　　名　苣荬菜　北败酱

俗　　名　小蓟　苦菜　败酱草　苣麻菜
苣荬花　曲麻菜　田苣

药用部位　菊科长裂苦苣菜的全草及花序。

原 植 物　一年生草本，高50～100 cm。
茎直立，有纵条纹。基生叶与下部茎叶
长椭圆形或倒披针形，长6～19 cm，
宽1.5～11.0 cm，羽状深裂、半裂或
浅裂，极少不裂，向下渐狭；中上部茎
叶与基生叶和下部茎叶同形并等样分
裂，但较小；最上部茎叶宽线形或宽线
状披针形，接花序下部的叶常钻形；全
部叶两面光滑无毛。头状花序少数在茎
枝顶端排成伞房状花序；总苞钟状，长
1.5～2.0 cm，宽1.0～1.5 cm；总苞
片4～5层，最外层卵形，长6 mm，
宽3 mm；中层长三角形至披针形；内层
长披针形，长1.5 cm，宽2 mm；全部
总苞片顶端急尖，外面光滑无毛；舌状
小花多数，黄色。花期8—9月，果期9—
10月。

生　　境　生于田间、路旁、撂荒地等处，
常聚集成片生长。

长裂苦苣菜花序（背）

▲ 长裂苦苣菜幼株

▼ 市场上的长裂苦苣菜根

曲麻菜根

▼ 长裂苦苣菜瘦果

▲长裂苦苣菜居群

▼长裂苦苣菜果实

▲市场上的长裂苦苣菜植株（切段）

分　　布　东北地区。河北、山东、山西、陕西、甘肃。朝鲜、俄罗斯（西伯利亚中东部）、日本。

采　　制　夏、秋季采收全草，除去杂质，切段，洗净，鲜用或晒干。秋季采摘花序，除去杂质，鲜用或晒干。

性味功效　全草：味苦，性寒。有清热解毒、消炎止痛、补虚止咳、消肿化瘀、凉血止血的功效。花序：味甘，性平。有清热解毒的功效。

主治用法　全草：用于肠痈、阑尾炎、急性咽炎、急性细菌性痢疾、口腔炎、鼻衄、风火牙痛、尿血、便血、痔疮、遗精、白浊、

▲长裂苦苣菜植株（田野型）

▲长裂苦苣菜植株（河岸型）

乳腺炎、疮疖肿毒、烫火伤等。水煎服。外用煎水洗患处。花序：用于急性黄疸型传染性肝炎。水煎服。

▲市场上的长裂苦苣菜幼株

用　　量　全草：25 ～ 50 g。外用适量。花序：10 ～ 20 g。

附　　方

（1）治急性细菌性痢疾、痈疮肿毒：长裂苦苣菜 50 g。水煎服。

（2）治急性咽炎：鲜长裂苦苣菜50 g（切碎），灯芯草 5 g。水煎服。

（3）治内痔脱出、发炎：长裂苦苣菜100 g。煎汤，熏洗患处，每天 1 ～ 2 次。

（4）治吐血：长裂苦苣菜、生地各50 g。水煎，每日服 2 次。

（5）治尿血、吐血：鲜长裂苦苣菜适量。捣烂绞汁，每次半茶杯，日服 3 次。

（6）治扁平疣（瘊子）：取长裂苦苣菜白浆涂在瘊子表面，保留至第二天，抠下旧皮，再涂上白浆，每日涂换一次，直到瘊子脱落（东北民间方，甚有效）。

▲长裂苦苣菜花序

▼长裂苦苣菜幼苗

▲长裂苦苣菜花序（半侧）

◎参考文献◎

［1］江苏新医学院.中药大辞典（上册）[M].
　　上海：上海科学技术出版社，1977:1054—
　　1055.

［2］朱有昌.东北药用植物 [M].哈尔滨：黑龙
　　江科学技术出版社，1989:1220—1222.

［3］《全国中草药汇编》编写组.全国中草药
　　汇编（上册）[M].北京：人民卫生出版社，
　　1975:451—452.

▲长裂苦苣菜群落

▲ 苦苣菜花序

▲ 苦苣菜幼苗

▼ 苦苣菜幼株

▲ 苦苣菜瘦果

苦苣菜 *Sonchus oleraceus* L.

别　　名	滇苦英菜　滇苦菜　苦菜

俗　　名　　败酱草　尖叶苦菜　田苦荬菜　鸭子食

药用部位　　菊科苦苣菜的全草、根及花序。

原植物　　一年生或二年生草本。茎直立，单生，高 40～150 cm。基生叶羽状深裂，长椭圆形或倒披针形；中下部茎叶羽状深裂，椭圆形或倒披针形，长 3～12 cm，宽 2～7 cm，基部急狭成翼柄。头状花序少数在茎枝顶端排成紧密的伞房花序或总状花序或单生茎枝顶端；总苞宽钟状，长 1.5 cm，宽 1 cm；总苞片 3～4 层，覆瓦状排列，向内层渐长；外层长披针形或长三角形，长 3～7 mm，宽 1～3 mm；中、内层长披针形至线状披针形，长 8～11 mm，宽 1～2 mm；全部总苞片顶端长急尖，外面无毛或外层或中、内层上部沿中脉有少数头状具柄的腺毛；舌状小花多数，黄色。花期 6—8 月，果期 7—9 月。

生　　境　　生于山野、田间、荒地、路旁及村屯附近。

分　　布　　东北地区。全国绝大部分地区。全球绝大部分地区。

▲ 苦苣菜植株

▼苦苣菜花序（背）　　　　　　　　　　　　▲苦苣菜果实

采　制　夏、秋季采收全草，除去杂质，切段，洗净，鲜用或晒干。秋季采挖根，洗净，晒干。秋季采摘花序，除去杂质，鲜用或晒干。

性味功效　全草：味苦，性寒。有清热解毒、凉血、祛风湿的功效。根：味苦，性寒。有止血、利尿的功效。花序：味甘，性平。无毒。有去中热、安心神的功效。

主治用法　全草：用于急性黄疸、中耳炎、肠痈、阑尾炎、无名肿毒、口腔破溃、咽喉痛、乳腺炎、吐血、衄血、咯血、便血、崩漏、泄泻、痢疾、痔瘘、毒蛇咬伤。水煎服。外用捣汁涂或熬水熏洗患处。根：用于血淋、小便不利等。水煎服。花序：用于黄疸、神经衰弱、失眠等。水煎服。

用　量　全草：10 ～ 20 g。外用适量。根：鲜品50 ～ 75 g。花序：10 g。

附　方

（1）治黄疸：苦苣菜花子（研细）10 g。水煎服。

（2）治对口恶疮：苦苣菜适量。捣汁1杯，入姜汁1匙，酒和服，以渣敷。

（3）治妇人乳结红肿疼痛：苦苣菜适量。捣汁水煎，点水酒服。

（4）治慢性气管炎：苦苣菜500 g，大枣20 个。先将苦苣菜煎烂，取煎汁煮大枣，待枣皮展开后取出，余液熬成膏。早晚各服药膏1匙、大枣1个。

（5）治肝硬化：苦苣菜、酢浆草各50 g。同猪肉炖服。

（6）治小儿疳积：苦苣菜50 g。同猪肝炖服。

◎参考文献◎

[1] 江苏新医学院. 中药大辞典（上册）[M]. 上海：上海科学技术出版社，1977:1286-1287，1297.

[2] 朱有昌. 东北药用植物 [M]. 哈尔滨：黑龙江科学技术出版社，1989:1222-1223.

[3] 钱信忠. 中国本草彩色图鉴（第三卷）[M]. 北京：人民卫生出版社，2003:205-206.

花叶滇苦菜 *Sonchus asper* (L.) Hill.

别　　名　续断菊

药用部位　菊科花叶滇苦菜的全草。

原 植 物　一年生草本。根倒圆锥状，褐色，垂直。茎单生或少数茎成簇生。茎直立，高 20～50 cm。基生叶与茎生叶同型，但较小；中下部茎叶长椭圆形、倒卵形、匙状或匙状椭圆形；上部茎叶披针形，不裂，基部扩大，圆耳状，抱茎；或下部叶或全部茎叶羽状浅裂、半裂或深裂，侧裂片 4～5对椭圆形、三角形、宽镰刀形或半圆形。头状花序少数 5～10，在茎枝顶端排成稠密的伞房花序；总苞宽钟状，长约 1.5 cm，宽 1 cm；总苞片 3～4层，向内层渐长，覆瓦状排列，绿色或暗绿色，草质，外层长披针形，长3 mm，宽不足 1 mm，中、内层长椭圆状披针形至宽线形；舌状小花黄色。花期 7—8 月，果期 8—9 月。

生　　境　生于山坡、耕地、河边、田间、路旁及住宅附近。

分　　布　黑龙江伊春。吉林通化、安图等地。河北、山东、江苏、安徽、浙江、江西、湖北、四川、云南、西藏。朝鲜、俄罗斯（西伯利亚中东部）、蒙古、日本、伊朗、印度、澳大利亚。欧洲、北美洲。

采　　制　夏、秋季采收全草，除去杂质，切段，洗净，鲜用或晒干。

性味功效　有清热解毒、消炎止血、消肿止痛、祛瘀的功效。

主治用法　用于带下病、白浊、痈肿、痢疾、肠痛、目赤红肿、产后瘀血腹痛、肺痨咯血、咳嗽、小儿气喘等。水煎服。

用　　量　适量。

▲花叶滇苦菜花序

▼花叶滇苦菜花序（侧）

◎参考文献◎

［1］中国药材公司.中国中药资源志要 [M]. 北京：科学出版社，1994:1343.

［2］江纪武.药用植物辞典 [M].天津：天津科学技术出版社，2005:762.